Mugeda

零代码可视化H5设计实战

王非◎编著

清華大学出版社
北　京

内容简介

本书主要讲解Mugeda软件的功能与操作方法，配以大量的演示及课堂案例，讲练结合，符合院校的教学方式。书中通过解析典型案例，详细介绍软件的实际操作方法，从而达到培养读者设计思维、提高实际操作能力的目的。本书共分为8章，内容包括融媒体传播与H5概述，Mugeda软件的界面、操作流程、账户管理等基础内容，Mugeda软件中编辑素材的工具和属性设置等内容，Mugeda软件媒体工具的用法，Mugeda软件用于动画制作的相关知识点和方法，Mugeda软件中行为交互的相关内容，以及关联绑定、表单与逻辑判断的内容，最后设置了3个综合案例，帮助读者巩固所学知识。

本书既适合新媒体，艺术设计等相关专业的师生，也可供设计师、程序员和艺术工作者等阅读参考。

图书在版编目(CIP)数据

Mugeda零代码可视化H5设计实战 / 王非编著. —北京：清华大学出版社，2023.1（2024. 1重印）
ISBN 978-7-302-61851-5

Ⅰ. ①M⋯ Ⅱ. ①王⋯ Ⅲ. ①工具软件—程序设计 Ⅳ. ①TP311.36

中国版本图书馆CIP数据核字(2022)第174741号

责任编辑：李 磊
封面设计：钟 梅
版式设计：孔祥峰
责任校对：成凤进
责任印制：刘海龙

出版发行：清华大学出版社
网 址：https://www.tup.com.cn, https://www.wqxuetang.com
地 址：北京清华大学学研大厦A座 **邮 编：**100084
社 总 机：010-83470000 **邮 购：**010-62786544
投稿与读者服务：010-62776969，c-service@tup.tsinghua.edu.cn
质 量 反 馈：010-62772015，zhiliang@tup.tsinghua.edu.cn
印 装 者：三河市君旺印务有限公司
经 销：全国新华书店
开 本：185mm×260mm **印 张：**15 **字 数：**365千字
版 次：2023年1月第1版 **印 次：**2024年1月第2次印刷
定 价：88.00元

产品编号：095335-01

前言

近年来，互联网技术不断发展，移动设备及智能手机被广泛应用，普及度越来越高。网页作为互联网信息的重要载体，受重视程度不断增强，其制作技术也面临新的挑战。

H5 为互动形式的多媒体广告页面，是在原有网页制作的基础上衍生的一种新型技术。它不仅能用于传统的计算机端网页建设，更主要的是可应用于手机、平板等移动端的网页开发和制作。因此，掌握 H5 的制作，具有相当大的现实意义及应用前景。

H5广泛应用于商业促销、互动活动、海报宣传、活动邀请、客户管理、电商引流、创意展示、简历名片、节日贺卡、公益宣传等场景。其类型多种多样，包括展示类、全景 /VR 类、动画类、交互动画类、模拟类、合成类、数据应用类、游戏类、跨屏类、综合类等。

本书立足于实战，遵循实用、够用的原则，精选了大量实战案例，为读者讲授如何利用现有的 H5 技术平台制作各种精彩的应用场景。本书共 8 章，内容包括融媒体传播与 H5 概述、软件操作基础、编辑素材的方法，媒体工具的应用、动画制作方法、行为交互、关联与表单等，并通过大量案例深入浅出地讲解 H5 的制作过程及技巧。书中内容结构清晰，案例操作步骤详细，语言通俗易懂，还配有视频教学，非常适合初、中级网页制作人员学习。

本书中所有案例均为作者精心挑选，这些案例详细讲解了网页制作工具的基本应用及制作技巧，辅以设计理念、学习思考的方法，并将作者多年积累的制作经验融入其中，使读者能够在短时间内迅速掌握 H5 的设计制作方法。

为方便读者学习，本书提供教学课件、案例的素材文件和教学视频，并附赠思维宝典，读者可扫描下方二维码，随时随地学习和演练。

教学课件

素材文件

教学视频

思维宝典

在本书编写过程中，我的家人对我的写作给予了支持与帮助。在出版过程中，由于参与审校、设计的各位编辑辛勤的劳动，才使本书得以出版发行，在此表示由衷的感谢。

最后，感谢读者朋友们选用了这本书，如果本书能让您有所收获，那么我写书的初衷也就达到了。

王　非

2022 年 5 月

目录

第 1 章

融媒体传播与 H5 概述

第 2 章

Mugeda 操作基础

第 3 章

编辑素材

第 4 章

媒体工具

第 5 章

动画制作

第 6 章

行为交互

第 7 章 关联与表单

第 8 章 综合案例

迎|新|春|★|贺|新|年
農☆歷☆壬☆寅☆年
贰☆零☆贰☆贰☆年
恭贺新春
新年
DIY SHOW
剪纸
巧|手|剪|出|幸|福|年

520
甜蜜告白
I LOVE YOU
大声说出来
一句我爱你
一生的誓言

一起
HAVE AN INOCULATION
苗苗苗~~
目前已有20230051人参与活动
我们一起打疫苗
一起苗苗苗苗~
新上传照片可获得更佳效果
上传照片
保存头像

2022
03
17
毕业季
FOREVER YOUTH
你好·再见
高考祝福
已有20219103人参与祝福

共有20217642人参与献花
9月10日
百年树人
感恩有你
教师节快乐
——老师您辛苦了

世界很大
风景很美
人生很短
珍惜当下
云旅游
DIY
开始云游

小时候
是小霸王
在游戏机上
过关斩将
回忆★童年
我把你的童年
装进了这个时光机器

中西碰撞
潮流无界
china fashion
CHINESE
开始创作

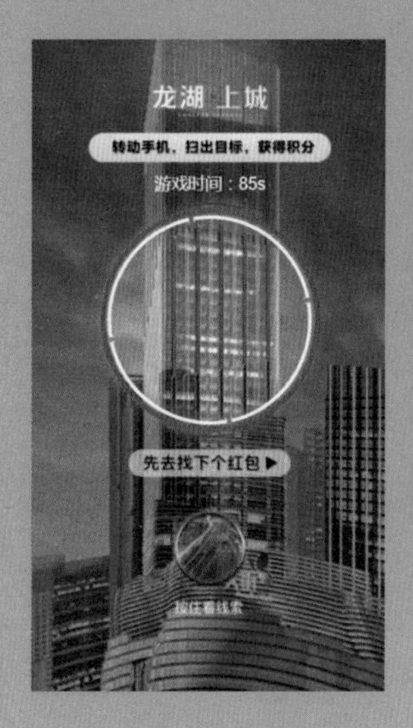
龙湖 上城
转动手机，扫出目标，获得积分
游戏时间：85s
先去找下个红包 ▶

激情世界杯
GOAL!
开始点球
已有20228096人参与游戏

已有13715189位勇士参与战疫
Come on Wu Han!
全民战疫
开始战疫
战疫排行

射击鸭子
开 始
排行榜

第 1 章
融媒体传播与 H5 概述

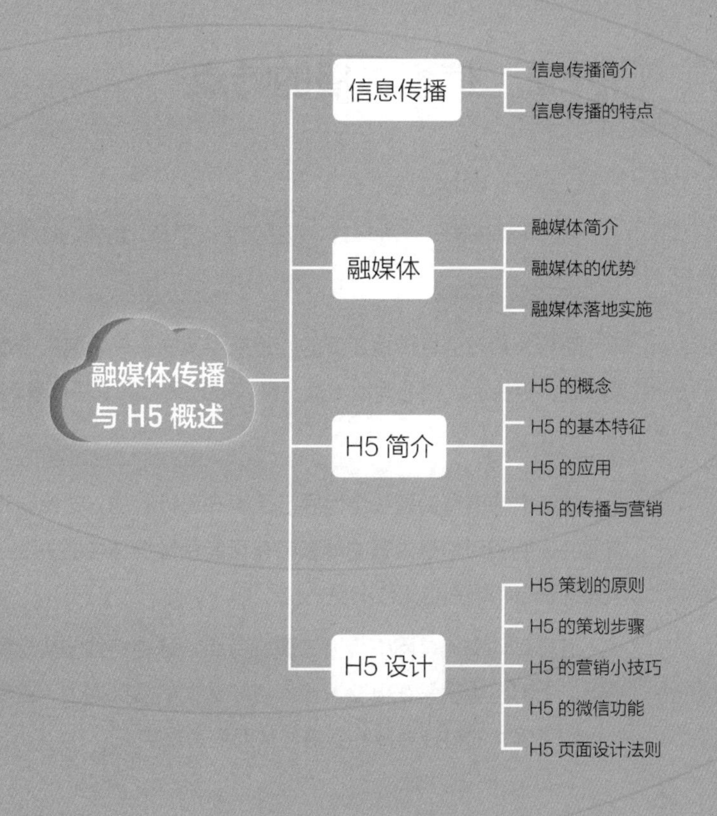

融媒体传播
与 H5 概述
信息传播
信息传播简介
信息传播的特点
融媒体
融媒体简介
融媒体的优势
融媒体落地实施
H5 简介
H5 的概念
H5 的基本特征
H5 的应用
H5 的传播与营销
H5 设计
H5 策划的原则
H5 的策划步骤
H5 的营销小技巧
H5 的微信功能
H5 页面设计法则

1.1 信息传播

1.1.1 信息传播简介

信息传播是个人、组织和团体通过符号和媒介交流信息，向其他个人或团体传递信息、观念、态度或情感，以相互影响和作用的活动。

信息传播表现为传播者、传播渠道（媒介）、接收者等一系列传播要素之间的传播关系。信息传播过程是信息传递和信息接收的过程，也是传播者与接收者信息资源共享的过程。

1.1.2 信息传播的特点

1. 传播形式多样

信息传播的形式多种多样，包括文字、声音、影像、图片、数据等多媒体形式。

2. 传播迅速及时

随着大众对信息传播速度的心理期待不断提高，信息传播的时效性要求也越来越高，更快速、更准确地传达资讯，满足大众需求是信息传播的重要特点。

3. 全球传播

网络中的信息都是在全世界范围发布和接收的，这使得观众对网络传播机构表现的评判和对信息内容的解读都有可能引发全球性的关注，各种标准和价值观之间的学习和碰撞也无法避免。

信息互动交流是网络传播的重要特点，这种特性的实现是建立在数据库技术基础之上的，也就是在电脑识读信息和数据的基础之上，这就使双向即时交互传播得到了强大的科技力量的支持，从而变为现实。

1.2 融媒体

1.2.1 融媒体简介

1. 媒体与媒介的区别

“媒体”通常指自己生产内容的机构，如电视台、广播台、杂志社等；“媒介”通常指不生产内容但传播信息的渠道或平台，如电视、广播等。

2. 融媒体的概念

融媒体是建立在现代网络技术之上，融合了多种媒体形态的新型媒体的总称。它是一个平台，通过这个平台人们可以获取更多信息，还可以进行互动。从另一个方面来说，融媒体是融合了新老媒体优势的更完美的一种传播形态。

3. 融媒体的特点

融媒体具有开放性、互动性和社交性的特点，是能够引发全社会热议的现象级内容或议题。有多少媒体关注、有多少人自发参与，是评判融媒体优劣的标准。例如，一年一度的春节联欢晚会，便是目前最好的融媒体事件之一。

1.2.2　融媒体的优势

在融合发展的时代背景下，媒体不断重塑升级，新的媒体业态正在高速生长，如微信、微博等。那么，当今的融媒体，融的是哪些内容，又呈现了怎样的优势呢?

1. 品质 + 效益，让内容资源效果最大化

信息碎片化时代，大众普遍喜欢选择便捷而有效的信息获取途径，这使融媒体成为他们的首选。

现在公共媒体与自媒体共同形成了一个媒体融合的生态圈，这个生态系统以内容为核心，围绕内容聚合起电视、网络、报纸等公共媒体，以及微信、微博等自媒体，同时带动更多公众自发参与，使优质内容得以最广泛地传播，也使得内容的价值和影响力获得全面提升。例如，企业品牌在电视栏目中的软植入，以及与微博、微信、App 等官方互动平台相结合，进行二次传播，提高品牌的影响力；借助话题热度，开展企业线上线下的延伸活动，加强与消费者的互动，扩大消费群体；借助栏目热度，发布企业品牌的手机 App，打造小游戏等娱乐交互平台，与热播栏目联动，大力开展娱乐营销等。

2. 精确化 + 透明化，获取用户青睐

中国的消费市场和形态，正在经历着一个从“分化”到“重聚”的演进过程，传播也从分散的大众传播走向聚合的族群精众传播时代。精众传播要求传播“适地适媒”，让媒体与环境相呼应，消费者可以自然融入和接受媒体的信息，而融媒体正好可以满足这一诉求。

如今，受众的数量不再是广告传播中的决定性优势，媒体的竞争正在经历从规模到质量的转型。一方面，媒体需要具备吸引族群精众聚合的内容资源；另一方面，企业可以借助媒体的优质内容，对用户产生深远的影响。

3. 传播信息 + 传播信任，品牌与内容共生

以往传播依靠大规模的广告打造知名度，而现在这种强制性、大面积覆盖式传播的作用逐渐减弱。目前，传播需要从内容和体验的角度打造与用户的共鸣，即在融媒体之下，要在传播信息的基础上传播信任，实现从“品牌知名度”到“品牌共鸣度”的打造。

基于时间和空间，将生活场景的内容植入传播，将品牌、内容与消费者的生活场景相结合，能更精准、更有效、更深入地与消费者进行沟通，阐明品牌与消

费者的关系，从而深度影响并引导消费者对品牌的消费。

4. 融合 + 互动，强调用户参与感

企业以宣传内容为中心，进行互动与整合传播，可以吸引用户、转化用户、沉淀用户、经营用户，全方位地将观众转化为可经营群体，实现从观众到粉丝的开发。例如，现在许多电视娱乐节目都加入了“摇一摇”“扫码关注”等互动环节。

总的来说，多点、多元、多向的融媒体时代，最终将使得信息无障碍流动，在这个过程中省去了以往烦琐的信息传递。当信息充分透明的时候，一切基于信息不对称的商业模式终将被颠覆。

1.2.3 融媒体落地实施

如今，各大媒体都进行了多种融合尝试，也取得了一定的效果。但总体来说，融合的实效仍然较低，缺少根基。其面临的主要问题、要求及其解决方法如下。

1. 媒体融合

很多传统媒体在进行媒体融合时，并没有顺应传媒业的发展趋势，而仅仅把互联网当成工具，幻想以传统媒体来融合互联网媒体。从实践来看，无论是“电子版”“报网互动”还是“全媒体”，传统媒体都只是将互联网作为一种辅助的工具和手段。

促进媒体融合，并不只是简单地将传统媒体上的内容信息“网络化”。媒体融合作为彻底的转型，是观念、体制、机制、内容、管理、运营等系统性的转型，必须采取全面地、彻底地融合，充分发挥各种媒体的特点及优势，整合利用媒体资源，各取所长。

2. 人员调配

传统媒体与新兴媒体的媒体特征不同，这对采编队伍也提出了不同的要求。新媒体的从业人员要熟悉不同媒体的特点，掌握相应的传播规律，实现信息的最佳传播。同时，新兴媒体中的从业人员要加强新闻专业精神的培养，提高专业素质及媒介素养。这些新要求对传统媒体从业人员提出了挑战。

现在许多传统媒体已开始对人员进行整合。例如，光明日报旗下融媒体实行人员重新配置，各司其职的同时，也要互相配合与通融，这不仅提高了内容的质量，也有助于媒体公信力的提升；风行网将总编辑一职改为互联网产品经理，将内容视为产品，以满足用户的极致需求为宗旨来设计并运维产品。可见，传统媒体同样可以做出全新的、有吸引力的内容，成就新时期职业的发展。

3. 渠道传播

在拥有海量信息的现代化社会，如何将信息快速、有效，并且有针对性地送

到目标受众面前，同时使受众拥有良好的用户体验，是个不容忽视的问题。

在融媒体时代下，媒体应利用先进技术开发不同空间、场所的信息接收平台，不断推出新产品。例如，对于新闻媒体而言，可以根据新闻事件和采访对象的不同，采取不同的报道方式，向不同的传播平台提供相应的素材。融媒体中心作为技术支持及内容整合平台，可以将原素材加工成不同的形态，以适应各类传播平台的特点。

多种传播渠道的开发有助于媒体在激烈的竞争中抢占更多的市场份额，进而不断扩展市场外延，开发多种盈利模式，为未来的深化发展提供支撑。

1.3 H5 简介

1.3.1 H5 的概念

H5 这一名词起源于我国，准确来说它是一个技术合集，是对编程、视频处理、音频处理、图片处理、动画制作等多项技术的融合展示。

简单来说，H5 就是使用浏览器可以兼容的 JavaScript 特效或者一部分 CSS3 效果替代 Flash，实现与之相同或相似的网页特效产品。

在日常工作中所说的 H5，是指运用在微信等 App 平台中的网页链接或二维码。

上述概念只作为常识性介绍，至于 H5 具体能够呈现什么效果、实现什么功能，后面我们将借助大量案例让大家逐步认识和了解。

1.3.2 H5 的基本特征

H5 作为融媒体的传播手段之一，有着先天优势，其基本特征如下。

1. 制作传播成本低、兼容性好

H5 制作过程简单、成本低，可同时兼容多个平台及终端，只要用户转发作品，传播量就可以在很短的时间内迅速裂变呈数量级增长，很大程度上降低了传播的成本。

2. 维护成本低、更新速度快

H5 作品只要放在服务器上接入互联网即可访问，而且不需要经过复杂的上线流程即可更新，不像各类应用程序还需要手动更新升级版本，便于作品前期的不断试错。

3. 访问速度快、占用客户资源少

H5 的启动时间短、联网速度快、占用客户的资源更少。H5 无须下载，从而

节约了用户的存储空间，特别适合手机等移动终端设备。

4. 更容易让客户接受

H5 技术难度低、开发工作量少、制作周期短，能够让客户在短时间内实施自己的策划方案，开发制作费用也较低，这样客户的接受程度会更高。

1.3.3 H5 的应用

H5 有着很强的互动性、话题性，在微信、微博和各大网站上被普遍应用，可以很好地促使用户进行分享传播。H5 的应用场景相当广泛，下面介绍其主要应用的几个方面。

1. 商业促销

一些商家通过 H5 派发产品试用装和会员卡、优惠券等，以引导用户前往商家实体店进行消费。这种在传统推广方式中加入网络元素的方法，可以用较低的成本获取更多的客户。商品促销的 H5 页面，如图 1-1 所示。

2. 互动活动

企业可以利用 H5 的移动互联网特性，开展抽奖、测试、游戏、招聘等活动，然后汇总活动中用户填写的一些信息，从而高效率地促进活动的实施并找到潜在客户。互动活动的 H5 页面，如图 1-2 所示。

图 1-1

图 1-2

3. 海报宣传

通过 H5 可制作出多页面的海报，以进行产品推荐、活动推广，介绍客户案例和品牌故事，以及宣传企业文化，还可以将此类“海报”分享至各网站、QQ 群、朋友圈，进行全网推广。海报宣传的 H5 页面，如图 1-3 所示。

4. 活动邀请

企业可以通过 H5 制作展会、会议、培训、庆典等活动的邀请函，进行线上报名，达到快捷的客户互动与宣传效果。此外，H5 中显示的文字、图片、视频、路线地图、企业简介等，可以将活动信息全方位地展示给报名者。活动邀请的 H5 页面，如图 1-4 所示。

图 1-3

图 1-4

5. 客户管理

企业可通过线上搜集到的客户资料，进而实施线索整理，进行客户分类管理，从而实现精准营销，这项工作涉及通过 H5 收集数据以支持营销决策。客户管理的 H5 页面，如图 1-5 所示。

6. 电商引流

商家可将制作的 H5 电子传单发布到淘宝、京东等销售平台，以充分利用社交网络的流量实施低成本客户引流。电商引流的 H5 页面，如图 1-6 所示。

7. 创意展示

企业通过发布有趣、有用的 H5 内容，引导用户通过微信通道将信息分享给朋友，以提高通道发送效率和分享的及时性。创意展示的 H5 页面，如图 1-7 所示。

8. 简历名片

求职者除了运用纸质版简历，还可以采用更有创意的 H5 创建自己的个人简历。在其中插入基本信息、图片和其他信息，可以让面试官全方位地了解面试者。此外，生成的二维码图片还可以放置在电子版简历或纸质版简历中，面试官用手机扫描二维码便可看到一份精美的个人简历。简历名片的 H5 页面，如图 1-8 所示。

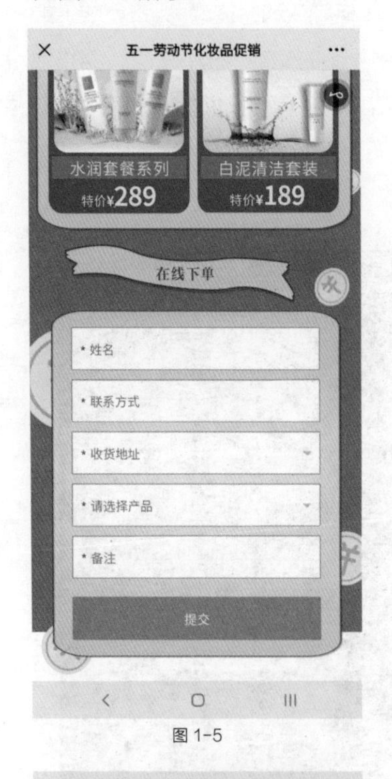

图 1-5

图 1-6

图 1-7

图 1-8

9. 节日贺卡

在节日时，企业或个人都可使用 H5 制作节日贺卡，为家人、朋友或客户送去祝福。H5 贺卡的功能和外观比过去的传统纸质贺卡更胜一筹，可以插入音乐、动态文字和图片效果等。节日贺卡的 H5 页面，如图 1-9 所示。

10. 公益宣传

公益活动的宣传单也可以使用 H5 制作，通过在宣传单中嵌入背景音乐渲染效果，赋予了文字更加鲜活的意义，从而使用户产生共鸣，积极参与到活动中。公益宣传的 H5 页面，如图 1-10 所示。

图 1-9

图 1-10

1.3.4　H5 的传播与营销

在确定有效的 H5 传播策略前，我们需要先分析一下，用户的传播习惯是什么，以及如何利用这些习惯刺激用户自发进行传播。

1. 用户传播习惯

用户的传播习惯，大致可以分为以下两类：

(1) 主动传播，即用户发自内心地喜欢，想要去分享给其他朋友。每个人都有分享的欲望，看到有意思的、好玩的事情，都会想分享给其他人。我们经常在朋友圈中看到一些人分享的文章、H5 营销页等都属于用户的主动传播行为。

(2) 被动传播，即用户为了得到某种好处，如奖金、礼品等，在利益的驱使下进行的传播分享。例如，在朋友圈中很多人转发的“分享得好礼”等活动，就属于用户的被动传播行为。

2. 用户传播 H5 产品的动机

用户主动传播 H5 产品，原因大概可以分为以下 6 种。

(1) 有价值，用户可以学到知识。比如，互联网产品、运营、营销干货的分享，问题的解决办法，以及正能量信息的分享等，都是对于用户有价值的内容。

(2) 有意思，即用户认为非常有意思的事情。比如，微信在 2016 年发布了公开课 Pro 版，用户可以在这个 H5 产品中看到自己是哪一天注册的微信、第一个好友是谁、有多少个好友，还有过年期间刷屏的晒结婚证 H5，这种即为用户乐于分享的好玩、有意思的事情。

(3) 颠覆认知，即跟人们普遍的认知是不一样的。比如，“震惊！被闹钟叫醒的危害这么大！”这种违反常理的标题，会让用户产生进去看一下的冲动，并且乐意分享给他人。

(4) 攀比心理，即通过对比，突出用户自身优势。例如，一些 H5 小游戏在发布成绩时，会出现“我得了 2 万分，超过了 99% 的人”或是“据说只有智商超过 150 的人才看得懂”等文案，这种内容能够激发用户的攀比心理，产生与别人分享成绩的欲望。

(5) 情感共鸣，即能够与用户的工作、生活等产生关联，使他们产生心理共识。比如，“我只过 1% 的生活”这种为梦想而不断努力的内容，能够引发用户情感共鸣，从而主动转发传播。

(6) 同情心，即使用户对某事或某人产生同情感。例如，此前朋友圈里转发的图片“年轻人少放点鞭炮，让我的老伴早点回家”，这类 H5 宣传图片能够激发用户心灵中的善意，也愿意通过转发将这份善意传播给更多人。

1.4 H5 设计

1.4.1 H5 策划的原则

手游《DOTA 传奇》曾制作了一个名为“世上最难测试”的 H5 宣传页面，采用测试答题的形式，答题完成后，可得到一个游戏礼包。这个活动从技术角度来说，的确是一个 H5 宣传页，但是它不属于活动营销，原因是它没有传播性。活动面对的是游戏的现有用户，而朋友圈里的用户都是普通用户，尽管《DOTA 传奇》这款游戏非常火，但是在大众眼里，却无法理解这个究竟是做什么的，所以它的传播范围受到限制。

现在很多公司在做微信活动时，仅一味将自己要宣传的产品内容、特点展示出来，但这充其量只能叫作广告，而不能称为活动，因为它不具备传播性。我们一定要明确，能够得到传播的 H5 宣传页，一定是面向大众用户的。因此，H5 宣传页面的策划应注意如下几个问题。

1. 广告要做得不像广告

营销学上有一句话：效果越好的广告，看起来越不像是广告。

“一个陌生号码来电”这个活动，可能很多人都看到过，它曾被评为年度最受欢迎的 H5 宣传形式，如图 1-11 所示。

图 1-11

它为什么会达到这么好的效果？

首先，它符合主动传播中重要的一点，即有意思、趣味性较强；其次，它的内容是面向大众用户的；最后，也是最重要的一点，它看起来不像广告，整个 H5 页面除了最后一屏，通篇没有 LOGO、没有产品信息。

将广告做得不露痕迹，是因为广告很容易引发用户的排斥心理，认为如果把广告转发出去，自己就被广告商利用了。因此，在制作 H5 广告宣传页面时，应尽可能制作创意性的内容，以引起大众的兴趣，从而自觉传播。

2. 激发用户攀比心理

“围住神经猫”这款游戏将用户的攀比心理利用到了极致，游戏的规则像一个异化版的围棋，有着适度的随机性和巧妙的数学谜题，玩法也足够轻量，点开就玩。在游戏中，用户只需通过点击圆点围住神经猫，既有一定的重复性和挑战性，也简单易操作。然而，这个游戏的精髓不是其本身有多好玩，而是在转发它时出现的标题，如“我用了十步围住了神经猫，超过 90% 的人”。这个 H5 小游戏几乎刷爆朋友圈，很多人都在玩，如图 1-12 所示。

图 1-12

“围住神经猫”大致具备了一个流行小游戏的很多优良特征：上手简单又不失挑战性；醒目位置显示着网络流行语；滑稽的猫形象及表情让人忍俊不禁；默认分享模版“我没有围住它，谁能帮个忙”和“我用 X 步围住神经猫，你能超过我吗”，恰到好处地激起玩家攀比的心态。

通过这个案例，我们可以总结出 H5 宣传推广的重要方法，即针对用户心理，激发他们的攀比心，同时降低难度，使更多人能够参与其中。

3. 让用户被动传播

主动传播是寻找用户痛点，并针对痛点制定 H5 页面的宣传形式，它对于创意和文案的要求都比较高。相比之下，被动传播则相对容易一些。

被动传播主要有两种形式：第一，单向传播，如“360 手机助手”抢码，用户只要把这个 H5 页面分享出去，立即就可以得到一个抽奖机会，会有一定的概率抽到手机。第二，双向传播，如“快来帮帮我，还差 350 元就能免费抢手机了”的 H5 互动页面，让用户主动将这个 H5 页面分享给朋友，拉朋友帮忙点击和参与活动。这类活动会比单向传播的效果更好，因为它会促使用户进行多次分享，而且是主动分享。用户可能会在朋友圈中发布消息，也可能在自己的同事、朋友群里分享，还可能会发私信找微信好友参与。这种活动最大的优点是调动用户自主传播的积极性。

以上这两种传播方式，双向传播的技术门槛高一些，需要服务号的支持，而单向传播的技术要求不高。在微信规则里，单项传播的技术偏向于诱导分享，容易被举报和限制，而双向传播的风险会小一些。

1.4.2　H5 的策划步骤

策划一个 H5 宣传页面，大致包含如下 5 个步骤。

(1) 确定活动的目的。我们需要明确制作 H5 宣传页的目的是什么，是增加公众号的关注数、是扩大活动曝光量，还是吸引更多用户注册。

(2) 确定目标群体。确定制作的 H5 宣传页所面向的用户，是现有用户，还是大众用户，目标一定要非常明确。

(3) 确定活动形式。确定 H5 宣传页是采用主动传播还是被动传播形式。如果为被动传播形式的话，是使用单向传播还是双向传播。

(4) 确定奖励方式。对于参与宣传活动的用户，确认奖励形式是采用虚拟道具还是实物奖品。奖品是否需要找一些公司进行商务合作，如“大众点评”“饿了么”等，为用户提供这些平台的代金券。

(5) 确定推广渠道。H5 页面做好以后，确定有哪些推广资源，如“公众号”“贴吧”“微博”“官方网站”等。如果有推广费用的话，还应确定是做广告投放还是软文推广。

1.4.3　H5 的营销小技巧

通过 H5 宣传页进行组织或商品等的宣传和营销，需要掌握如下几个小技巧。

(1) 关注热度持续时间，在热度比较高的时间配合转发和宣传等，争取更多人的关注。不同平台，宣传活动热度的持续时间也不一样，如在使用微信推送的情况下，手机页面的访问热度能持续两三天。

(2) 页面层级越深，观众的流失率越大，建议单个 H5 宣传页压缩在 6 ~ 8 页。

(3) 选择适合大众的礼品，如购物券、电影票等，这些小礼品的吸引力会远大于细分领域的礼品。

(4) 熟悉用户操作手机的习惯，如在新窗口打开广告链接，要比用滑屏方式展现广告的客户流失率更高。

(5) 营销可结合实时热点，如节日气氛、大众感兴趣的话题等，能引来更多的关注。

(6) 选择最佳推送时间，这个时间段内的流量是最高的，可以吸引更多人关注。现在，最佳推送时间是每天晚上 9 点至 10 点。

1.4.4 H5 的微信功能

结合微信公众号，可以做哪些 H5 宣传活动？我们先看一下微信后台提供的一些接口能做什么。

(1) 获取用户信息，H5 页面可以通过微信公众号调取用户的头像、昵称等信息。

(2) 自定义分享的内容。

(3) 访问手机系统功能，如拍照、调取手机相册等功能。

(4) 支持 GPS，获取用户地理位置。

(5) 支付功能，如抢现金红包。目前这个功能只有服务号才能提供，如果有支付功能的话，可以做更多有意思的活动。

这些功能看起来不起眼，但是对于策划 H5 宣传活动而言是很关键的。我们要了解，哪些功能可以利用，哪些功能不能使用，把微信的规则研究透，把可能的风险降到最低。

1.4.5 H5 页面设计法则

本节讲解一些常用的、简单易懂的 H5 页面排版设计技巧。

1. 分割排版

分割排版分为上下分割和左右分割，将整个版面分成上下或左右两部分，一部分配置图片（可以是单幅或多幅），另一部分则配置文字与简单的形状元素，如图 1-13 所示。分割排版是现在普遍流行且应用较多的排版方式，它使得图片部分感性而有活力，而文字则理性而静止，画面对比感强烈。在手机端，上下分割形式更加合适，这也是常规的布局方式。

图 1-13

2. 中轴排版

中轴排版，是将图形进行水平方向或垂直方向排列，文字配置在上下或左右，如图 1-14 所示。水平排列的版面，给人稳定、安静、平和与含蓄的感觉。垂直排列的版面，能使画面产生强烈的动感。

图 1-14

3. 满版排版

满版型排版，版面以图像为主充满整版，视觉传达效果直观而强烈，如图 1-15 所示。满版型排版给人大方、舒展的感觉，文字配置在上下、左右或中部（边部和中心）的图像上，这是 H5 商品广告常用的形式。

图 1-15

4. 倾斜型

倾斜型版面是对主体形象或多幅图像进行倾斜编排，打造出版面内容的强烈动感和不稳定因素，引人注目，如图 1-16 所示。

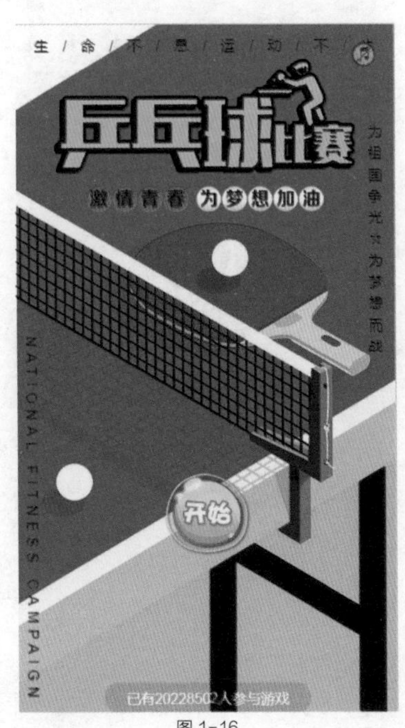

图 1-16

5. 重心型

重心型版式容易让人产生视觉焦点，使画面主体更加突出。它主要包含以下 3 种类型：

(1) 直接以独立而轮廓分明的形象占据版面中心；

(2) 向心，即视觉元素向版面中心聚拢，如图 1-17 所示；

图 1-17

(3) 离心，犹如石子投入水中，产生一圈一圈向外扩散的弧线的运动。

6. 自由型

自由型的排版方式，是以无规律、随意的形式编排构成，产生活泼、轻快的感觉，如图 1-18 所示。这种排版方式的效果如何，主要取决于设计者的设计和审美能力。

图 1-18

第 2 章

Mugeda 操作基础

Mugeda
操作基础
Mugeda 简介
Mugeda 平台
Mugeda 的优势
Mugeda 账号注册方法
Mugeda 的版本
Mugeda 基本操作流程
新建文件的方法
发布流程
问题处理途径
Mugeda 平台编辑界面及快捷键
菜单栏
工具栏
面板
快捷键
作品尺寸与屏幕适配
作品尺寸设置
屏幕适配设置
Mugeda 账户管理
我的作品
我的模板
素材管理
回收站
我的账户

2.1 Mugeda 简介

2.1.1 Mugeda 平台

Mugeda 是一款基于云平台计算框架的、专业级的 H5 交互动画制作工具。Mugeda 无须任何下载和安装，具有基础会员免费、制作出来的作品无官方广告、基础功能零代码交互、可自动适配屏幕、可导出源文件等功能，特点是方便、快捷、高效、强大。Mugeda 的界面，如图 2-1 所示。

图 2-1

2.1.2 Mugeda 的优势

1. 快速上手

Mugeda 操作界面和 Flash 高度相似，因此有 Flash 操作基础的人员基本不用学习就可快速上手，使用 Mugeda 制作出满意的 H5 作品。此外，设计师在 Mugeda 中也大有所为，无须添加任何代码即可完成复杂的交互；工程师只要在“脚本”按钮中写入“JS”代码，即可制作自己想要的交互效果。

2. 支持手机观看

用 Mugeda 平台制作出的 H5 作品支持使用手机设备观看。另外，软件中可用“通过二维码共享”功能一键生成二维码，观看者也可用手机扫描二维码观看作品效果。

3. 无水印发布作品

使用 Mugeda 平台发布的任何 H5 作品都没有水印，且单击“发布”按钮，就可发布 H5 作品，简单、方便，大家可以放心使用。

4. 支持共享和导出作品

Mugeda 支持作品的共享与导出，导出步骤为选择“文件”中的“导出”选项，然后选择想导出的格式即可。Mugeda 支持 GIF、视频、PNG 等格式的导出，基本覆盖现在流行的主流多媒体格式，功能十分强大。

5. 提供企业服务

Mugeda 提供专业的企业服务，在操作界面右上角的下拉菜单中选择“团队管理”，可进入团队管理页面。在管理页面中，可添加企业成员，方便进行人员及作品管理。企业账号与子账号，子账号与子账号之间可共享作品，十分方便。

6. 专业的数据服务

Mugeda 提供专业的数据服务，用户可以在后台统计页面中浏览到每一个作品的数据。在数据页面，可以选择统计时间段、每个时段的浏览量与用户数，方便运营人员进行详细的分析。基于微信传播，Mugeda 还提供朋友圈、单聊、群聊，以及其他四种传播来源数据。

2.1.3 Mugeda 账号注册方法

Mugeda 账号注册有三种方式，分别为微信注册、手机注册、邮箱注册。其默认注册方式为微信注册，如果用户想更换为手机注册或邮箱注册，可单击下面对应的图标，按照提示一步步输入信息，完成注册。

Mugeda 的会员分为四种：免费会员、标准会员、团队会员、企业会员。如果用户觉得免费会员不能满足自身需求，可以购买标准会员或团队会员。

2.1.4 Mugeda 的版本

Mugeda 提供了简约版、专业版、离线版三个版本。其中，简约版和专业版属于在线版，即用户通常登录的官方网站的云操作平台；离线版需要用户自己下载 App 实现本地操作，可在无网络情况下正常编辑制作。

Mugeda 各版本账号间是互通、双向同步的，具有离线迁移的特点。

账号互通：一个账号可以登录所有版本。

双向同步：云端内容和离线内容的双向同步。

离线迁移：不同账号之间的内容离线迁移。

2.2 Mugeda 基本操作流程

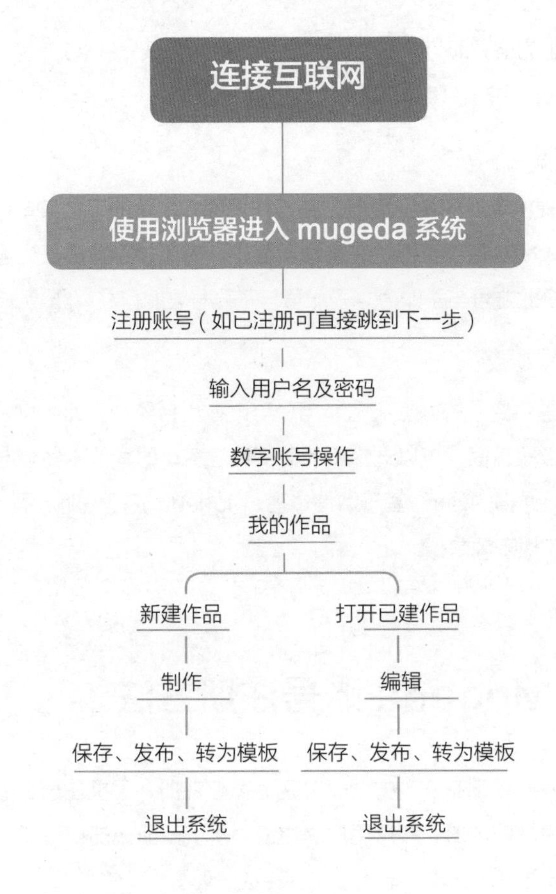

2.2.1 新建文件的方法

小提示

1. 当无法登录平台时，可以尝试用不同的网址访问平台，如 cn、edu、beta 等。

2. 必须使用正版的浏览器访问平台。

登录官方平台，单击界面左侧的“新建作品”按钮，在弹出的窗口中选择“H5（专业版编辑器）”，如图 2-2 所示。此时，会出现 Mugeda H5 的编辑界面。

图 2-2

如果已进入 Mugeda H5 编辑界面，可以选择左上角的“新建”按钮，在出现的窗口中根据需要选择作品的尺寸，如图 2-3 所示。选择并确定尺寸无误后，单击“确认”按钮，会出现新的 Mugeda H5 编辑界面。

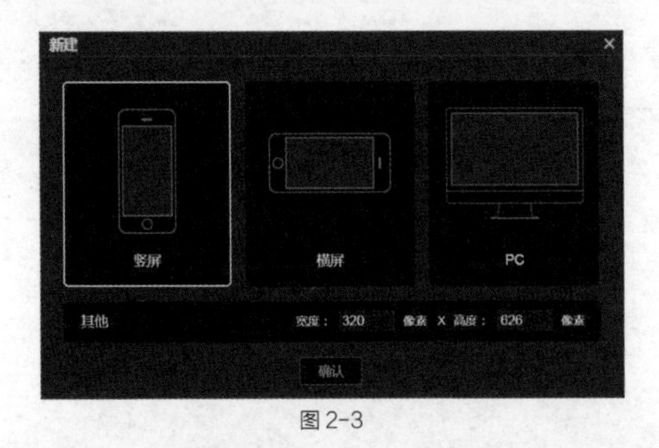

图 2-3

2.2.2　发布流程

1. 免费会员发布流程

在编辑界面中，单击菜单栏的“查看发布地址”按钮，如图 2-4 所示。

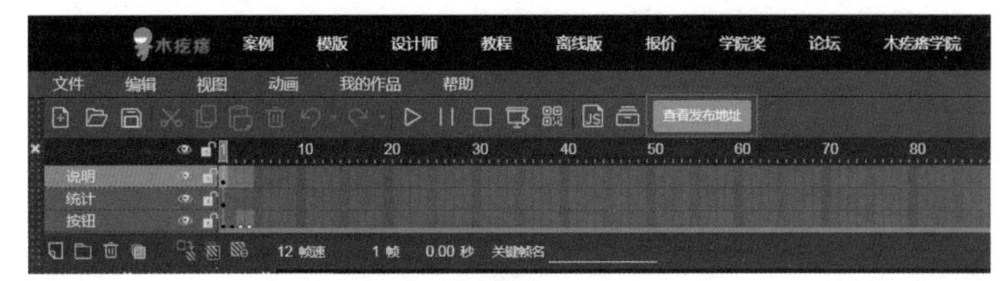

图 2-4

界面中会弹出发布窗口，单击右上角的“发布作品”按钮，如图 2-5 所示。

图 2-5

如果是已发布的作品，现在要重新修改，可单击“重新发布”按钮，如图 2-6 所示。

图 2-6

上述操作完成后，界面中会弹出一个对话框，提示发布作品需要人工审核的信息，单击“发布”按钮，如图 2-7 所示。如果审核通过，作品左上角会出现“待确认”的角标，如图 2-8 所示。

图 2-7

图 2-8

小提示

作品发布的同时单击“确认发布”后是没有角标的，如果屏幕上显示“预览链接”几个字，说明这个链接仅用于预览，单击“发布”按钮，会生成一个新的链接，新链接才是用于传播的正式链接。一般预览链接可以浏览 1000 次左右，超过这个次数后，可在预览链接右侧单击“刷新”按钮，以得到一个新的预览链接。

单击右侧的“确认发布”按钮 确认发布 后，“待确认”角标就会消失，如图 2-9 和图 2-10 所示。

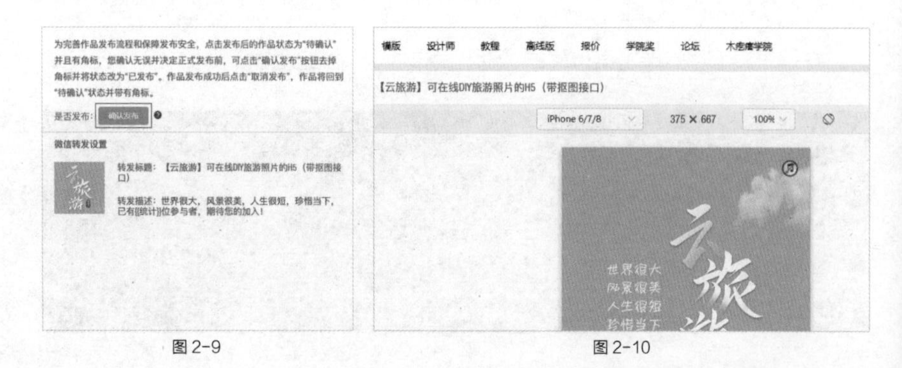

图 2-9　　　　图 2-10

小提示

需要注意，免费会员发布作品的次数不能超过 5 次（即使发布后删除也算 1 次）。

有时用户想在手机上预览制作完成的作品，扫码后却提示“作品可能含有脚本，不能预览”，此时需要替换作品中有问题的图片素材，如图 2-11 所示。

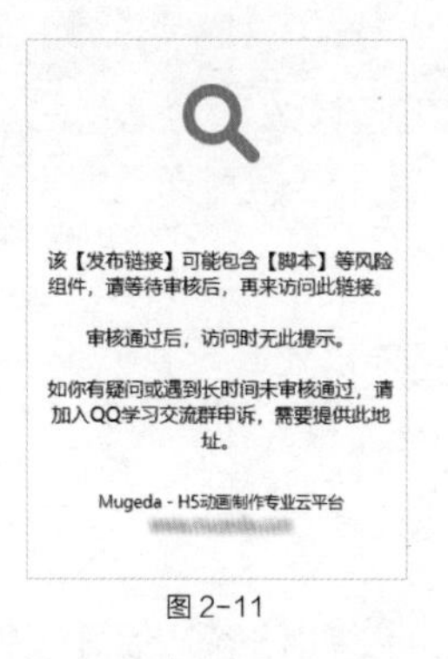

图 2-11

如果作品中添加了代码，还需要等待官方审核人员审核后才能正常预览。但如果作品中未添加脚本或代码也遇到这个提示，可以检查上传的图片是否有问题，有些图片是设计师直接从网络上下载的，而网络上图片的名字可能会有一些涉及安全问题的字符，这些字符往往与脚本类似，如果上传了这样的图片，可能就会触发安全问题，作品就会被拦截。实际测试证明，类似图 2-12 中的图片名称，把图片文件名修改成常规的字母加数字或中文，重新上传并替换作品中使用的图片，即可正常预览。

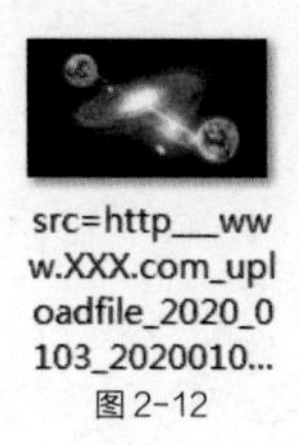

图 2-12

2. 收费会员发布流程

在编辑界面，单击菜单栏的“查看发布地址”按钮查看发布地址，如图 2-13 所示。界面中会弹出发布窗口。

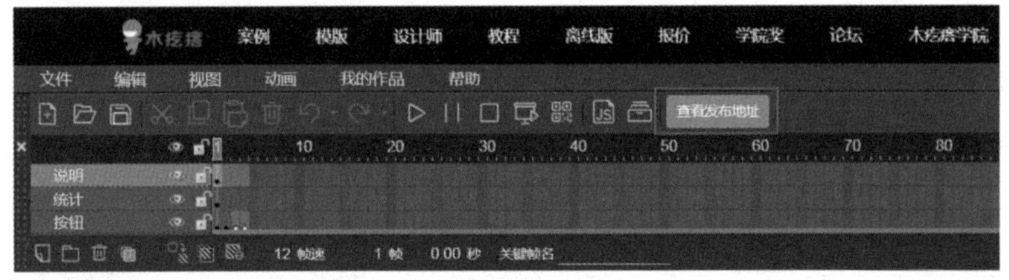

图 2-13

小提示

作品的二维码、发布地址、发布时间、文件大小、剩余浏览次数、缩略图、转发标题、转发描述等，都可以在发布页面查看。

如果是已发布的作品，重新修改，可以单击“重新发布”按钮重新发布（收费会员无须人工审核），等待发布进度到 100%，就会看到作品左上角显示的“待确认”角标，如图 2-14 所示。

图 2-14

单击“确认发布”按钮确认发布后，“待确认”的角标就会消失，如图 2-15 所示。

图 2-15

2.2.3　问题处理途径

如果在制作或发布作品过程中遇见问题，可以通过以下几个途径解决。

1. 在线客服

在 Mugeda 界面右侧，设置了浮动的在线客服按钮，分别为“智能客服”和“人工客服”，如图 2-16 所示。

图 2-16

收费用户可以直接单击“人工客服”按钮，输入需要解决的问题进行询问；免费用户可以单击“智能客服”按钮，输入问题的关键字进行查询，如图 2-17 所示。

图 2-17

2. 技术论坛

如果出现无法解决的问题，可以在 Mugeda 技术论坛中通过发帖或搜索相关关键字进行查询，找到解决问题的方法，如图 2-18 所示。

图 2-18

3. 技术 Q 群

在 Mugeda 界面右侧，设置了“技术 Q 群”悬浮菜单，将鼠标移动至菜单上即可看到官方 QQ 群，如图 2-19 所示。如遇到发布审核等待时间太久等问题，可以通过 QQ 群向群管理员反映。

图 2-19

小提示

提问时应该直接抛出问题，具体说明遇到的情况。比如，需要实现什么效果或功能、遇到了什么问题，有作品也可直接把作品链接一起发出来。

2.3 Mugeda 平台编辑界面及快捷键

Mugeda 操作界面的设计简单明了，本节主要介绍 Mugeda 的各种编辑界面和快捷键。Mugeda 界面中的功能分布，如图 2-20 所示。

图 2-20

2.3.1 菜单栏

Mugeda 的菜单栏中，包括"文件""编辑""视图""动画""我的作品""第三方应用""帮助"7 个菜单。其中，"文件""编辑""视图""动画""帮助"为基本的操作菜单，如图 2-21 所示。

图 2-21

1."文件"菜单

"文件"菜单中，主要包括"新建""打开""保存"等命令，如图 2-22 所示。

常用功能介绍

① "新建""打开""保存""另存为"命令，其作用与其他软件一样。

② "同步协同数据"命令，需要团队或企业账号才能实现其功能。

③ "作品版本"命令，是当作品有回档的现象时，可以选择"恢复本地上一个有效版本"或者最近时间的版本（使用者可以依次选择打开，直至找到需要的版本）进行恢复。

④ "文档信息"命令，与"属性"面板右下角的内容基本一致，后面介绍"属性"面板时会详细讲解。

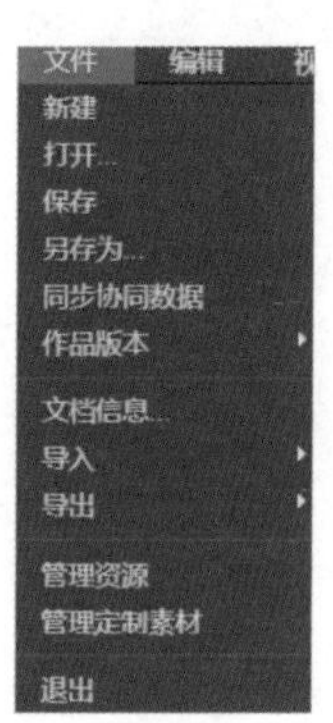

图 2-22

⑤“导入”命令，选择相应的文件可以导入，后面介绍素材库时会详细讲解。

⑥“导出”命令，将制作完成的作品导出相应的文件格式。例如，想把做好的作品布置在服务器上，就需要选择导出 HTML 动画包，然后通过 FTP 或其他方式上传至服务器。

⑦“管理资源”命令，可以依次点开相应的元素进行替换或修改。它与“工具箱”中“资源管理器”工具是一样的，后面介绍管理资源器时会详细讲解。

⑧“管理定制素材”命令，是需要付费的服务。

⑨“退出”命令，选择可退出整个编辑界面。

2.“编辑”菜单

“编辑”菜单中，主要包括“撤销”“复制”“粘贴”等命令，如图 2-23 所示。

常用功能介绍

①“撤销”“重做”“剪切”“复制”“粘贴”命令，其作用与其他软件一样。

②“复制行为”“粘贴行为(覆盖)”“粘贴行为(插入)”“复制预置动画”“粘贴预置动画(覆盖)”“粘贴预置动画(插入)”“节点”“排列”“对齐”“变形”“组”命令，都包含在舞台区域单击鼠标右键后弹出的菜单里，后面会详细讲解。

③“锁定物体”命令，可以锁定选定的元素，锁定后不能对其进行位置、大小等属性的调节；“全部解锁”命令，可以解除锁定状态，方便大家编辑。

④“删除未支付字体”“删除未支付音乐”命令，可以删除对应的收费字体或者收费音乐，“删除”命令，可以删除选中的元素，“声音”命令，可以插入或者删除声音。

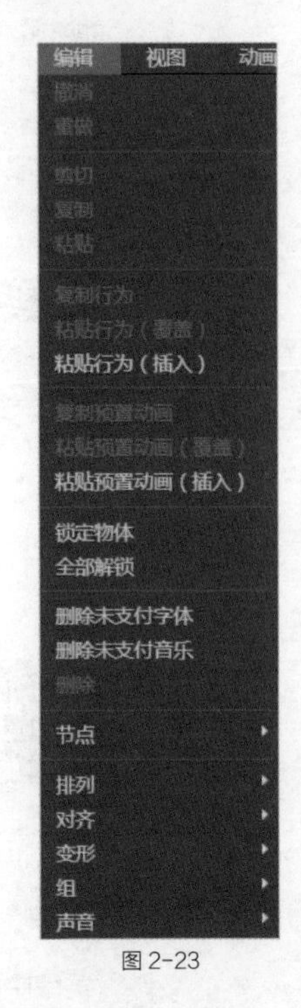

图 2-23

3.“视图”菜单

“视图”菜单中，包括“工具条”“工具箱”“元件库”等命令，如图 2-24 所示。

常用功能介绍

①选择或取消选择“工具条”“工具箱”“元件库”“属性”“脚本”“时间线”“页面”“标尺”“辅助线”命令，可以显示或不显示这些功能。

②“删除所有辅助线”命令，可以删除所有辅助线。

③“快捷工具”命令与“工具”面板的功能类似，后面介绍“工具”面板时会详细讲解。

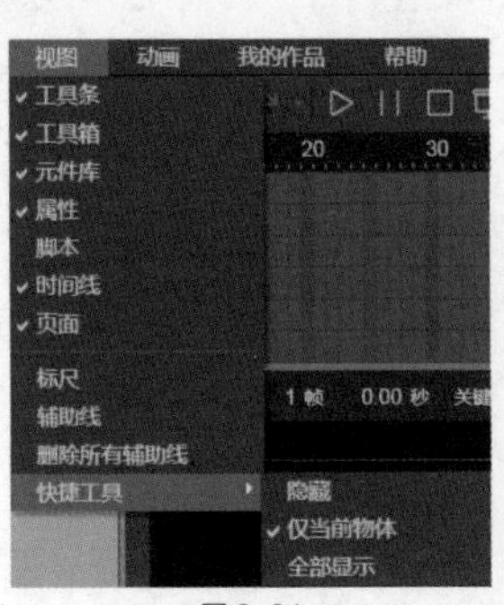

图 2-24

4. “动画”菜单

“动画”菜单中，包括“插入关键帧动画”“插入进度动画”“插入变形动画”等命令，如图 2-25 所示。

常用功能介绍

① “插入关键帧动画”“删除关键帧动画”“插入进度动画”“删除进度动画”“插入变形动画”“删除变形动画”“插入帧”“删除帧（可多选）”“插入关键帧”“清空关键帧”“删除关键帧（可多选）”“复制关键帧”“粘贴关键帧”“复制帧”“粘贴帧”命令都包含在“时间线”面板中，单击鼠标右键可弹出功能菜单，这些命令会在后面的动画制作中详细讲解。

② “切换路径显示”“自定义路径”命令都包含在舞台区域，单击鼠标右键可弹出功能菜单，这些功能后面会详细讲解。

③ “播放”“暂停”“停止”命令，分别对应意思相同的功能；“循环”命令，是指循环播放舞台动画。

④ “预览”命令，是预览整个作品的内容，“预览当前页”命令，是预览当前页的内容。

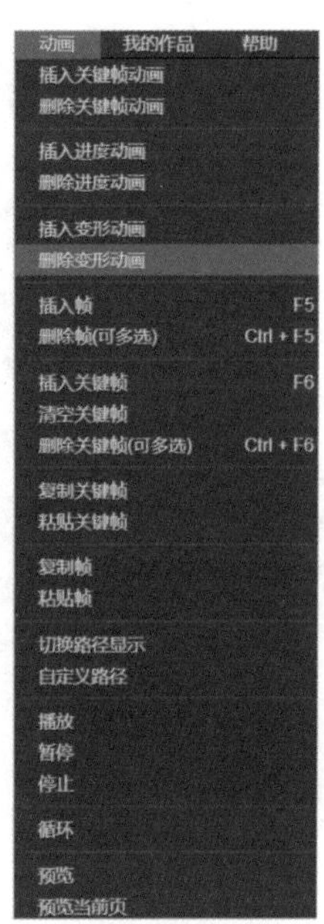

图 2-25

5. “我的作品”菜单

单击“我的作品”菜单，在新窗口中打开作品管理列表页面，如图 2-26 所示。

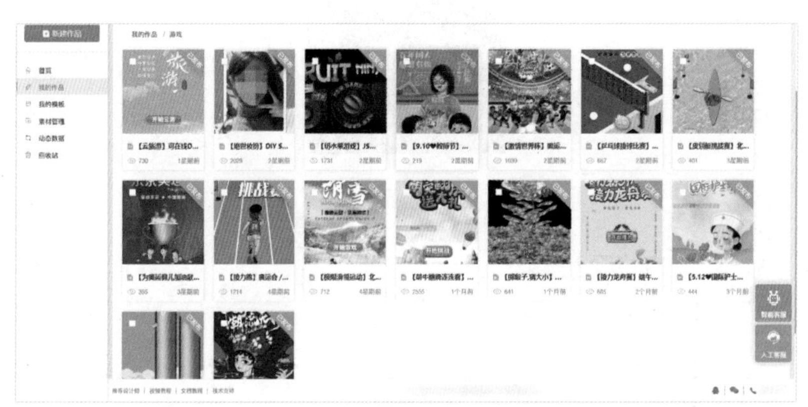

图 2-26

6. “第三方应用”菜单

“第三方应用”菜单里目前只有“语音合成”的功能，预计未来此菜单下的功能会逐渐扩充，如图 2-27 所示。

图 2-27

“语音合成”功能为收费项目，可以在文本输入框里输入需要语音合成的文本，选择适合的场景及需要保存的文件夹，单击“合成”按钮即可合成声音，如图 2-28 所示。

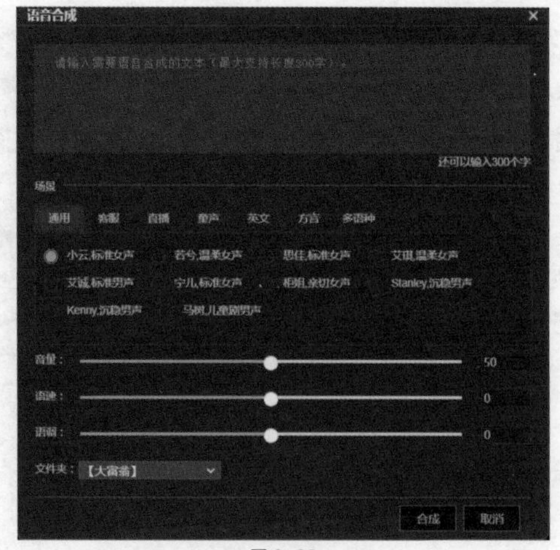

图 2-28

7.“帮助”菜单

“帮助”菜单中，包括“快捷键”“交互教程”“视频教程”等命令，如图 2-29 所示。其中，“交互教程”的二级菜单中包含了 Mugeda 的相关讲解教程。

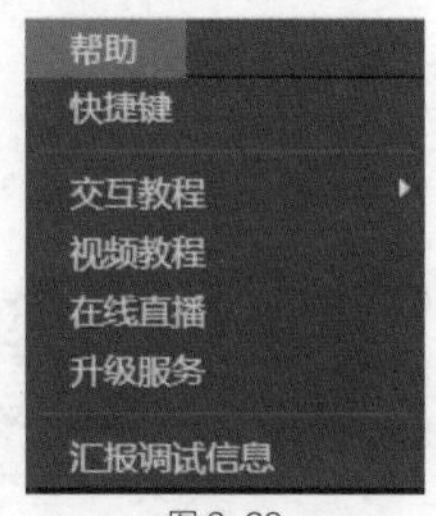

图 2-29

2.3.2 工具栏

工具栏图标分别对应“新建”“打开”“保存”“剪切”“复制”“粘贴”“删除”“撤销”“重做”“播放”“暂停”“停止”“预览”“内容共享”“脚本”“资源管理器”“查看发布地址”工具，单击即可快速访问这些常用工具，如图 2-30 所示。

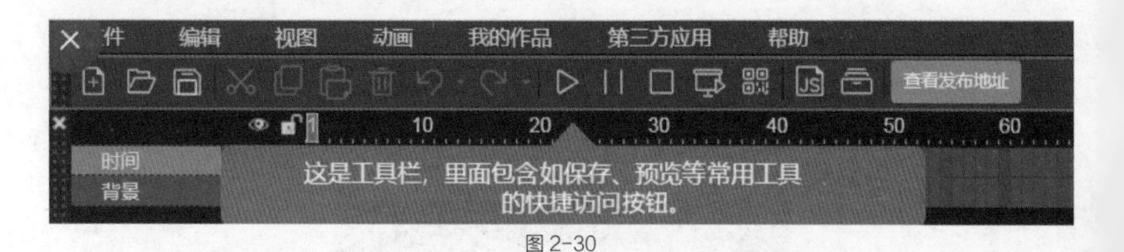

图 2-30

常用功能介绍

① “预览”工具，可以在电脑上预览整个作品的内容。

② “内容共享”工具，可以通过预览链接或者手机扫描二维码打开作品预览。预览地址中的作品会带有提示角标，而且生成的预览链接和二维码最多只能访问 1024 次（如提示超过预览次数，可单击窗口右侧的刷新按钮，重新生成预览链接和二维码），因此只能作为预览使用，如图 2–31 所示。

在发布作品时，应先保存文件，进入源文件共享界面，如图 2–32 所示。如需分享作品源文件，可以单击“共享源文件”按钮，得到编辑地址链接；如需加密，可单击“密码保护”按钮，生成提取码；如不想共享源文件，可单击“不共享”按钮；“协同共享”按钮，是团队或企业账号的权限。

③ “脚本”工具，如需输入代码，可以单击按钮，打开脚本编辑框进行编辑。

④ “资源管理器”工具，可以依次点开相应的元素进行替换或修改（与“文件”菜单中的“管理资源”命令功能一样）。

⑤ “查看发布地址”工具，可以发布作品，得到正式的发布链接及二维码。

图 2-31

图 2-32

2.3.3　面板

1.“时间线”面板

“时间线”面板，是用来对画面进行精确控制的操作区，可以制作关键帧动画、进度动画、变形动画、遮罩动画等多种动画。时间线是制作动画的关键功能，面板可以把图层、图像、帧按时间进行组合和播放来形成动画。

“时间线”面板左侧为“图层”区域，右侧为“帧”区域；下面的工具栏图标分别对应“新建图层”“新建图层夹”“删除图层”“洋葱皮”“转为遮罩层”“添加遮罩层”“切换遮罩显示”工具，还显示了当前“帧速”“帧位置”“帧时间”等，如图 2–33 所示。这些功能将会在第 5 章详细讲解。

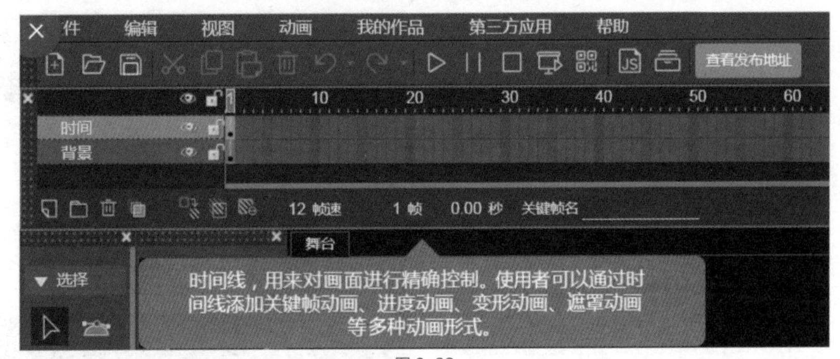

图 2-33

2. “工具”面板

“工具”面板包含“选择”“媒体”“绘制”“预置考题”“控件”“表单”“微信”七个工具组，如图 2-34 所示。其中，“选择”“绘制”工具组将在第 3 章详细讲解，“媒体”工具组将在第 4 章详细讲解，“控件”工具组将在第 6 章详细讲解，“表单”“微信”工具组将在第 7 章详细讲解。

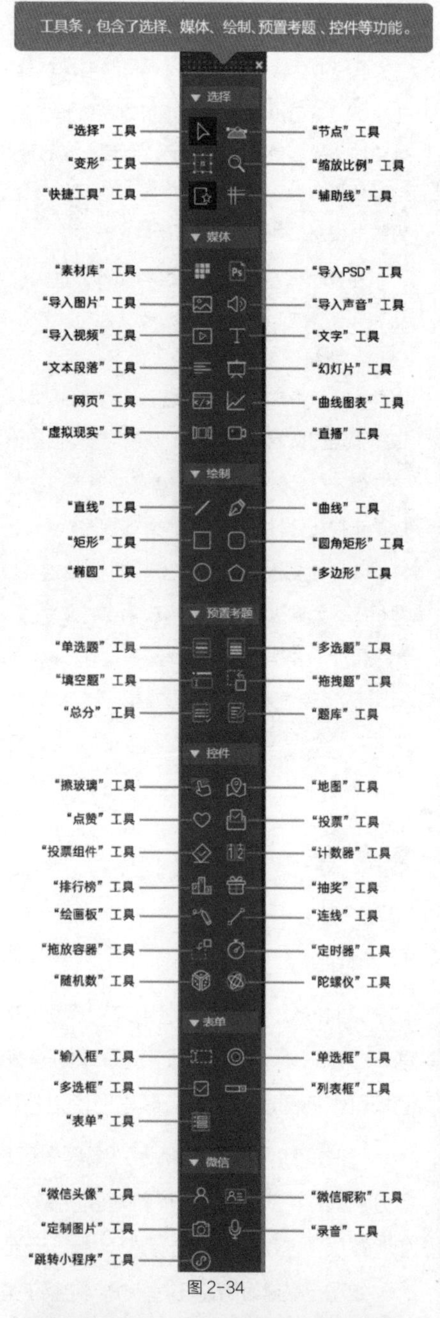

图 2-34

3. “页面编辑”面板

每个页面都有自己独立的舞台、图层、时间线、帧、控制面板等，在其中可以添加和编辑内容。“页面编辑”面板用来进行页面的插入、删除、预览、复制、添加，以及添加模板等操作，如图 2-35 所示。

常用功能介绍

① “插入新页面”工具，是指在当前页面之前插入新的空白页面。

② “删除页面”工具，是指删除当前页面。

③ “预览页面”工具，是指预览当前页面。

④ “复制页面”工具，是指复制当前页面。

⑤ “添加新页面”工具，是指在当前页面之后添加新的空白页面。

⑥ “从模板添加”工具，是指在当前页面之后添加打开内容库后选中的模板。

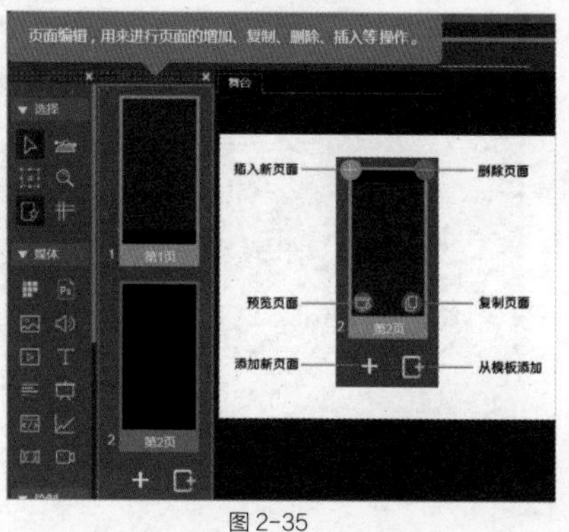

图 2-35

小提示

模板是已经做好的完整作品，使用者可以在原作品的基础上进行编辑、保存、发布。模板的类型分为免费模板和商业模板，免费模板可以在官方模板区免费取得，商业模板需在官方模板区购买。

4. “舞台”面板

“舞台”面板是整个界面的核心区域，位于界面的中央，是编辑、制作、播放的区域，如图 2-36 所示。在其周围，留有一定的编辑缓冲区域（黑色区域），编辑缓冲区域内的对象不会在最终的内容展示中出现，但可以很方便地用来组织暂时不在舞台上的对象。

图 2-36

5. “属性”面板

在“属性”面板中，包括“属性”“元件”“翻页”“加载”等面板，如图 2-37 所示。

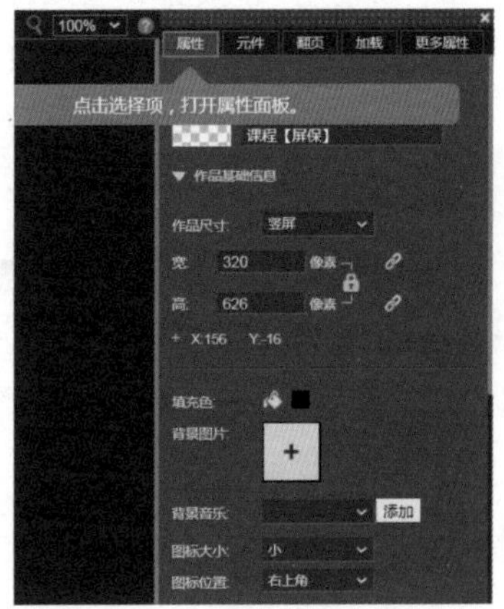

图 2-37

(1)“属性”面板。

“属性”面板包含所选的元素（图片、文字、视频等）的属性，这些属性包括大小、位置、颜色、透明度等，如图 2-38 所示。后面的案例中会有详细讲解。

(2)“元件”面板。

“元件库”面板包含对元件进行管理的必要功能，如新建元件，复制元件、生成文件夹、删除元件、导出导入元件等。一个元件可以是一个有独立时间线的动画片段，它可以反复在舞台上使用，从而创建比较复杂的组合动画，如图 2-39 所示。

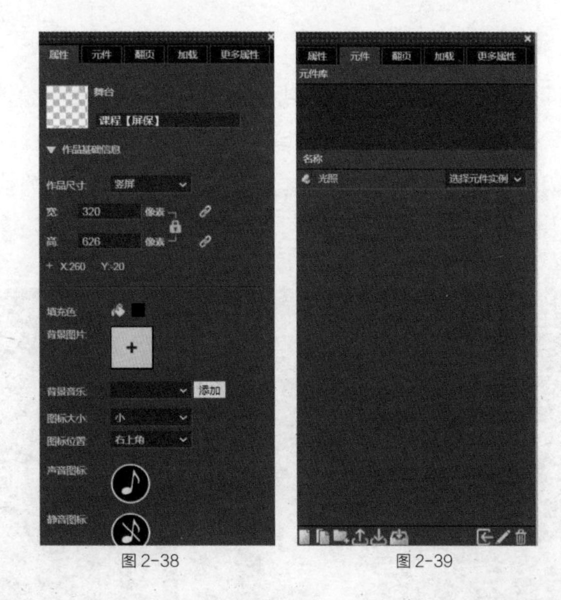

图 2-38　　　　图 2-39

(3)“翻页”面板。

在“翻页”面板中，包括“翻页效果”“翻页方向”“循环”等设置，如图 2-40 所示。

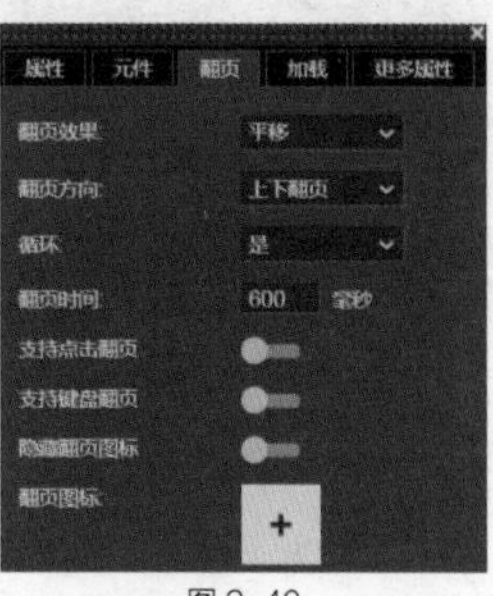

图 2-40

(4)“加载”面板。

页面一般分为普通页面和加载页面，HTML 页面的加载实际上是基于“http 过程 + 浏览器”对数据的解析渲染，加载页面是页面加载和浏览器对数据解析渲染完成前显示的页面（一般情况下 H5 作品加载后，都可以在终端缓存里找到该作品的各种素材）。

“加载”面板的“样式”选项中，包含“默认”“百分比”“进度条”等命令，如图 2-41 所示。

单击菜单栏的“预览”按钮，可以看到“默认”的加载页，下方显示的是 Mugeda 声明，如图 2-42 所示。

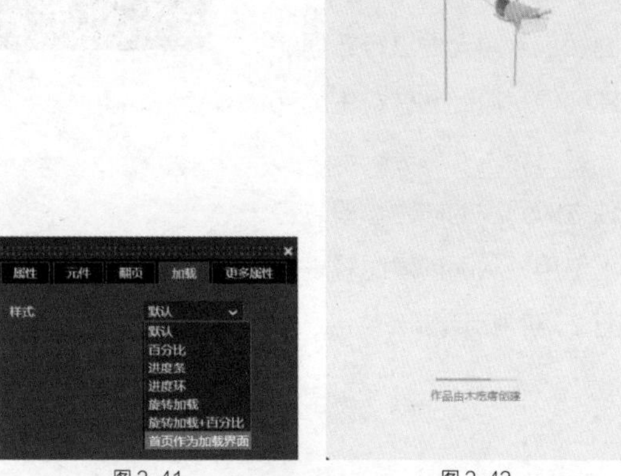

图 2-41　　　　图 2-42

如果想要自定义加载页，可以单击“加载”面板，在“样式”下拉菜单中，可以看到除了“默认”的加载页样式以外，还有“百分比”“进度条”“进度环”“旋转加载”“旋转加载 + 百分比”“首页作为加载界面”6 种样式可以选择，如图 2-43 所示。

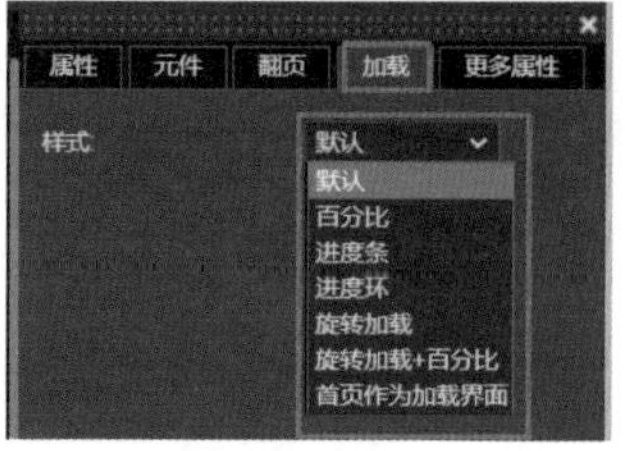

图 2-43

小提示

一般情况下，如果 H5 页面的加载时间超过 5 秒，用户就会感觉页面卡顿，甚至直接关闭页面。所以，加载的时间对于一个 H5 作品来说是相当重要的，发布前应查看作品的素材（图片、音频、视频等文件）是否过大，如果过大就要进行压缩或替换，以免出现加载时间过长的情况。

以“进度条”选项为例，选择“进度条”后，会出现相关设置，如在“提示文字”的文本框中输入“/ 正在加载 /”，将“动态文字”设为“是”。单击“图片”后的 + 图标，打开“素材库”对话框，为其添加一张图片；用同样的方法，为“前景图片”选择一张带标题文字或标识的图片，如图 2-44 所示。

上述设置完成后，单击菜单栏的“预览”按钮，预览加载页效果，此时的加载页会变为自定义样式，如图 2-45 所示。其他的加载页样式设置大同小异，大家可以多做尝试。

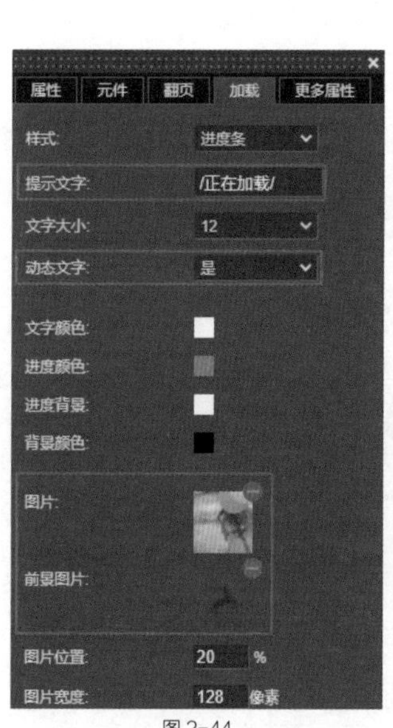

图 2-44

图 2-45

如果用户想自己制作加载页，可以选择“首页作为加载界面”选项，此时平台就会将作品的第一页作为加载页来显示，如图 2-46 所示。

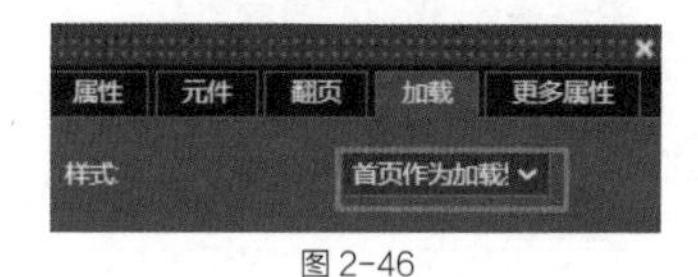

图 2-46

(5)“更多属性”面板。

“更多属性”面板是媒体用户专属功能，填写的相关信息会出现在 H5 网页源代码里（不会在作品里显示），方便搜索引擎收录，如图 2-47 所示。

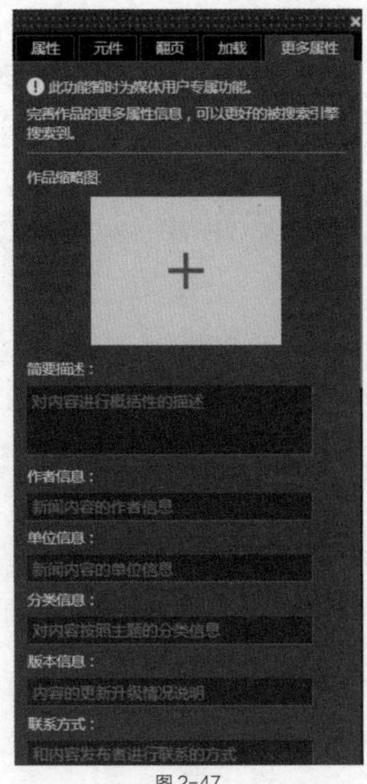

图 2-47

2.3.4 快捷键

在应用 Mugeda 制作 H5 作品时，为了提高工作效率，使用者应熟记常用的快捷键。Mugeda 常用快捷键，如表 2-1 所示。

表 2-1 Mugeda 常用快捷键

选择工具	
功能	快捷键
选择	V
节点	A
变形	Q
缩放	Z

媒体工具	
功能	快捷键
素材库	S
导入 PSD	D
图片	I
文字	T

绘制工具	
功能	快捷键
直线	N
圆角矩形	O
矩形	R
曲线	C
椭圆	E
多边形	P
结束曲线	空格或者任意工具快捷键 V

动画快捷键	
功能	快捷键
插入帧	F5
插入关键帧	F6
删除帧	Ctrl+F5
删除关键帧	Ctrl+F6
下一帧	.>
上一帧	,<
播放	Enter
暂停	Enter

对齐快捷键	
功能	快捷键
左对齐	Ctrl+Alt+1
水平居中对齐	Ctrl+Alt+2
右对齐	Ctrl+Alt+3
上对齐	Ctrl+Alt+4
下对齐	Ctrl+Alt+6
垂直居中对齐	Ctrl+Alt+5

工具栏快捷键	
功能	快捷键
复制	Ctrl+C
剪切	Ctrl+X
粘贴	Ctrl+V
恢复	Ctrl+Y
撤销	Ctrl+Z
原地粘贴	Ctrl+Shift+V
删除	DEL

节点工具鼠标快捷方式	
结果	快捷方式
选中节点	单击黄色节点
切换多个节点选择状态	Ctrl+ 单击黄色节点
删除节点	Alt+ 单击黄色节点
添加节点	Ctrl+ 在曲线上单击
编辑该节点，并为对端点节点调整方向	拖动绿色节点
编辑该节点，并镜像对端节点	Ctrl+ 拖动绿色节点
仅编辑该节点	Alt+ 拖动绿色节点

舞台鼠标快捷方式	
结果	快捷方式
切换多个物体选择状态	Ctrl+ 鼠标左键
鼠标在画布上画框	选中多个物体
生成 / 缩放物体时刻保持长宽比	Shift+ 按住鼠标左键拖动

2.4 作品尺寸与屏幕适配

如果想让对标的终端设备可以正常访问 H5 作品，制作人员需要在设计作品前设置好作品尺寸及做好屏幕适配。本节具体讲解作品尺寸与屏幕适配设置。

2.4.1　作品尺寸设置

新建文件后，可以在舞台右侧的“属性”面板中看到作品尺寸的设置，默认的“作品尺寸”为“竖屏”，“宽”为 320 像素，“高”为 626 像素，如图 2-48 所示。

展开“作品尺寸”下拉菜单，可以设置不同的作品尺寸，系统内置的尺寸有“横屏”“竖屏”，以及 PC 和“自定义”，如图 2-49 所示。

如需设置其他尺寸，可以直接输入相应的“宽”“高”像素值，默认是锁定宽高比的，如果需要单独设置各项，可以单击“锁定”图标解锁，如图 2-50 所示。

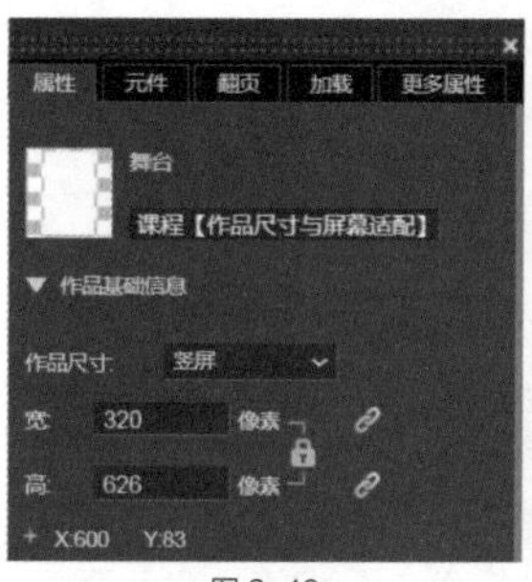

图 2-48

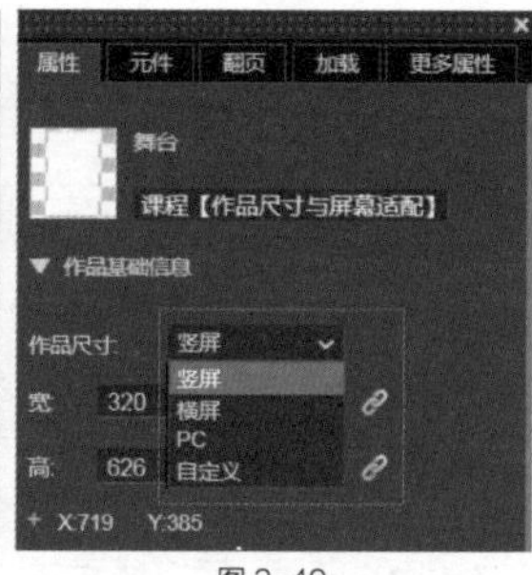

图 2-49

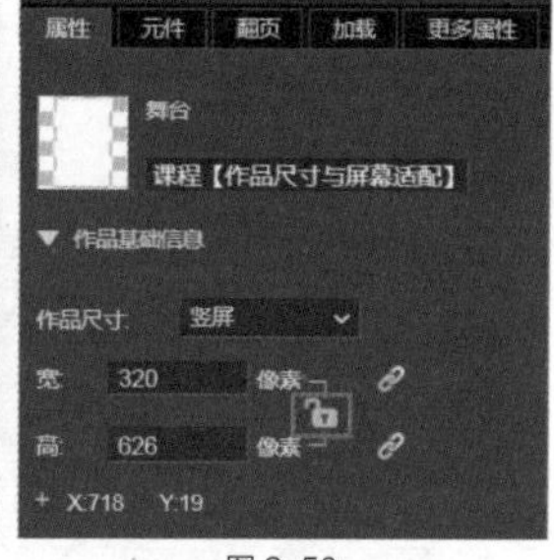

图 2-50

2.4.2　屏幕适配设置

为了方便设计师更好地编辑内容，防止内容在设备上超出可见显示范围（安全框），Mugeda 还支持显示屏幕适配范围辅助线。用户可以在“舞台”面板的右上角，选择屏幕适配方式和设备类型，如图 2-51 所示。

图 2-51

小提示

需要注意的是，Mugeda 舞台尺寸跟 PSD 设计稿尺寸的比例为 1 ： 2。例如，在 Mugeda 新建的文件“宽”为 320 像素，“高”为 626 像素的情况下，导入的 PSD 设计稿尺寸就需要宽度为 640 像素，高度为 1252 像素（分辨率 72），如果是横版，则宽度为 1252 像素，高度为 640 像素（分辨率 72）。

设置好后，舞台上就会显示屏幕适配范围辅助线，画布上会出现一个方框指示指定设备的可见范围（绿色安全框），如图 2-52 所示。如果舞台上添加的内容超出了指定设备的安全框，安全框会显示为红色，以提示设计师调整元素位置，如图 2-53 所示。将超出安全框的元素移至安全框内，安全框会恢复为绿色，如图 2-54 所示。

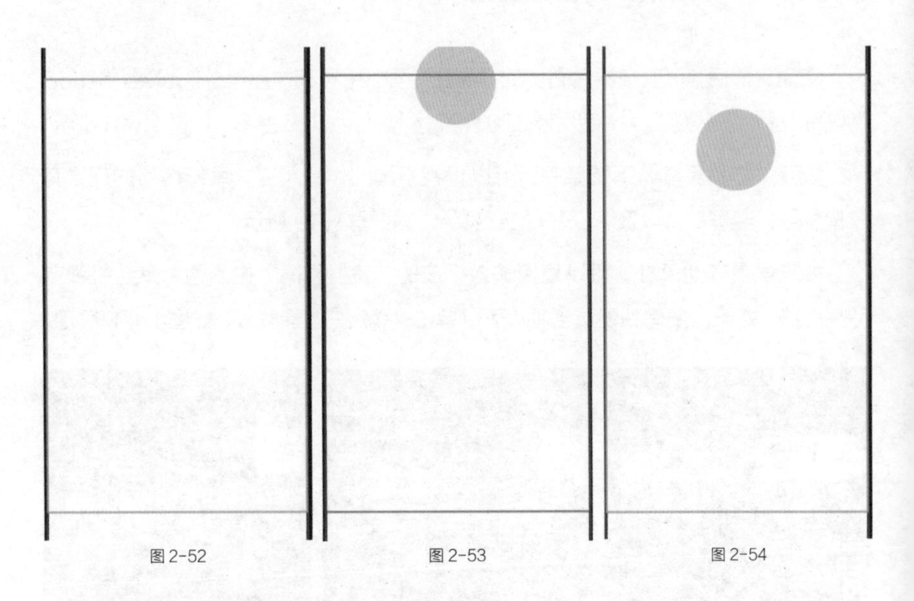

图 2-52　　图 2-53　　图 2-54

简而言之，如果观看者是用窄屏手机访问作品，超出安全框的元素会不可见，所以重要元素一定不要超过安全框的范围。可将竖屏的“自适应”设置为“宽度适配，垂直居中”，将“旋转模式”设置为“强制竖屏”，如图 2-55 所示；将横屏“自适应”设置为“高度适配，水平居中”，将“旋转模式”设置为“强行横屏”，如图 2-56 所示。

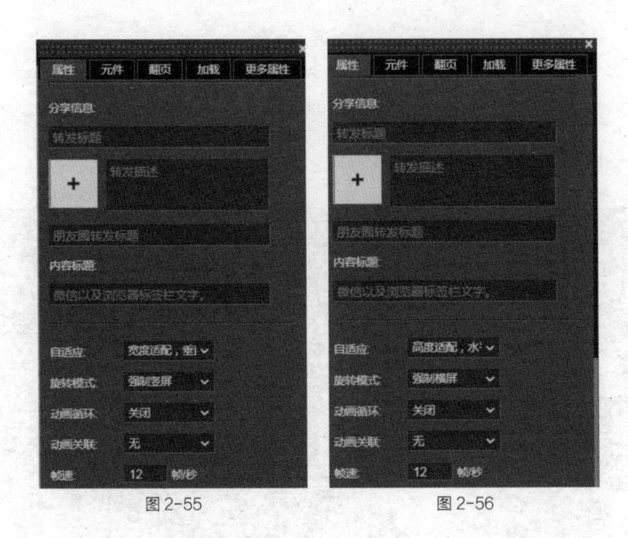

图 2-55　　图 2-56

2.5 Mugeda 账户管理

2.5.1 我的作品

登录 Mugeda 账号，系统会自动跳转到管理后台，单击左边菜单里的“我的作品”选项，可显示以往制作的作品，如图 2-57 所示。

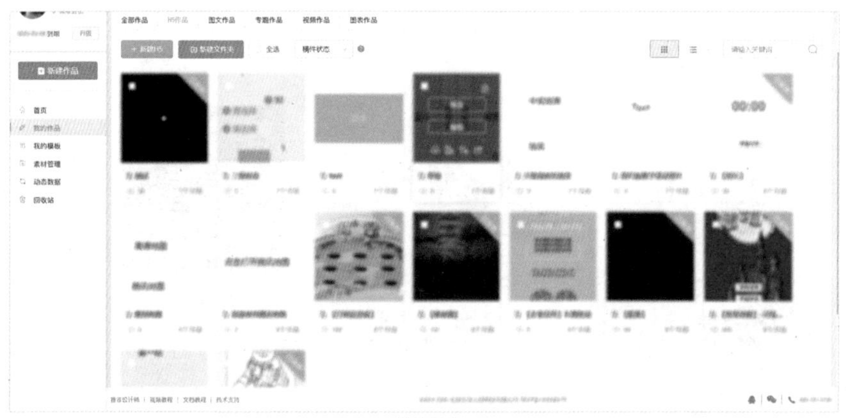

图 2-57

单击菜单栏的“全选”按钮，可以对选中的作品进行删除、标记发布、移动到文件夹等操作，如图 2-58 所示。

图 2-58

单击展开菜单栏“稿件状态”的下拉菜单，可以将选中的作品设为“预览稿”“待确认”“发布稿”“退回稿”状态，如图 2-59 所示。

图 2-59

当要寻找或显示某个作品时，可在右上角的搜索框中输入作品关键词，单击“搜索”图标，即可显示与该关键词相关的作品，如图 2-60 所示。

请输入关键词

图 2-60

如果作品较多需分类管理，可以单击“H5 作品”选项卡，然后单击“新建文件夹”，打开“新建文件夹”对话框，在“文件夹名称”后面输入名称，单击“确定”按钮，即可新建文件夹，如图 2-61 ~ 图 2-63 所示。

图 2-61

图 2-62

图 2-63

如果想重新命名该文件夹，可以将鼠标移动到文件夹名的最右边，这时会出现一个“编辑”图标，单击该图标即可为文件夹重新命名，如图 2-64 所示。

如果想删除某个文件夹，可以单击该文件夹右上角的“删除”图标，即可删除该文件夹，如图 2-65 所示。此时文件夹里的作品会重新回到放入文件夹以前的位置。

当鼠标移动到单个文件的缩略图时，会出现相应的管理按钮，如图 2-66 所示。

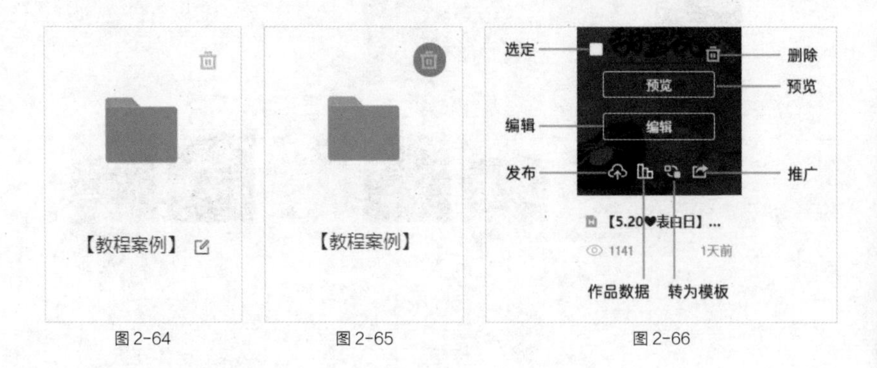

图 2-64　　图 2-65　　图 2-66

常用功能介绍

① “选定”复选框，可以进行删除、标记发布、移动到文件夹等操作。例如，想要将某个作品移动到新建的文件夹中，就将鼠标移动到这个作品的缩略图上，选择缩略图左上角的复选框，单击菜单栏的“移动到”按钮，如图 2-67 和图 2-68 所示。然后选择相应的文件夹，单击“确定”按钮，即可将作品移动到该文件夹中。

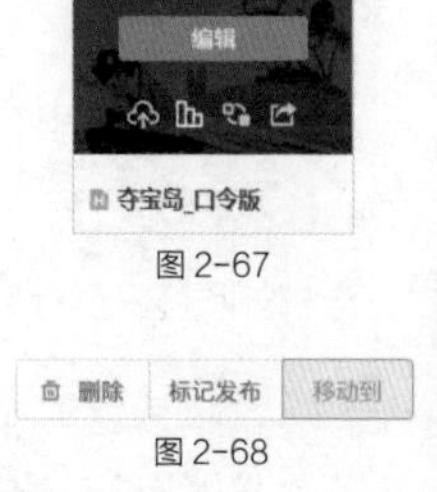

图 2-67

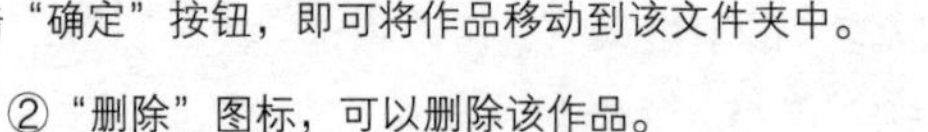

图 2-68

② “删除”图标，可以删除该作品。

③ “预览”按钮，可以预览该作品。

④ “编辑”按钮，可以编辑该作品。

⑤ “发布”图标，可以发布该作品。

⑥ “作品数据”图标，可以查看作品的统计数据、用户数据、内容分析等项目。统计数据服务可以选择不同的时间段，查看当前作品在该时间段的详细统计数据，如图 2-69 和图 2-70 所示。

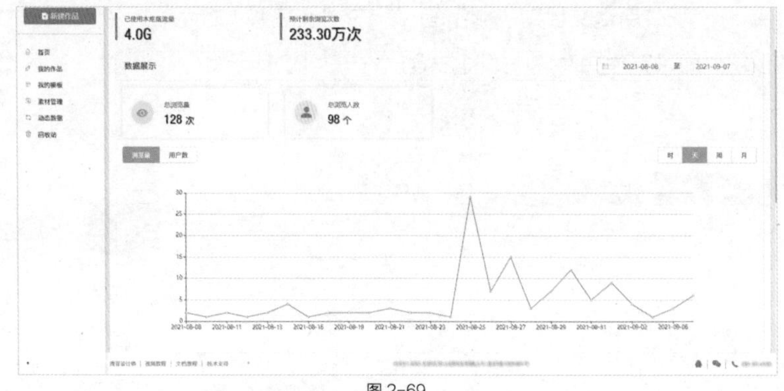

图 2-69

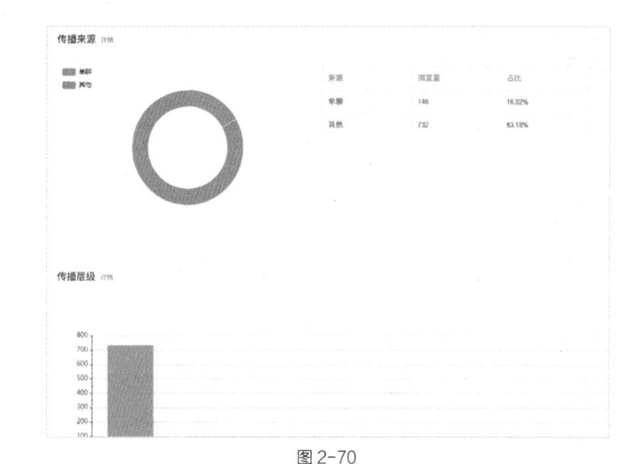

图 2-70

用户数据服务可以查看、删除、导出当前作品表单提交的数据，内容分析服务可分析查看当前作品的高级浏览行为数据，帮助我们更好地监控分析作品传播使用效果，如图 2-71 所示。

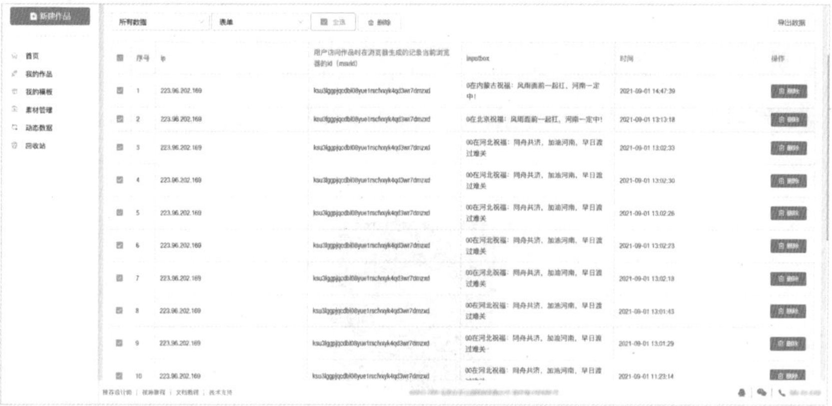

图 2-71

⑦ “转为模板”图标，可以将该作品转为私有模板（转换后可以随时使用或者添加到新作品里）或转为售卖模板（须通过官方认证才可使用），提交通过官方审核后，该作品会进入官方模板区进行售卖，同时会加入个人空间中。

⑧ “推广”图标，作品提交并通过官方审核后，会进入个人空间及案例区。

2.5.2　我的模板

在 Mugeda 管理后台，单击左边菜单里的“我的模板”选项，用户的私有模板以及获得的免费模板、商业模板就会显示出来。当鼠标移动到单个模板文件的缩略图时，会出现“选定”“删除”“预览”“使用”“共享”等管理按钮，如图 2-72 所示。单击相应的按钮可以进行相关操作，也可以像作品管理一样进行全选、新建文件夹、输入关键词搜索等相关操作，这里不再赘述。

图 2-72

2.5.3 素材管理

在 Mugeda 管理后台，单击“素材管理”选项，用户可以在这里管理上传素材，新建、删除素材文件夹，如图 2-73 所示。

图 2-73

2.5.4 回收站

小提示

删除的作品会在回收站内保留 30 天，到期后将彻底清除。

在 Mugeda 管理后台，单击左侧菜单里的“回收站”按钮，之前删除的作品就会显示出来，当鼠标移动到单个文件的缩略图时会出现选择框，显示“彻底删除”“恢复”等管理按钮，单击相应的按钮可以进行相关操作，如图 2-74 所示。

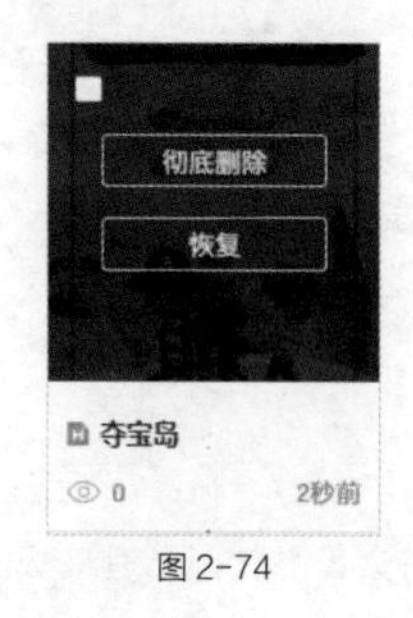

图 2-74

2.5.5 我的账户

在 Mugeda 管理后台中，将鼠标移动到右上角，在用户名右侧的下拉菜单中，选择“我的账户”选项，如图 2-75 所示。

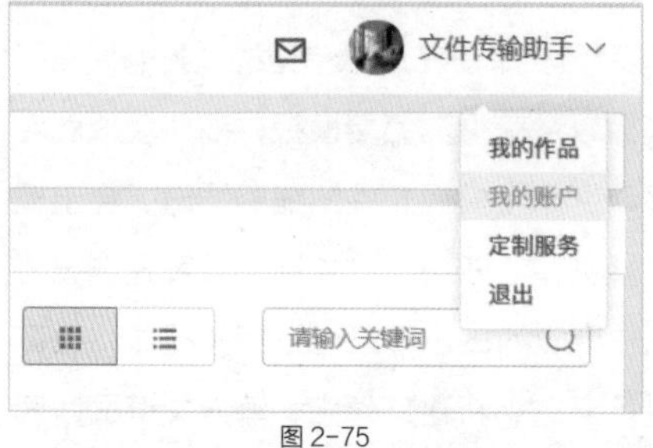

图 2-75

通过单击上面的菜单栏，可以切换“个人中心”“账号服务”“交易信息”等选项卡，展示相关内容，如图 2-76 所示。

个人中心	账号服务	交易信息

图 2-76

第 3 章
编辑素材

编辑素材

- “选择”工具组
  - “选择”工具
  - “节点”工具
  - “变形”工具
  - “缩放”工具
  - “快捷”工具
  - “辅助线”工具
- “绘制”工具组
  - “直线”工具
  - “曲线”工具
  - “矩形”工具
  - “圆角矩形”工具
  - “椭圆”工具
  - “多边形”工具
- 图形的属性设置
  - 宽高属性
  - 坐标属性
  - 锁定边距
  - 填充色
  - 边框色
  - 边框类型
  - 透明度
  - 旋转
  - 端点和接合点
  - 滤镜属性设置
- 图形的排布组合
  - 排列
  - 对齐
  - 变形
  - 组合
  - 合并
  - 相交
  - 剪裁

3.1 “选择”工具组

“选择”工具组中共有 6 个工具，分别为“选择”工具、“节点”工具、“变形”工具、“缩放比例”工具、“快捷”工具和“辅助线”工具，如图 3-1 所示。

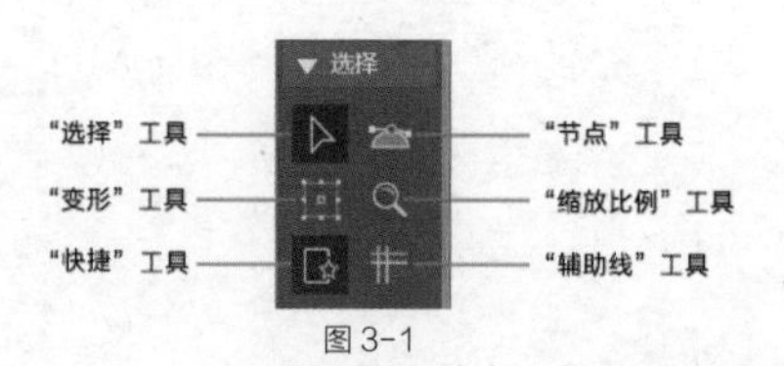

图 3-1

3.1.1 “选择”工具

“选择”工具（快捷键 V）是默认的操作工具，可以对目标进行选择、移动等操作，也可以与各种工具组合使用。

3.1.2 “节点”工具

“节点”工具（快捷键 A）可用于编辑节点，如图 3-2 所示。

选中想要编辑的节点，单击鼠标右键，可选择“节点”选项中的“重置选中节点”“删除选中节点”“添加节点（细分）”菜单选项，如图 3-3 所示。

选中曲线上的任意节点，会出现手柄，控制手柄可调整曲线弧度，如图 3-4 所示。

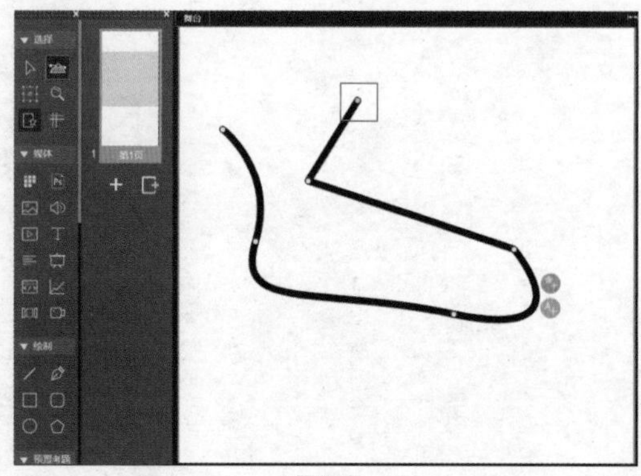
图 3-2

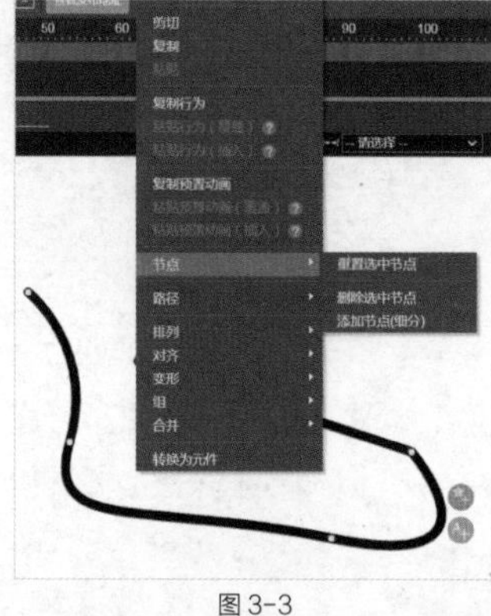

图 3-3

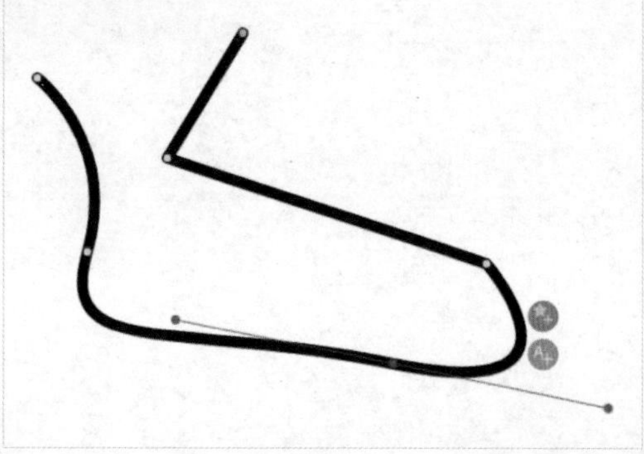

图 3-4

若选中直线上的节点，则不会出现手柄，此时可单击鼠标右键，选择“节点”选项中的“重置节点”选项，即可调出手柄，如图 3-5 所示。

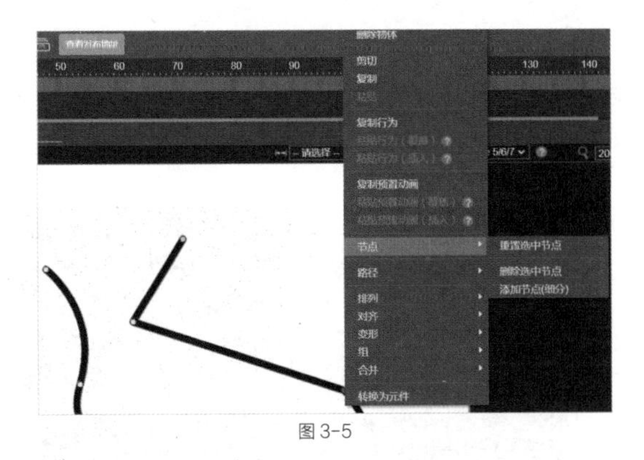

图 3-5

3.1.3 “变形”工具

选择图形后，选择“变形”工具（快捷键 Q），可以对该图形进行缩放或翻转。如果在缩放的同时按住 Ctrl 键，就可以对该图形进行等比缩放，如图 3-6 所示。

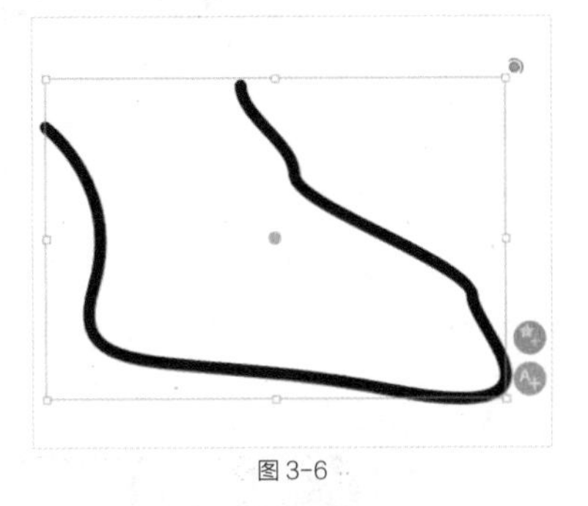

图 3-6

3.1.4 “缩放”工具

“缩放”工具（快捷键 Z）用于将舞台按照一定比例进行缩放，如图 3-7 所示。

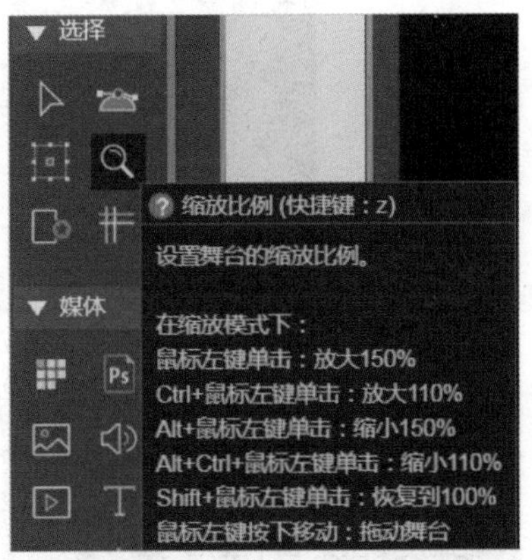

图 3-7

3.1.5 “快捷”工具

“快捷”工具用于显示或隐藏行为，以及预置动画，如图 3-8 所示。

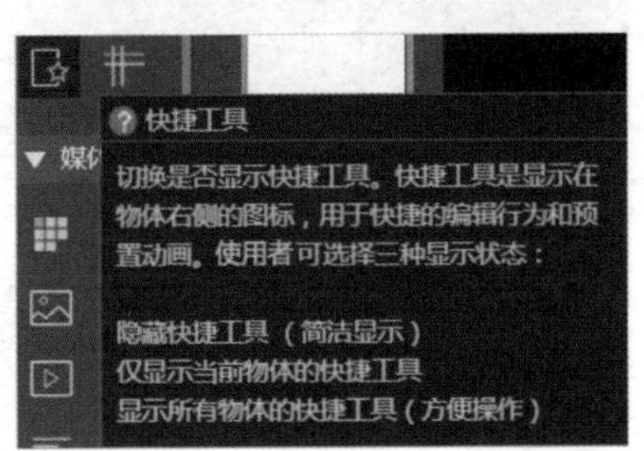

图 3-8

3.1.6 “辅助线”工具

Mugeda 软件中的辅助线与 Photoshop 软件中的辅助线功能类似，开启辅助线后，设计师在拖曳图形至辅助线时，图形会自动停靠至辅助线的位置。“辅助线”工具用于显示或者隐藏辅助线，前提条件是舞台上有辅助线，如图 3-9 所示。

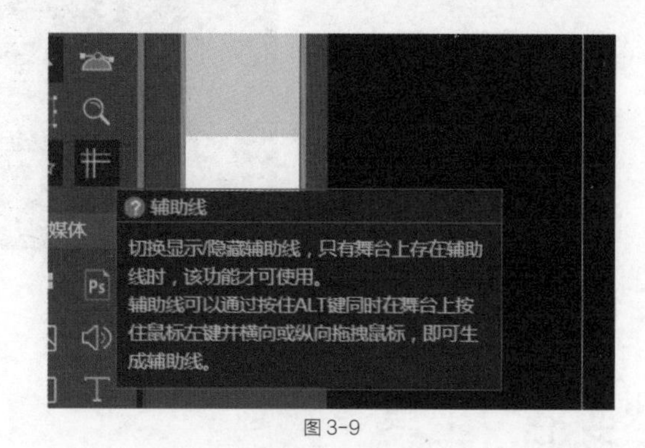

图 3-9

Mugeda 平台中，辅助线仅在操作平台内可以看到，发布后的作品中是看不到辅助线的，如图 3-10 所示。

为了方便查看辅助线坐标，可以先把标尺调出来，选择“视图”菜单中的“标尺”选项，舞台的上方和左侧会出现标尺，如图 3-11 和图 3-12 所示。

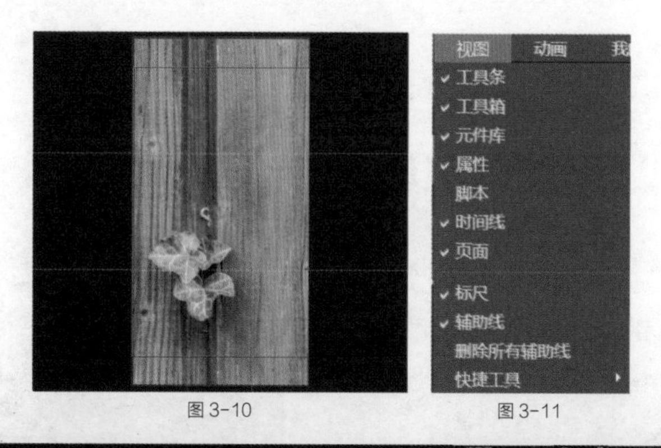

图 3-10　　图 3-11

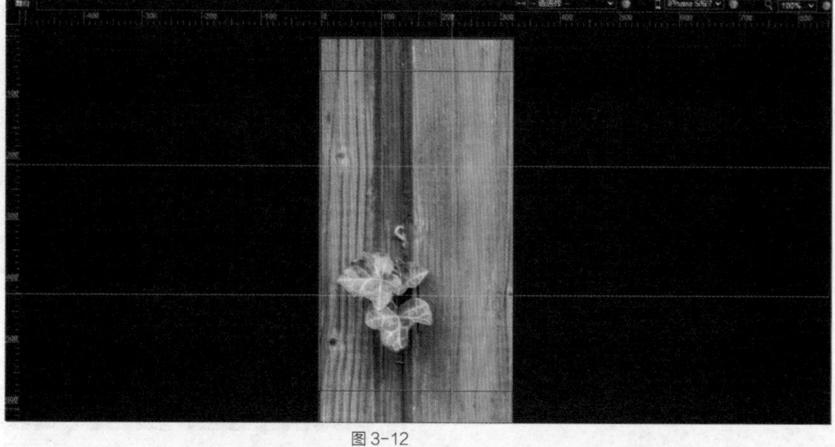

图 3-12

按住 Alt 键的同时，在舞台上按住鼠标左键向某个方向（上下左右）拖曳，即可绘制出一条辅助线。当鼠标移动至辅助线附近时，即可拖动辅助线，同时显示鼠标所在辅助线的坐标，如图 3-13 所示。

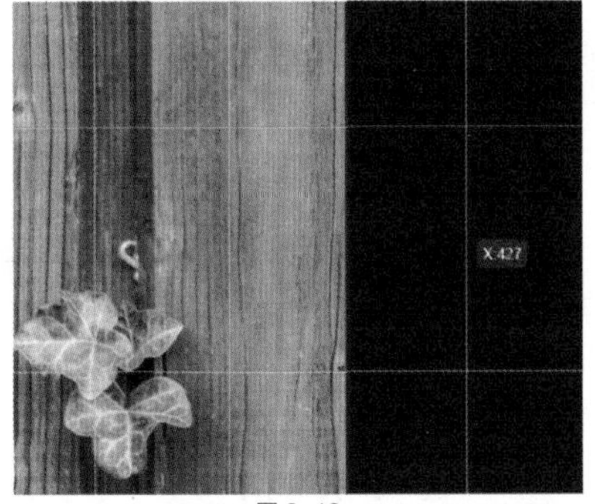

图 3-13

在拖曳辅助线时，将其拖曳至舞台之外即可删除辅助线。当鼠标指针移动到辅助线上时，会出现一个红色的 × 图标，单击这个图标也可以删除辅助线，如图 3-14 所示。还可以选择“视图”菜单中的“删除所有辅助线”选项，删除所有的辅助线，如图 3-15 所示。

单击工具栏中的“辅助线”工具，即可快速显示或隐藏所有的辅助线，如图 3-16 所示。也可以通过选择或取消选择“视图”菜单中的“辅助线”选项，来显示或隐藏辅助线，如图 3-17 所示。

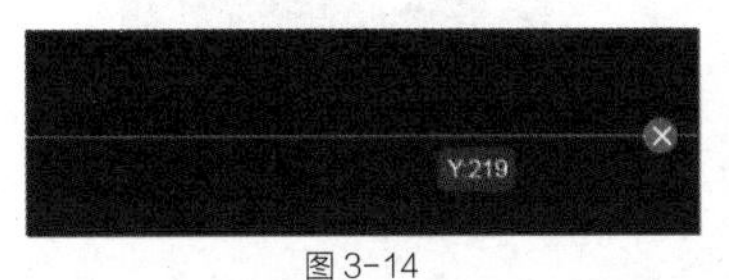

图 3-14

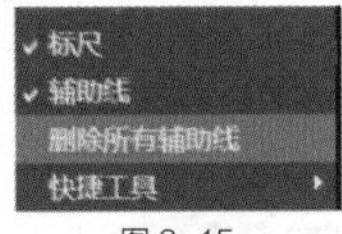

图 3-15

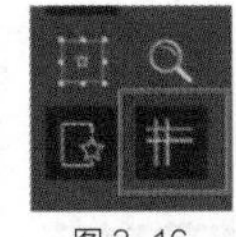
图 3-16

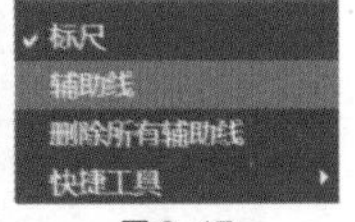

图 3-17

3.2 “绘制”工具组

3.2.1 “直线”工具

选择“直线”工具（快捷键 N），然后在舞台上按住鼠标左键拖曳至某个方向，即可绘制出一条直线，如图 3-18 所示。如果拖曳的同时按住 Shift 键，即可锁定某个角度绘制直线。

图 3-18

3.2.2 “曲线”工具

选择“曲线”工具(快捷键C),然后在舞台上按住鼠标左键拖曳(简称“拽曲”),或是在舞台中隔一段距离单击鼠标左键(简称“点直”)进行绘制，最后按“选择”工具的快捷键V结束绘制，如图3-19所示。

注意：在绘制曲线时，“属性”面板上的填充色设置为空，如图3-20所示。

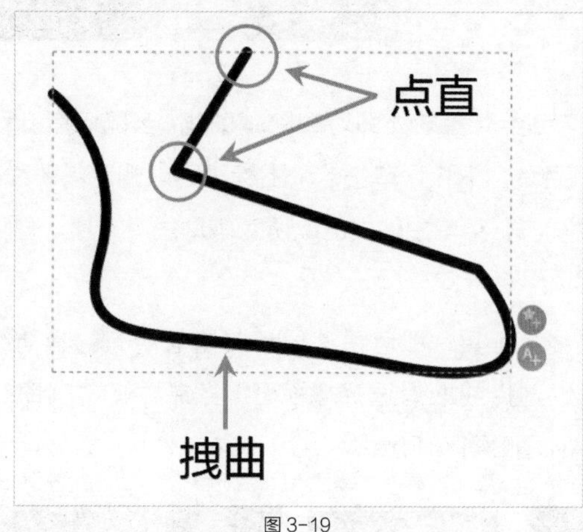

图3-19

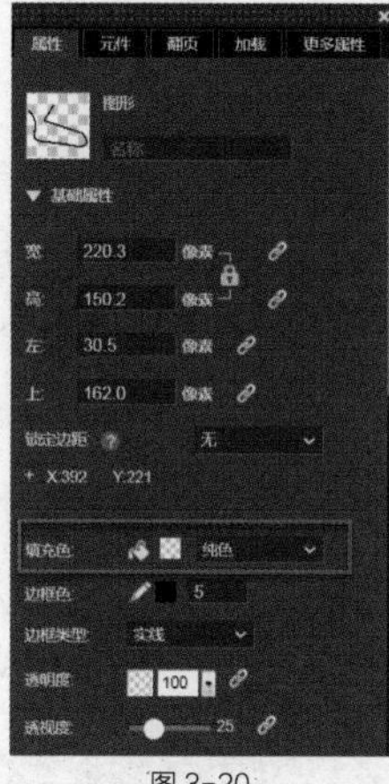

图3-20

3.2.3 “矩形”工具

图3-21

选择“矩形”工具(快捷键R)，在舞台上按住鼠标左键向某个方向拖曳，即可绘制出矩形，如图3-21所示。如果拖曳的同时按住Shift键，可以绘制正方形。

3.2.4 “圆角矩形”工具

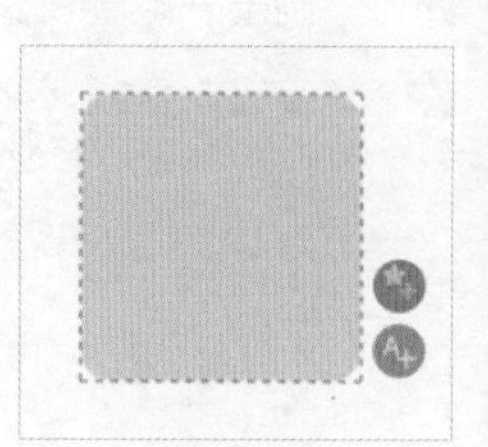

图3-22

选择“圆角矩形”工具(快捷键O)，在舞台上按住鼠标左键向某个方向拖曳，即可绘制出圆角矩形，如图3-22所示。如果拖曳的同时按住Shift键，即可等比绘制圆角矩形。

3.2.5 “椭圆”工具

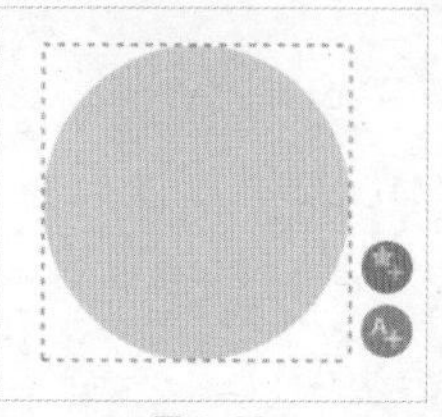

图3-23

选择“椭圆”工具(快捷键E)，在舞台上按住鼠标左键向某个方向拖曳，即可绘制出椭圆形，如图3-23所示。如果拖曳的同时按住Shift键，即可绘制正圆。

3.2.6 “多边形”工具

选择“多边形”工具（快捷键 P），在舞台上按住鼠标左键向某个方向拖曳，即可绘制出多边形，如图 3-24 所示。

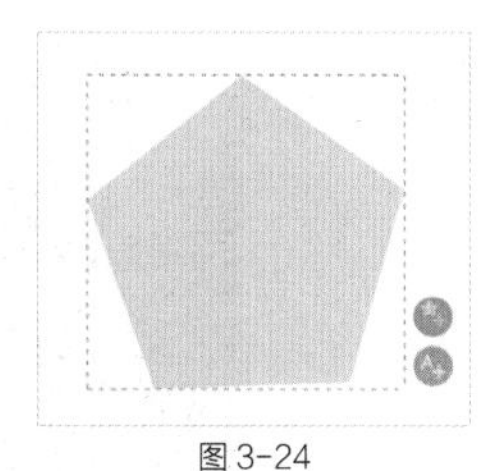

图 3-24

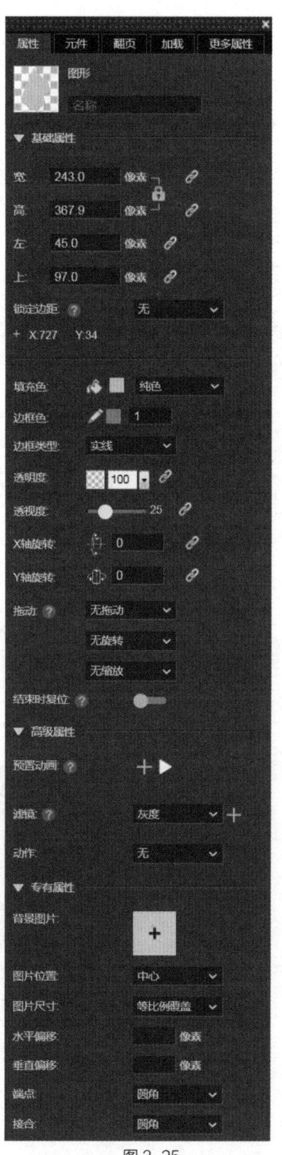

图 3-25

3.3 图形的属性设置

舞台上绘制或导入添加的图片，都可以通过“属性”面板设置它的属性参数。“属性”面板，如图 3-25 所示。

3.3.1 宽高属性

当舞台上有图形时，选中它，此时“属性”面板就会出现该图形的属性。如果没有选中图形，可以切换到“选择”工具（快捷键 V）进行选择。在“属性”面板的“基础属性”选项区中，可以设置图形的高度和宽度，如图 3-26 所示。单击“宽”“高”像素之间的锁图标，可以取消“宽”“高”的比例锁定，对图形的宽高进行自由设置，当设置好后，不必再放大缩小时，则再次单击锁图标，即可再次锁定宽高比。

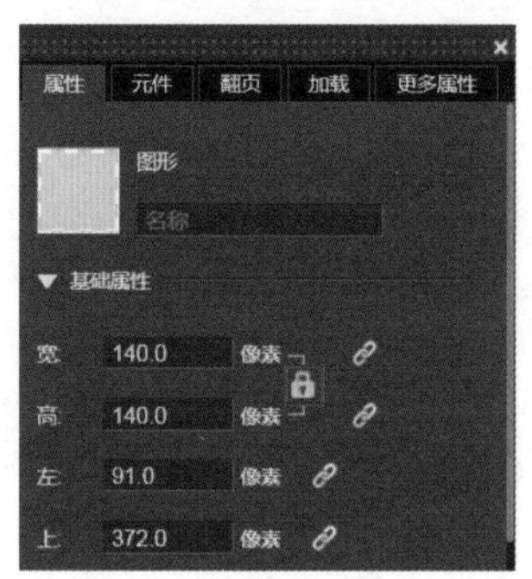

图 3-26

小提示

使用“直线”工具绘制线条时，“属性”面板的“专有属性”中只有“端点”属性可进行设置。

3.3.2　坐标属性

改变图形的“左”值和“上”值，可以精确地调整图形的坐标，如将“左”“上”均设为 0 像素，图形就会形成靠画布左上对齐的形式，如图 3-27 所示。

图 3-27

3.3.3　锁定边距

锁定边距，是指锁定元素在终端显示的边距，如图 3-28 所示。需要固定边距的元素都可以通过此方法锁定边距，如企业标识等。

在“锁定边距”的下拉列表中，包含“上”“下”“左”“右”“左上角”“右上角”“左下角”“右下角”选项，默认为“无”，如图 3-29 所示。

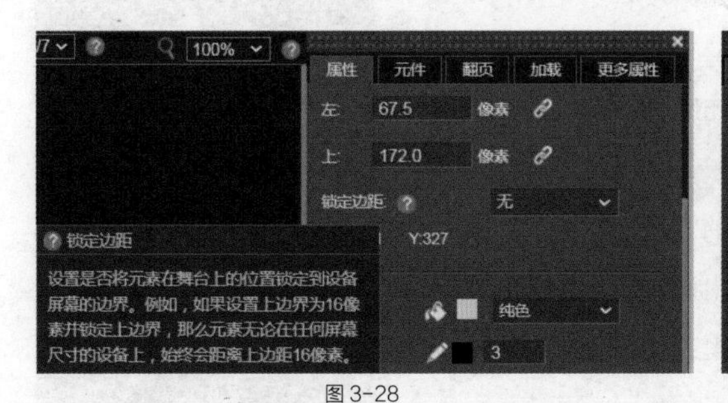

图 3-28

图 3-29

3.3.4　填充色

我们可以通过“属性”面板的“填充色”改变图形的颜色，还可以按住色彩吸取工具的快捷键 Alt 进行取色，如图 3-30 所示。

“填充色”的属性包括“纯色”“线性”“放射”3 个选项，默认为“纯色”。用户可以通过“填充色”的下拉菜单进行选择，如选择“线性”选项，可以通过调整图形上的滑竿控制渐变的颜色范围和方向，如图 3-31 所示。

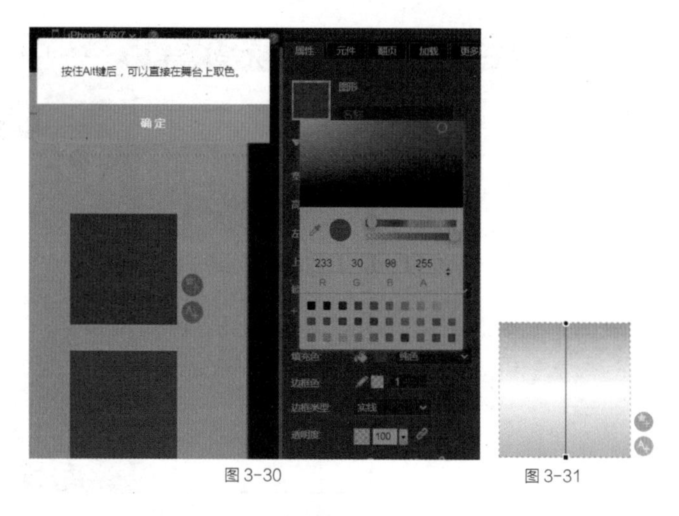

图 3-30　　图 3-31

单击色彩缩略图，可以弹出色彩调整框，如图 3-32 所示。

单击色标，可以进行色彩编辑，如图 3-33 所示。在两个相邻色标之间单击，可以添加一个新的色标，如图 3-34 所示。

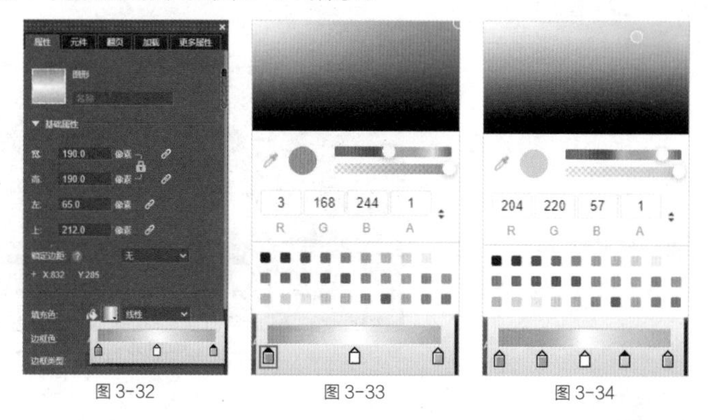

图 3-32　　图 3-33　　图 3-34

单击并向下拖曳色标，即可删除该色标，如图 3-35 所示。

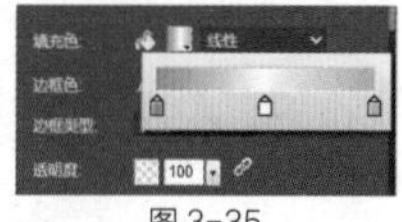

图 3-35

选择“放射”选项，可以填充放射状的渐变色，填充原理和设置颜色的方法与“线性”填充一样，这里不再累述，如图 3-36 所示。

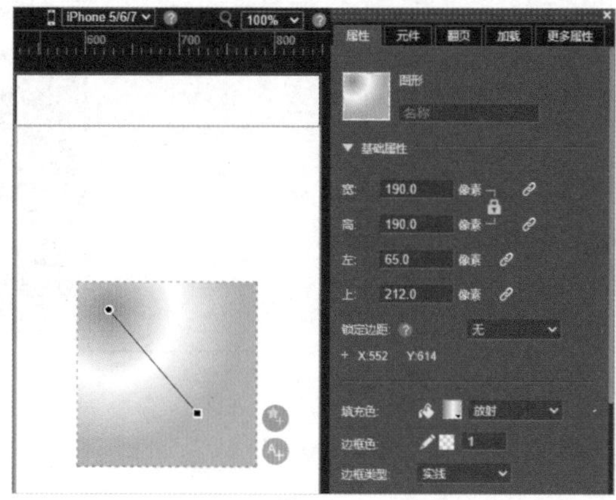

图 3-36

3.3.5 边框色

“边框色”的属性默认为透明，如果需要显示边框色，可以单击色彩缩略图进行色彩编辑。把色彩透明度滑块拖到最右边，拾取黑色，然后将宽度设为 3，这样图形的边框就会显示出来，如图 3-37 所示。

图 3-37

3.3.6 边框类型

“边框类型”属性包括“实线”“点线”“虚线”“点划线”4 个选项，默认类型为“实线”。用户可以通过“边框类型”的下拉菜单进行更改设置，如图 3-38 所示。

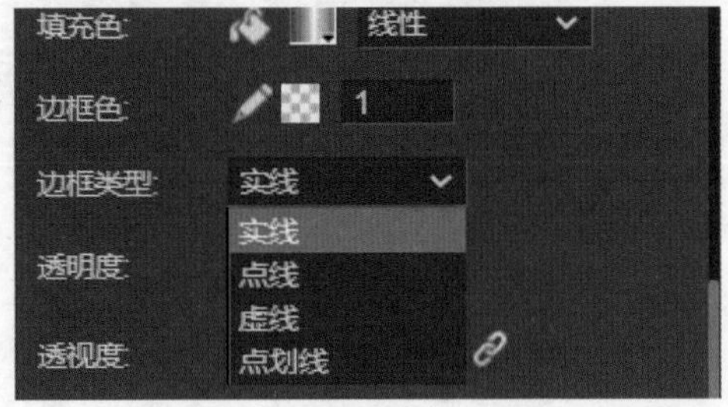

图 3-38

3.3.7 透明度

通过调节“透明度”属性参数，可以改变图形的透明度，若将参数设置为 0，该图形将不可见，如图 3-39 所示。

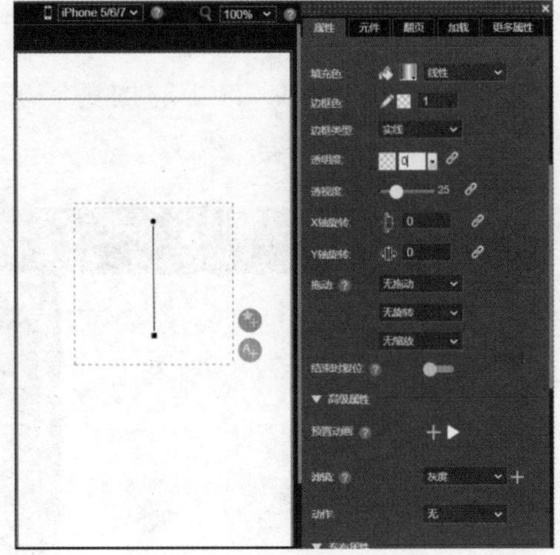

图 3-39

3.3.8　旋转

图形的旋转属性包含 X、Y、Z 轴旋转。

“X 轴旋转”的意思是以 X 轴为中轴进行旋转。比如，将“X 轴旋转”设为 45，旋转效果如图 3-40 所示。

“Y 轴旋转”的意思是以 Y 轴为中轴进行旋转。比如，将“Y 轴旋转”设为 50，旋转效果如图 3-41 所示。

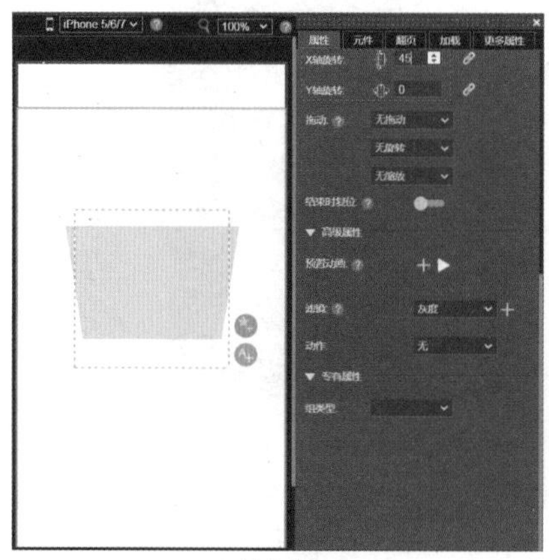

图 3-40

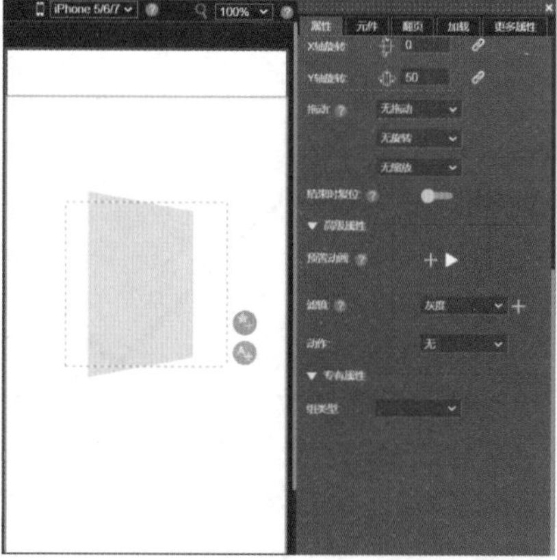

图 3-41

图形默认的旋转属性只有 X、Y 轴旋转，如果要 Z 轴旋转，则需要对图形进行打组。选择该图形，单击鼠标右键，选择“组”下拉菜单中的“组合”选项（快捷键 Ctrl+G），如图 3-42 所示。

设置完成后，“属性”面板会增加“旋转”属性，意思是以 Z 轴为中轴进行旋转。比如，将“旋转”设为 45，旋转效果如图 3-43 所示。

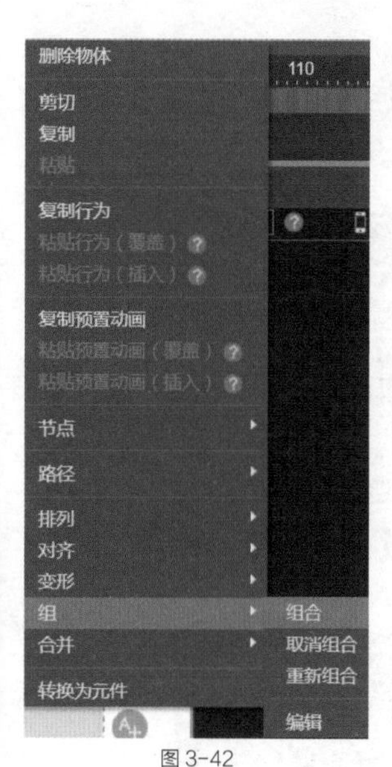

图 3-42

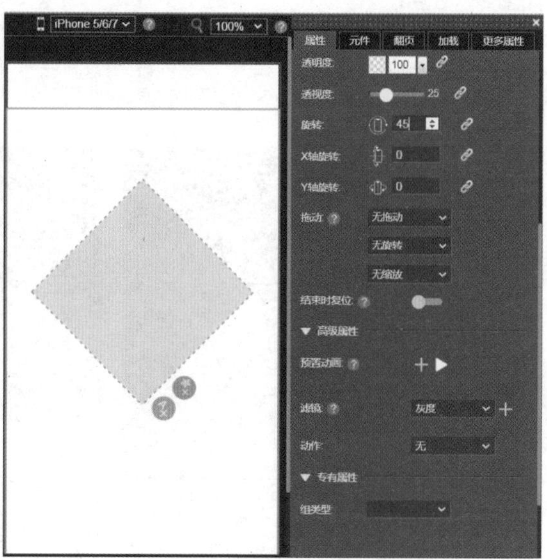

图 3-43

3.3.9　端点和接合点

除了调整上述图形整体的属性以外，还可以精细地调整图形的“端点”和“接合”属性。例如，将图形“边框色”设为黑色，透明度设为 100%，宽度设为 5，然后将“端点”和“接合”均设为“尖角”，效果如图 3-44 所示。

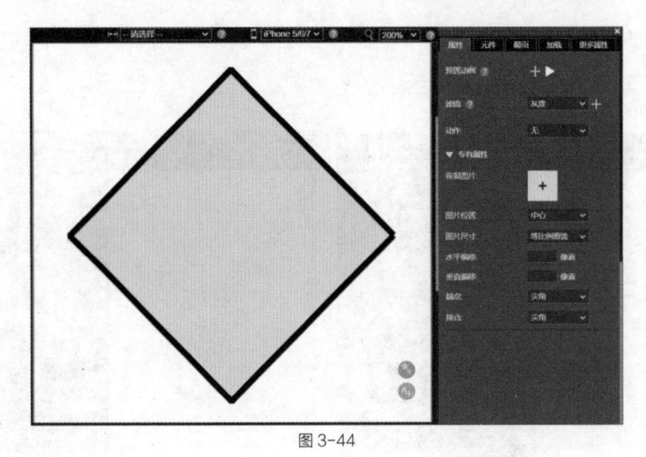

图 3-44

3.3.10　滤镜属性设置

“滤镜”属性下拉列表中，包含“灰度”“亮度”“对比度”“色饱和度”“色调”“模糊”“阴影”“做旧”“负片”9 个选项，如图 3-45 所示。

如果要为元素添加滤镜，需要选中元素后，在“属性”面板中选择想要添加的滤镜效果，然后单击 + 图标调整相应参数，即可将指定的滤镜效果添加到元素上，如图 3-46 所示。

如果不想要某一滤镜效果，可以将鼠标指针移动到该参数的右边，这时会出现 × 图标，单击即可删除这个滤镜效果，如图 3-47 所示。

图 3-45

图 3-46

图 3-47

常用滤镜效果，如图 3-48 所示。

图 3-48

以上滤镜效果参数示例：

1.“灰度”效果，如图 3-49 所示。

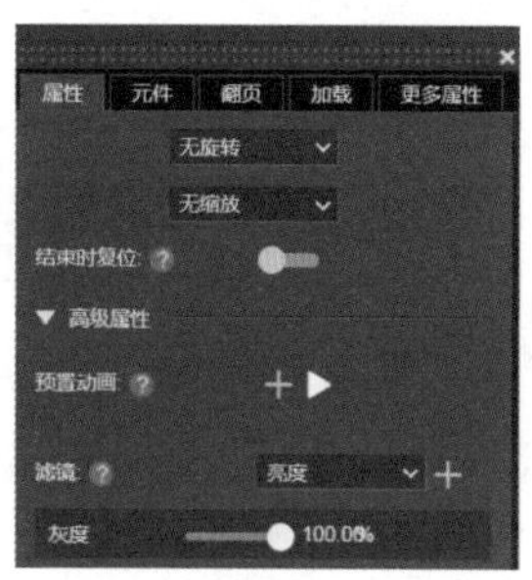

图 3-49

2.“亮度”效果，如图 3-50 所示。

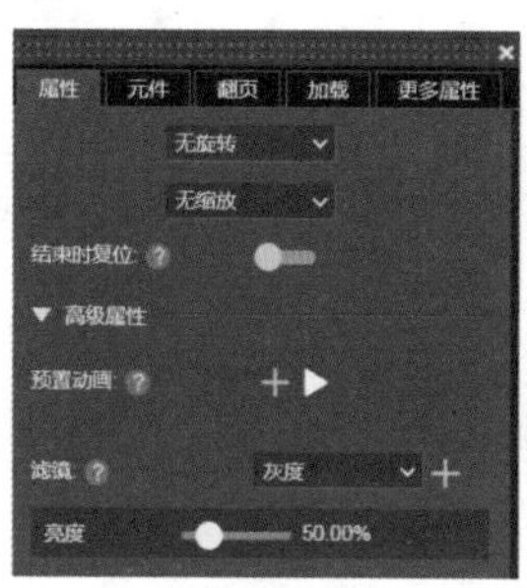

图 3-50

3.“对比度”效果，如图 3-51 所示。

图 3-51

4.“色饱和度”效果，如图 3-52 所示。

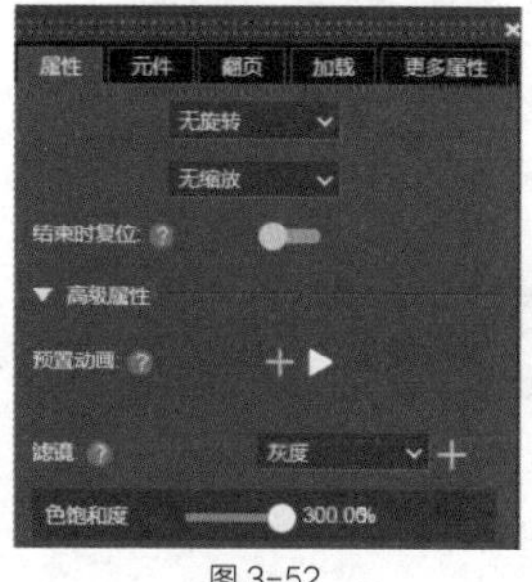

图 3-52

5.“色调”效果，如图 3-53 所示。

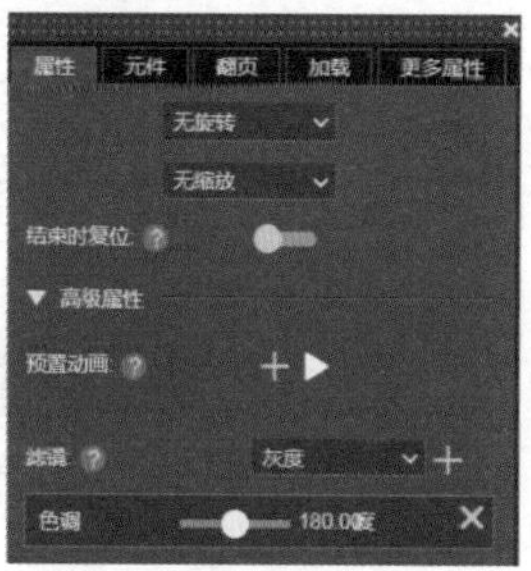

图 3-53

6.“模糊”效果，如图 3-54 所示。

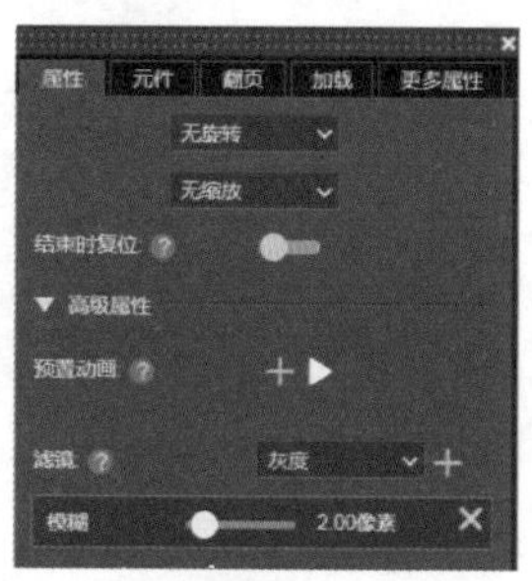

图 3-54

7“阴影”效果，如图 3-55 所示。

图 3-55

8.“做旧”效果，如图 3-56 所示。

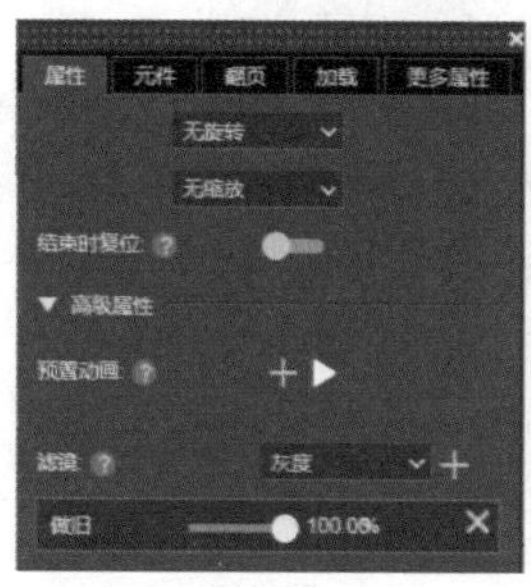

图 3-56

9.“负片”效果，如图 3-57 所示。

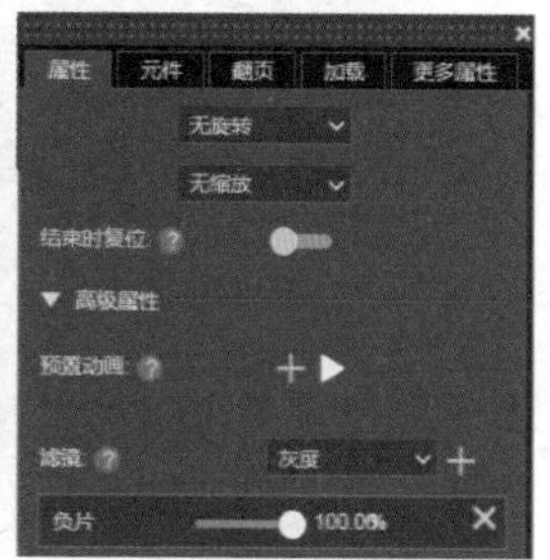

图 3-57

小提示

“滤镜”属性也可用于动画制作，即在关键帧上添加滤镜效果，实现滤镜效果的动画渲染。在动画插值过程中，如果某个关键帧上没有添加指定的滤镜，那么将会采用默认滤镜效果参数进行插值。例如，如果第 1 个关键帧添加了 100% 的“灰度”效果，而第 2 个关键帧没有添加，那么在动画制作过程中，第 2 个关键帧将会用默认 0% 的“灰度”进行插值；如果第 2 个关键帧添加了 8 像素的“模糊”，而第 1 个关键帧没有添加“灰度”效果，那么在动画制作过程中，第 2 个关键帧将会用默认 0 像素的“模糊”进行插值，其他的以此类推。

目前，滤镜效果的局限是安卓和 iOS 手机上仅支持 CSS 滤镜，不支持 Canvas 滤镜，所以手机上需要用 Canvas 进行渲染的部分暂时不支持滤镜，这一点在使用中需要注意。

3.4 图形的排布组合

3.4.1 排列

排列通常只能作用于一个图层的多个图形，下面以 3 个圆形来举例展示。

选择“椭圆工具”（快捷键 E），在画布上按住 Shift 键，绘制一个正圆，然后选中这个正圆，先按复制的快捷键 Ctrl+C，然后按两次粘贴的快捷键 Ctrl+V，得到三个一样的正圆，如图 3-58 所示。

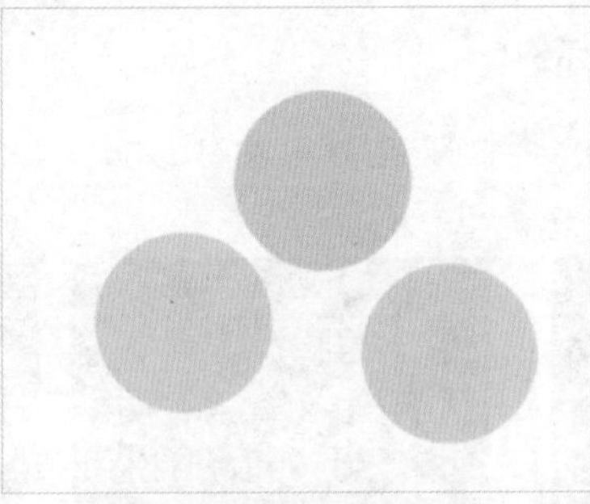

图 3-58

然后在“属性”面板中，将三个正圆的颜色分别设为红、蓝、绿，并将它们叠在一起，如图 3-59 所示。

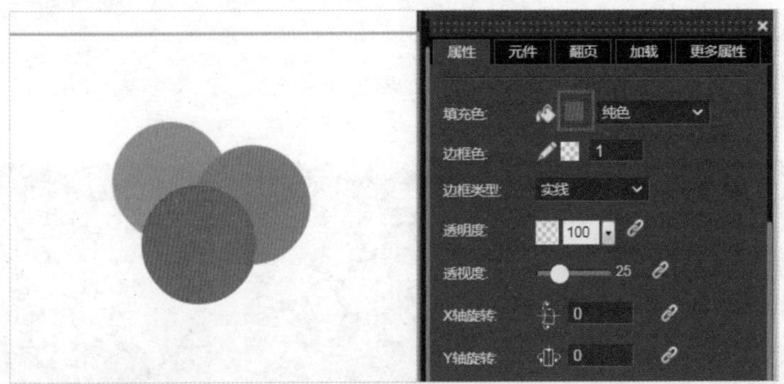

图 3-59

选择绿色正圆，单击鼠标右键，选择“排列”菜单中的“上移一层”选项，如图 3-60 所示。这时，绿色的正圆就会向上移动一层，将蓝色的正圆盖住，如图 3-61 所示。

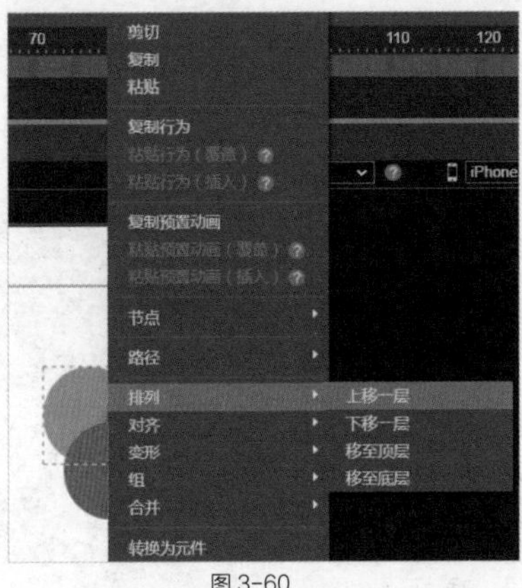

图 3-60

图 3-61

3.4.2 对齐

对齐是指对图形位置的调整，选择合适的对齐方式。选择全部的图形，单击鼠标右键弹出菜单。可以看到“对齐”的二级菜单中，有“左对齐”“右对齐”“上对齐”“下对齐”“左右居中”“上下居中”“均分宽度”“均分高度”8 个选项，如图 3-62 所示。用户可以选择适合图形的对齐方式。

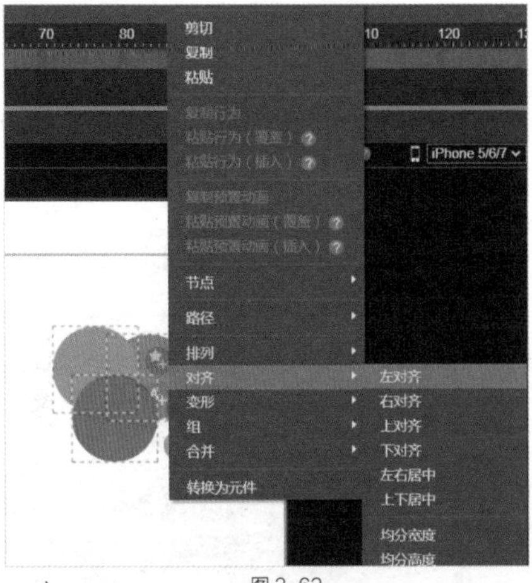

图 3-62

3.4.3 变形

变形即对图形进行形态上的改变。选择图形，单击鼠标右键弹出菜单。可以看到“变形”的二级菜单后有“左右翻转”“上下翻转”两种方式，如图 3-63 所示。用户可以通过选择变形方式对图片进行调整。

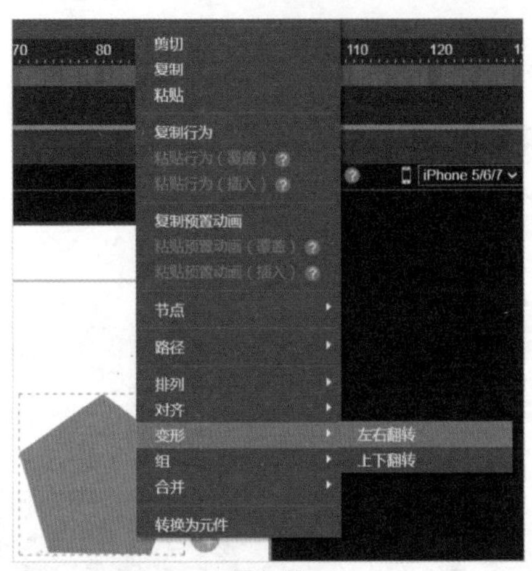

图 3-63

3.4.4 组合

组合是将图形进行重组，使多个图形整合在一起。组合需要先选中同一图层的不同图形，组合后选中的几个图形成为一个整体，如图 3-64 所示。组合的快捷键为 Ctrl+G。

双击组合后的其中一个图形，可以再次对单个图形进行编辑，如图 3-65 所示。

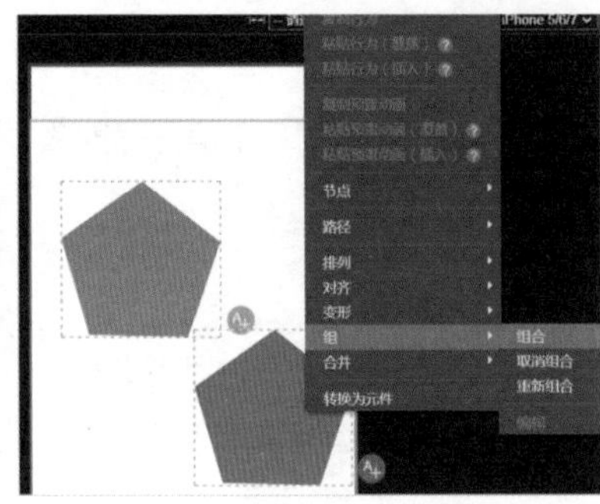

图 3-64

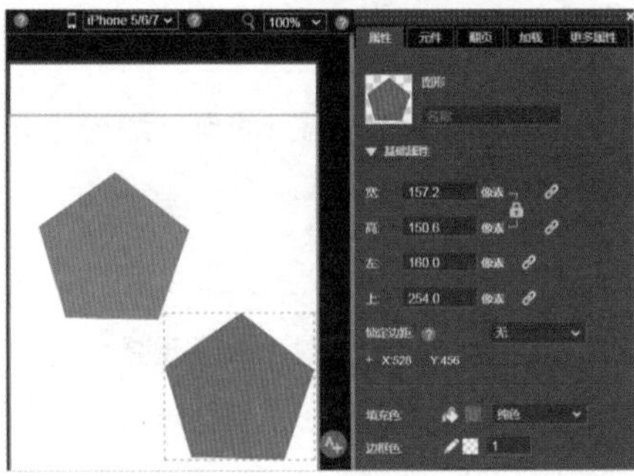

图 3-65

3.4.5 合并

合并即将两个或两个以上的图形合并成一个图形。选择两个或多个图形，单击鼠标右键弹出菜单。可以看到“合并”菜单选项后包含“合并”“相交”“用上层图形裁剪”“用下层图形裁剪”选项，如图 3-66 所示。

以选中的两个多边形为例，若选择“合并”菜单中的“合并”选项，选中的多个图形就会合并成一个图形，如图 3-67 所示。

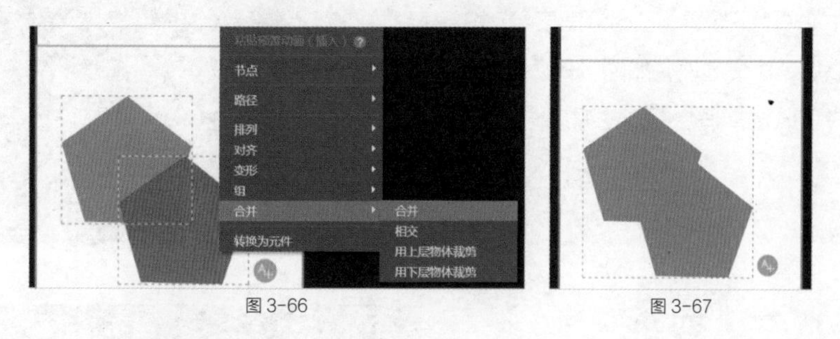

图 3-66　　图 3-67

3.4.6 相交

相交是指保留画面中图形相交的部分。以上面的图形为例，按快捷键 Ctrl+Z，可以回到合并前的状态。重新选中两个图形，然后单击鼠标右键弹出菜单。选择“合并”菜单中的“相交”选项，如图 3-68 所示。

此时画布上只会保留两个图形的相交部分，如图 3-69 所示。

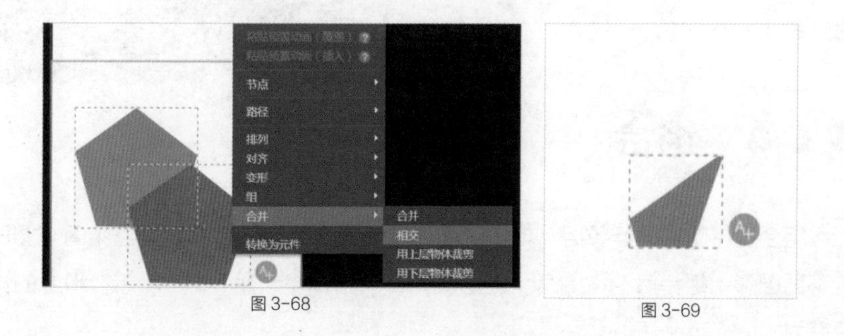

图 3-68　　图 3-69

3.4.7 剪裁

剪裁是指对图形进行裁剪，保留图形的一部分。该功能包括“用上层图形剪裁”和“用下层图形剪裁”。

1. 用上层图形剪裁

以上面的图形为例，按快捷键 Ctrl+Z，回到相交前的状态。选中两个图形，然后单击鼠标右键弹出菜单。选择“合并”菜单中的“用上层图形裁剪”选项，如图 3-70 所示。

此时上层图形被剪裁掉，同时下层图形会失去与上层图形相交的部分，如图 3-71 所示。

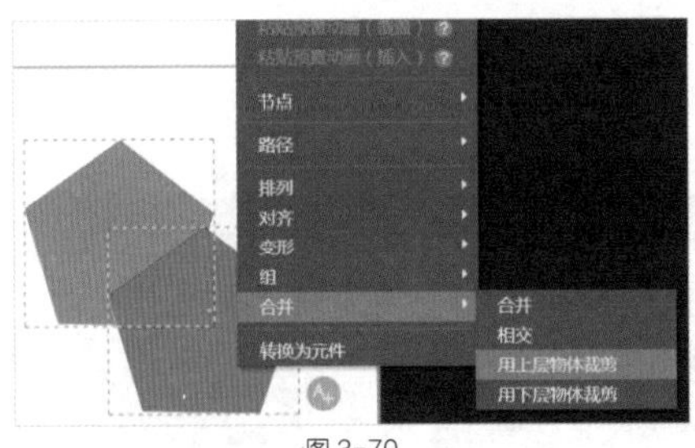

图 3-70

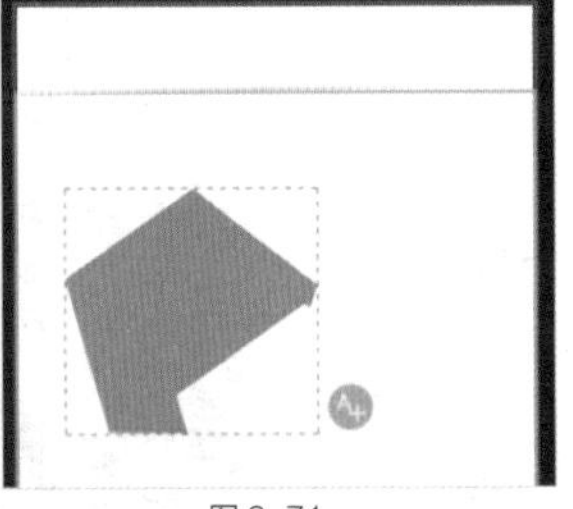

图 3-71

2. 用下层图形剪裁

仍以上面的图形为例，按快捷键 Ctrl+Z，回到相交前的状态。选中两个图形，然后单击鼠标右键弹出菜单。选择“合并”菜单中的“用下层图形裁剪”选项，如图 3-72 所示。

此时下层图形被剪裁掉，同时上层图形会失去与下层图形相交的部分，如图 3-73 所示。

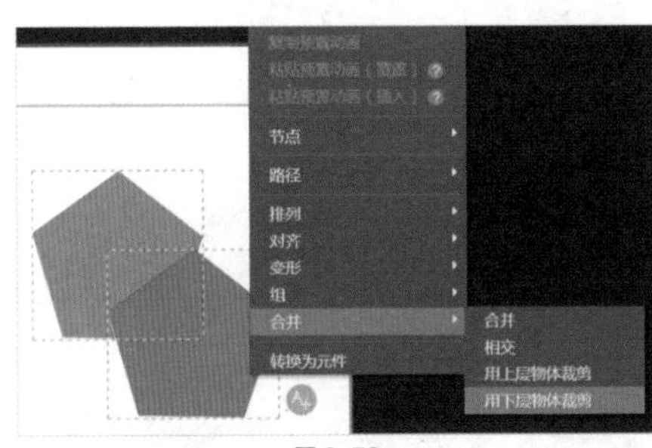

图 3-72

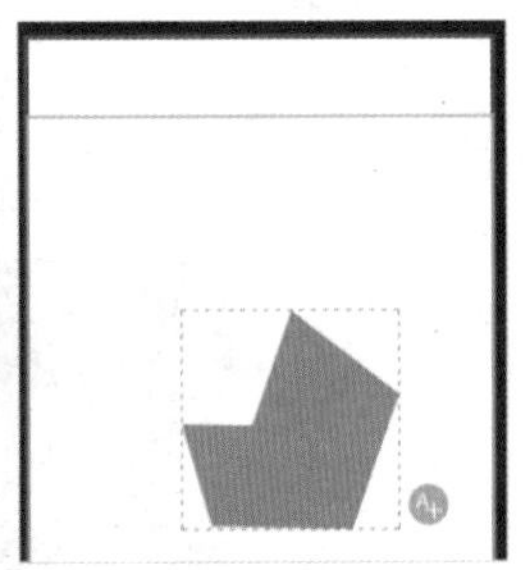

图 3-73

3.5 课堂案例：绘制精美 CD

素材位置	素材文件 >CH03> 课堂案例：绘制精美 CD
视频位置	视频文件 >CH03> 课堂案例：绘制精美 CD
技术掌握	使用绘图工具绘制图形

本案例通过绘制 CD 图形，引导读者掌握绘制工具的使用、图形的属性设置和图形的排布组合等知识点，案例效果如图 3-74 所示。

图 3-74

制作步骤

01 新建一个默认“宽度”为 320 像素、“高度”为 626 像素的“竖屏”文件，单击“确认”按钮，如图 3-75 所示。

02 在“属性”面板中，设置作品名为“精美 CD”，如图 3-76 所示。

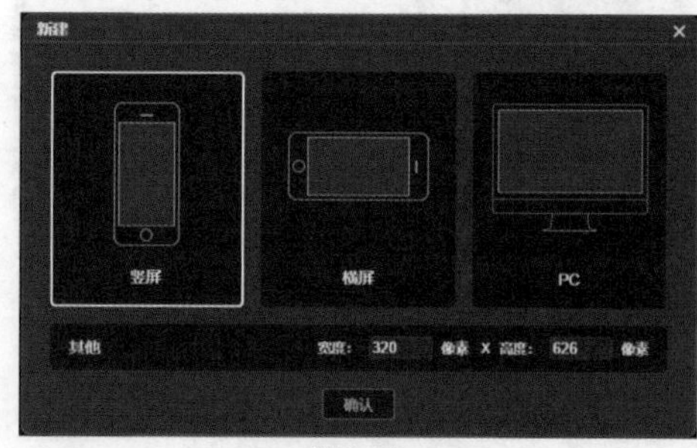

图 3-75

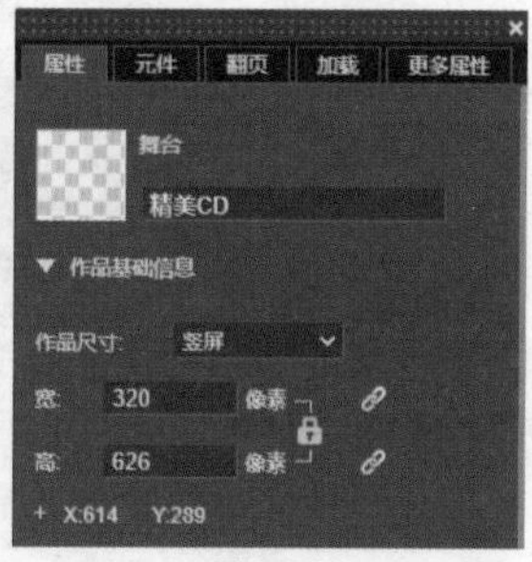

图 3-76

03 按快捷键 S，打开“素材库”对话框，选择“3.5 背景 .jpg”素材，单击“添加”按钮，将背景素材添加到舞台，如图 3-77 所示。

04 选择“椭圆”工具（快捷键 E），按住 Shift 键，在舞台上绘制一个圆形，如图 3-78 所示。选中刚绘制的圆形，先按快捷键 Ctrl+C，再按快捷键 Ctrl+Shift+V，原地复制一个圆形，然后选择“变形”工具（快捷键 Q），按住 Ctrl 键，将复制的圆形缩小，如图 3-79 所示。

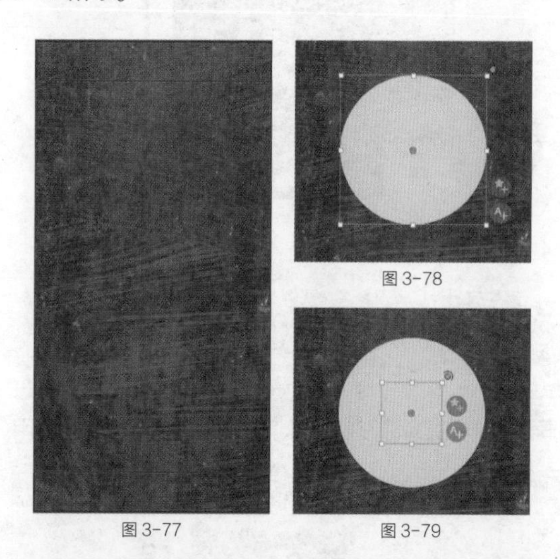

图 3-78

图 3-77　图 3-79

05 在“属性”面板，将复制圆形的“填充色”改为黑色，如图 3-80 所示。

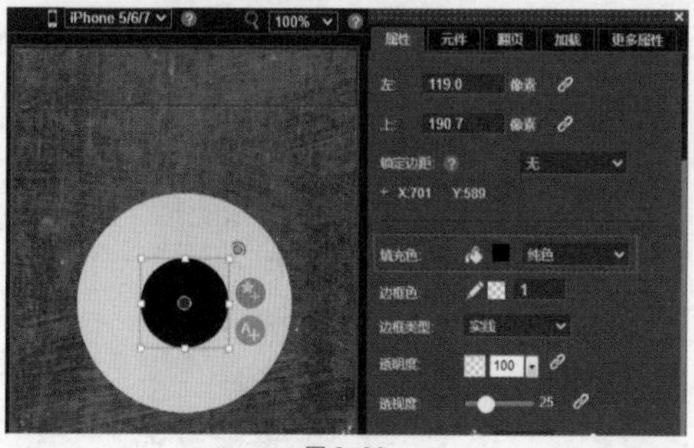

图 3-80

06 选中黑色圆形，重复第 4 步和第 5 步的操作，原地复制一个圆形并缩小。在“属性”面板将“填充色”设为红色，“边框色”设为橙色，并将边框大小设为 2，如图 3-81 所示。

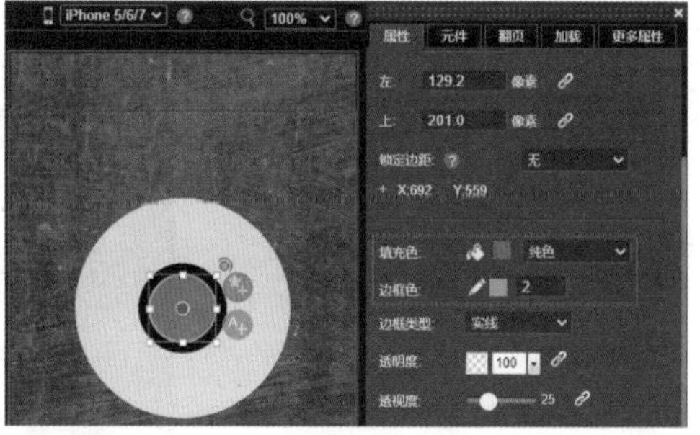

图 3-81

07 选中红色圆形，重复第 6 步的操作，原地复制一个圆形并缩小。在“属性”面板中，将“填充色”设置为白色，“边框色”设置为黑色，并将边框大小设为 5，如图 3-82 所示。

图 3-82

08 选中灰色的正圆，在“属性”面板中，单击“背景图片”旁边的图框，打开“素材库”对话框。选择“3.5 CD 封面 .jpg”素材，单击“添加”按钮，为 CD 添加封面图，如图 3-83 所示。

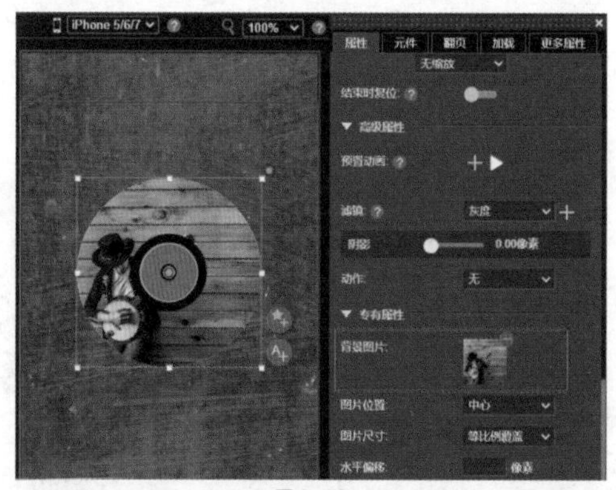

图 3-83

09 在“属性”面板中，单击“滤镜”后面的 + 图标，添加“阴影”效果。将“阴影”大小设为 8 像素，“水平偏移”“垂直偏移”都设为 0，“阴影颜色”设为白色，如图 3-84 所示。

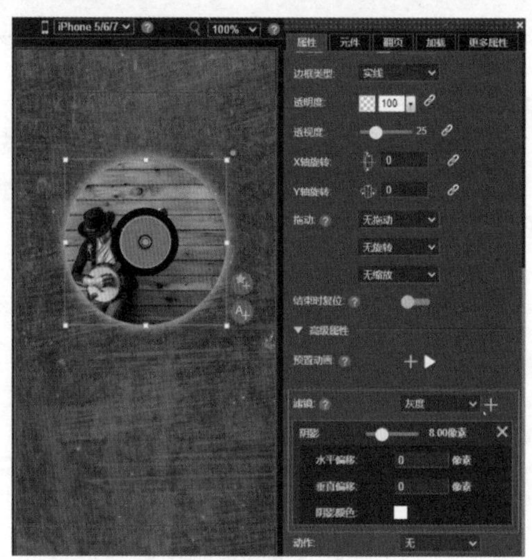

图 3-84

⑩ 将“边框色”设为黑色，边框大小设为 3，如图 3-85 所示。

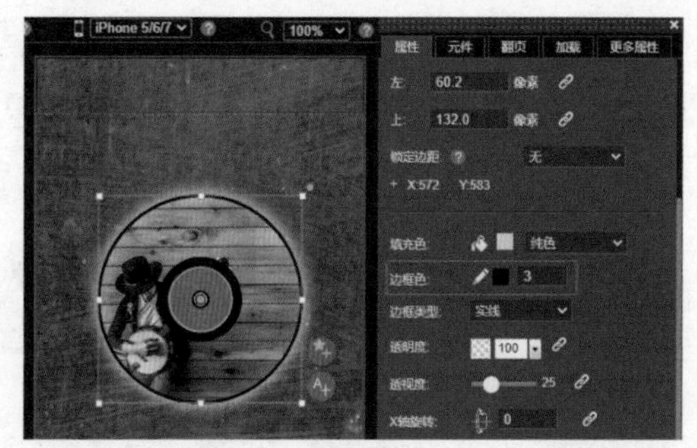

图 3-85

⑪ 选择“矩形”工具（快捷键 R），在舞台外绘制两个小矩形。全选两个矩形，将“填充色”设为白色，“边框色”设为透明，并单击鼠标右键，选择“对齐”菜单中的“左右居中”选项，如图 3-86 和图 3-87 所示。

图 3-86

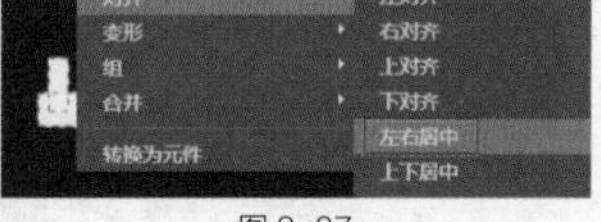

图 3-87

⑫ 选择“曲线”工具（快捷键 C），在矩形上方绘制一段曲线。将“填充色”设为透明，“边框色”设为灰色，边框大小设为 5，如图 3-88 所示。

⑬ 用“变形”工具（快捷键 Q），调整曲线的角度，让其底端与矩形垂直。单击鼠标右键，选择“排列”菜单中的“下移一层”选项，如图 3-89 所示。

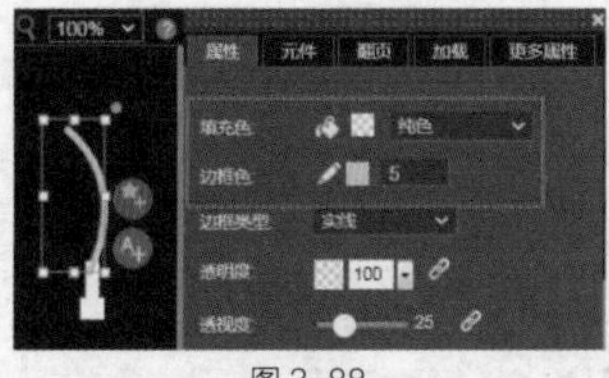

图 3-88

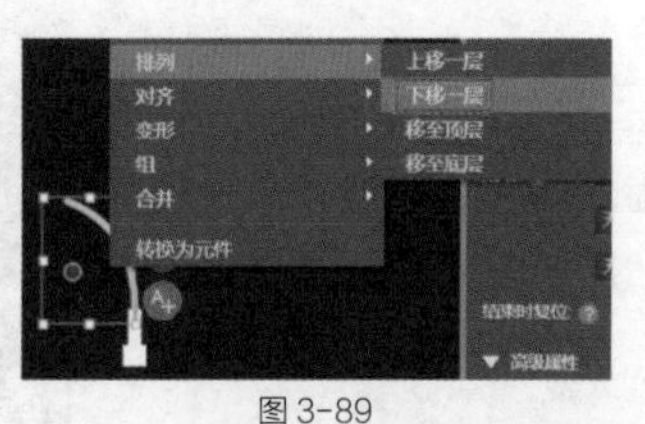

图 3-89

⑭ 选择“椭圆”工具（快捷键 E），按住 Shift 键，在曲线的前端绘制一个圆形。全选圆形、曲线和两个矩形，单击鼠标右键，选择“组”菜单中的“组合”选项（快捷键 Ctrl+G），如图 3-90 所示。

⑮ 将刚打组的元素移动到 CD 旁边，选择“变形”工具（快捷键 Q），调整其大小、角度和位置，完成 CD 的绘制，如图 3-91 所示。

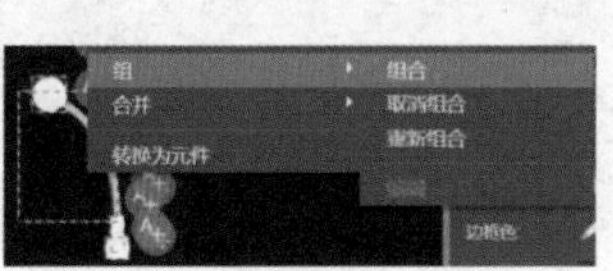

图 3-90

图 3-91

3.6 课后习题：旭日东升

素材位置	无
视频位置	视频文件 >CH03> 课后习题：旭日东升
技术掌握	掌握“选择”“绘制”工具组工具的使用方法

本案例通过绘制云彩、太阳、大山的图形，引导读者掌握“选择”“绘制”工具组中工具的使用方法，案例效果如图 3-92 所示。

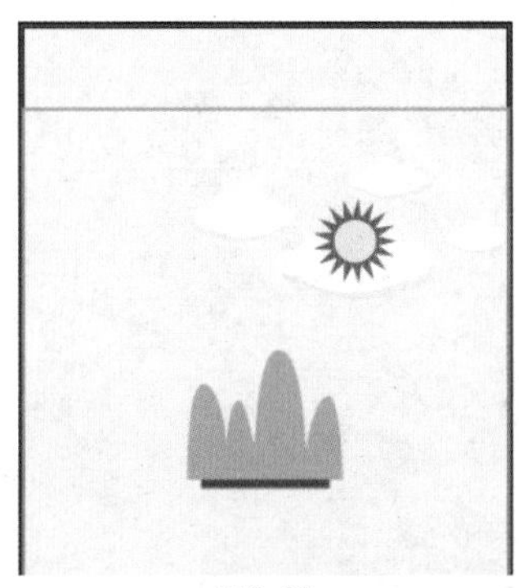
图 3-92

制作思路

01 选择“椭圆”工具（快捷键 E），绘制云彩，如图 3-93 所示。

图 3-93

02 选择“多边形”工具（快捷键 P），绘制太阳，如图 3-94 所示。

图 3-94

03 选择“曲线”工具（快捷键 C），绘制大山，如图 3-95 所示。

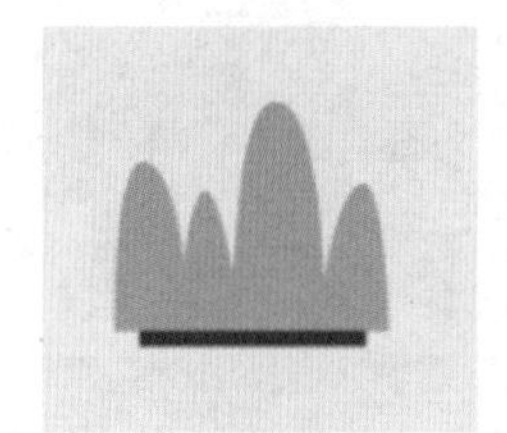
图 3-95

第 4 章
媒体工具

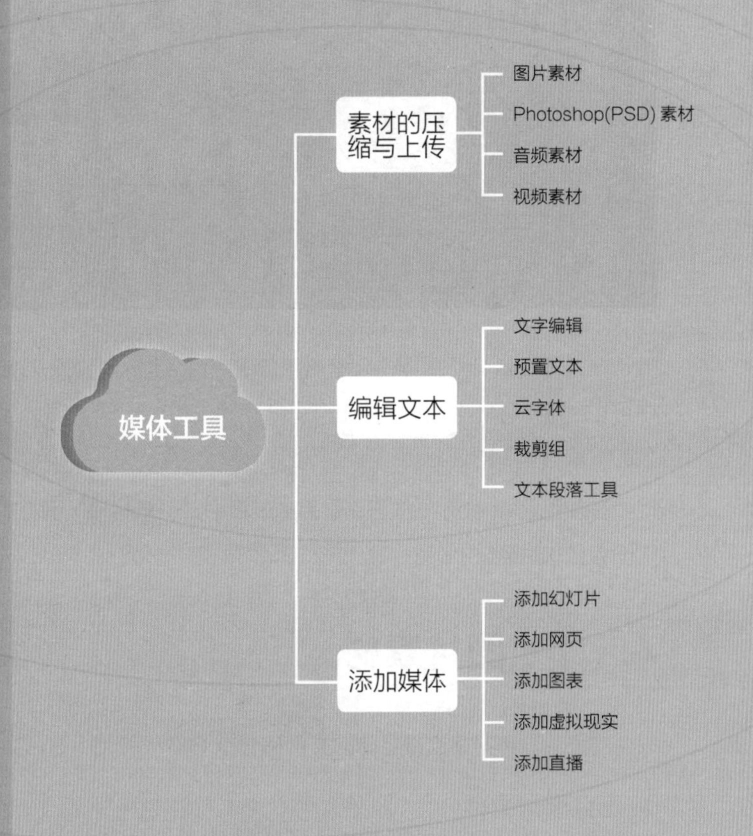
媒体工具
素材的压缩与上传
图片素材
Photoshop(PSD) 素材
音频素材
视频素材
编辑文本
文字编辑
预置文本
云字体
裁剪组
文本段落工具
添加媒体
添加幻灯片
添加网页
添加图表
添加虚拟现实
添加直播

4.1 素材的压缩与上传

选择工具箱中的“素材库”工具（快捷键 S），打开“素材库”对话框。素材库里包含“图片”“音频”“视频”“图表”“字体”“元件库”“题库”选项卡，如图 4-1 所示。

图 4-1

在“素材库”对话框中，单击对应的名称，即可切换到对应的素材库，在其中可以上传、导入素材。用户也可以在工具箱中选择素材导入工具，打开对应类型的“素材库”对话框。

在使用 Mugeda 制作 H5 作品的过程中，“素材库”面板的应用非常频繁，下面会依次讲到。

4.1.1 图片素材

“图片”素材库支持上传的文件格式有 GIF、PNG、SVG、JPG 等。

1. 压缩图片文件

上传的图片太大会影响最终作品，使文件过大，打开时间太长。因此，较大的图片可以先进行压缩，然后再上传到素材库中。压缩图片可以有多种方式，读者可以根据自己的习惯进行选择。

(1) 在线压缩。在浏览器中搜索 tinyPNG，在搜索结果中找到并打开官网。此网站可以对图片文件进行压缩处理，而且质量不会降低。单击中间的图标，选择需要压缩的图片文件或把要压缩的图片文件拖动到虚线方框内，即可进行压缩，如图 4-2 所示。

当压缩进度完成时，会出现 Download all 按钮，单击可将压缩后的图片文件打包下载到本地电脑的指定位置，如图 4-3 所示。

图 4-2　　　　图 4-3

(2) 用 Photoshop 压缩。在 Photoshop 中打开要压缩的素材，按快捷键 Ctrl+Shift+Alt+S，打开“储存为 Web 所用格式”对话框。选择“优化”选项卡，设置想要的文件格式，单击“存储”按钮，即可将素材压缩存储至所选位置，如图 4-4 所示。

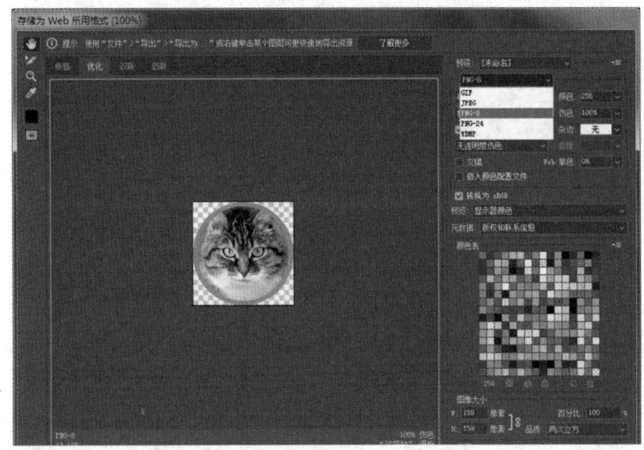

图 4-4

2. 上传图片文件

选择工具箱中的“图片”工具（快捷键 I），打开“素材库”对话框。与通过“素材库”工具打开的“素材库”对话框不同的是，此时对话中仅有“图片”的内容，如图 4-5 所示。

图 4-5

小提示

如果选择“添加文件夹”对话框中的“创建子文件夹”复选框，则会在左边选中的文件夹下建立新的子文件夹。

可以单击“新建文件夹”按钮，打开“添加文件夹”对话框，新建一个图片文件夹，如图 4-6 所示。

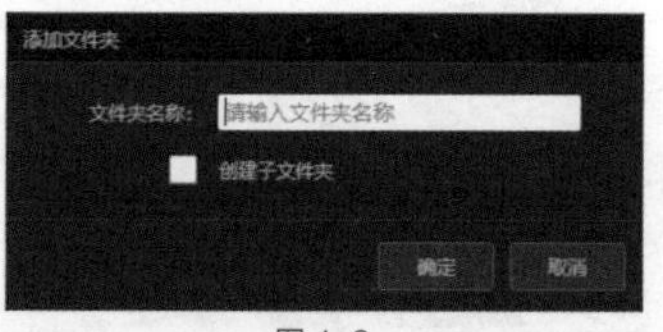

图 4-6

在“素材库”对话框中，单击 + 图标，会打开“上传文件”对话框。上传图片的方法有“批量上传”“输入网址”“扫码上传”，如图 4-7 和图 4-8 所示。

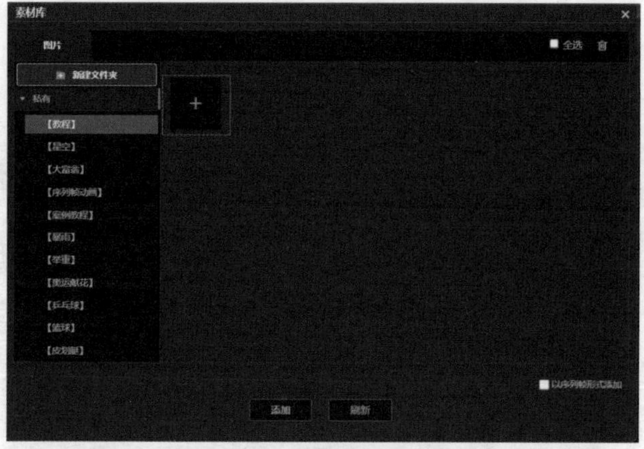

图 4-7

图 4-8

(1) **批量上传**。单击“上传文件”对话框的“批量上传”选项卡，选项卡的黑色区域会弹出“打开”对话框。在其中找到要上传的图片文件，单击“打开”按钮，或者直接把单个或多个图片文件拖曳到“批量上传”选项卡中也可以上传。上传时会显示上传状态，“状态”显示为“上传成功”时，单击“确定”按钮即可完成上传，如图 4-9 所示。如果传错了图片文件，也可以单击图片列表里的“删除”按钮，删除图片。

上传好的图片文件会出现在图片素材库里，如图 4-10 所示。

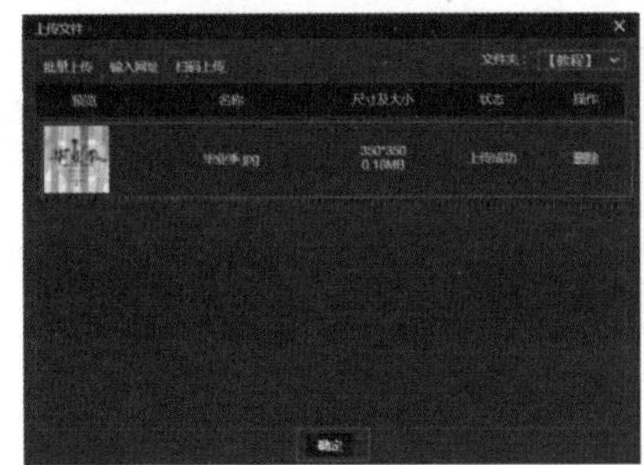

图 4-9

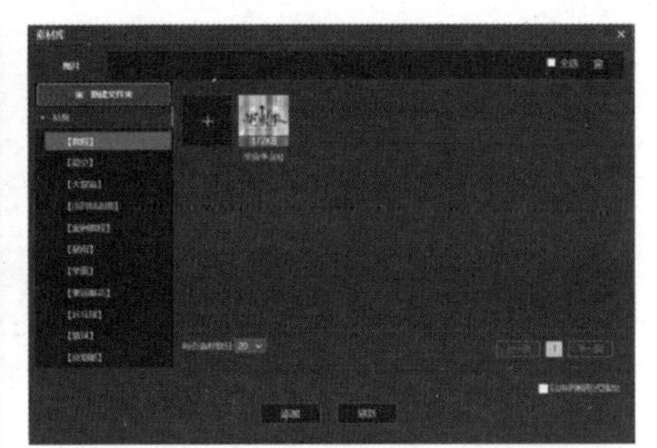
图 4-10

(2) **输入网址。**单击“上传文件”对话框的“输入网址”选项卡，在地址栏中输入要上传的图片文件链接，单击“抓取”按钮，如图 4-11 所示。

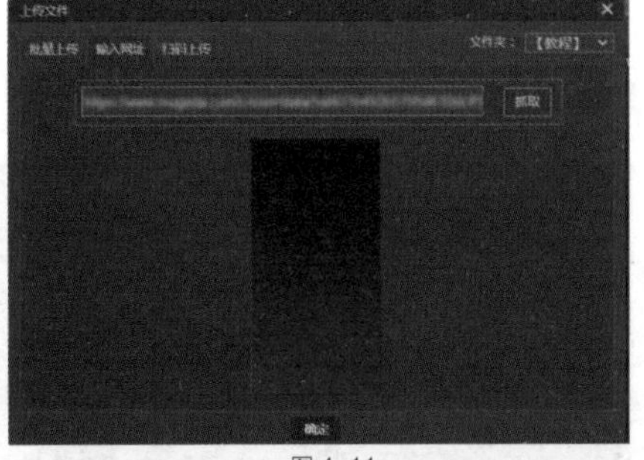

图 4-11

上传完成时，会弹出提示窗口，如图 4-12 所示。

此时单击“确定”按钮，刚才上传的图片文件就会出现在图片素材库里，如图 4-13 所示。

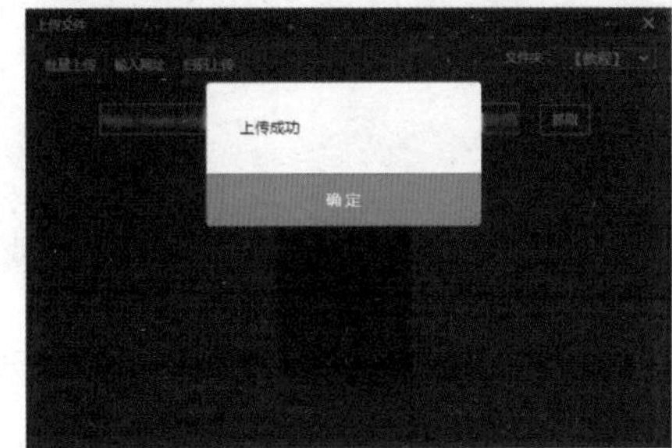

图 4-12

图 4-13

(3) **扫码上传。**单击“上传文件”对话框中的“扫码上传”选项卡，使用手机或者其他移动终端扫描出现的二维码，上传图片文件。选择移动终端的图片文件，然后单击“确定”按钮，即可上传图片文件，如图 4-14 所示。

图 4-14

4.1.2 Photoshop（PSD）素材

上传 PSD 素材之前，先检查 PSD 文件里的图层是否带有图层混合模式，如果有则需与其他图层合并。例如，带有“正片叠底”图层样式的图层可以先将其转为智能对象，只是含有蒙版的图层可以创建一个新图层与之合并，如图 4-15 所示。

选择工具箱中的“导入 Photoshop（PSD）素材”工具（快捷键 D），打开“导入 Photoshop（PSD）素材”对话框，如图 4-16 所示。将 PSD 文件直接拖曳到对话框中，或单击对话框黑色区域，在“打开”对话框中找到 PSD 文件，单击“打开”按钮进行导入。

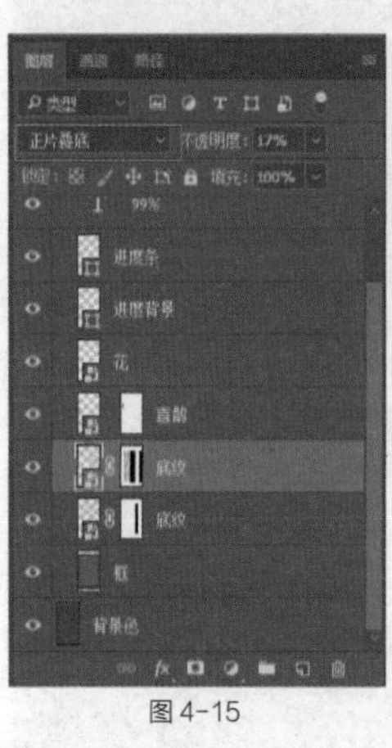

图 4-15

图 4-16

将 PSD 文件拖曳至对话框后，依次单击 PSD 文件左边的三角形展开图标，将 PSD 文件的各个图层展开，按住 Ctrl 键，单击 PSD 文件的各个图层（注意不要选中 PSD 组，否则无法上传），然后单击“分层导入”按钮，如图 4-17 所示。

此时，PSD 文件中每个图层的素材即可依次分层导入 Mugeda 平台，如图 4-18 所示。

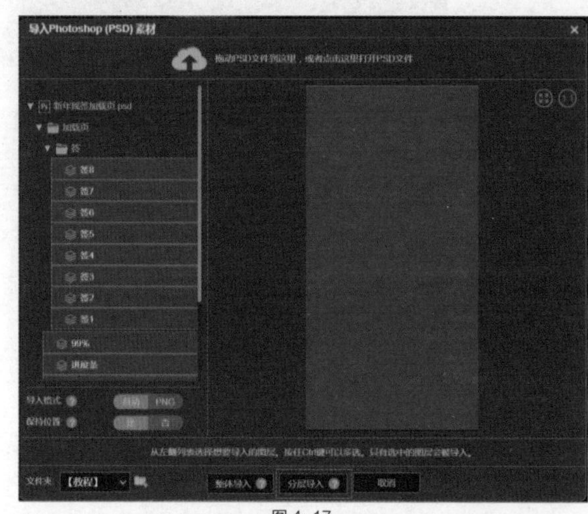

图 4-17

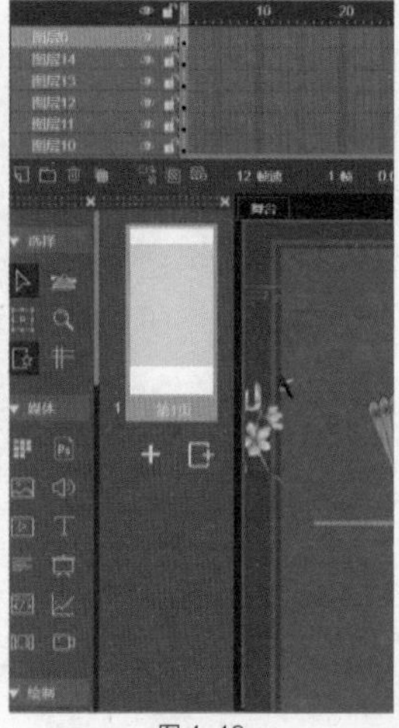

图 4-18

小提示

1. 平台对单个图片文件的上传限制为 5M 以内，整个 H5 作品的文件大小应该控制在 5M~8M，否则会严重影响作品的加载速度，甚至打不开作品。

2. 如果想节约上传空间，可以把设计稿里的元素在 PS 里挨个输出，在线压缩后上传到 Mugeda 平台，然后按照设计稿进行拼接。

3. 如果是通过上传 PSD 文件的方式上传元素，也可以在 PS 中把设计稿里的元素挨个输出，在线压缩后上传到 Mugeda 平台，再依次替换舞台上已经存在的元素，最后将图片素材库“默认文件夹”里的相关元素删除。

4. 需要注意的是，如果当前素材已经应用于创建的作品中，删除该素材将会导致作品中素材的丢失（即作品无法正常编辑），素材删除后是无法恢复的。发布后的作品链接不会受到影响。

4.1.3　音频素材

1. 编辑音频文件

编辑音频文件推荐使用 Audacity 软件，这是一款跨平台、免费开源、录音编辑一体的音频编辑器。

打开 Audacity 软件，选择一个音频文件并直接拖曳到 Audacity 工作区，如图 4-19 所示。

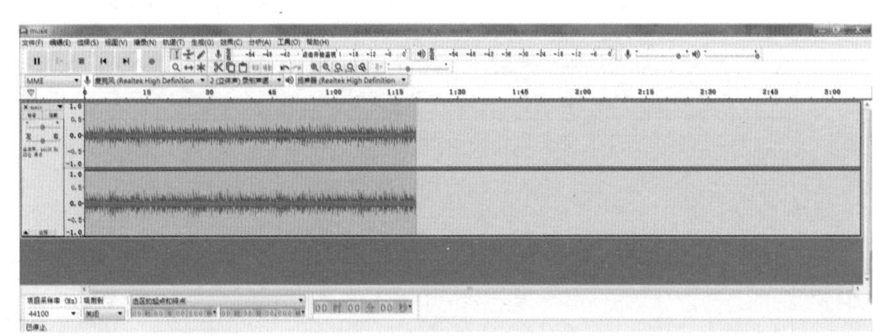

图 4-19

通过软件中的“选择”工具（快捷键 F1），选中音轨中不需要的部分，然后单击“剪刀”工具或按快捷键 DEL 进行删除，如图 4-20 所示。

单击“放大镜”工具（快捷键 F4），然后单击“放大”工具（快捷键 Ctrl+1），单击音频放大音轨，如图 4-21 所示。

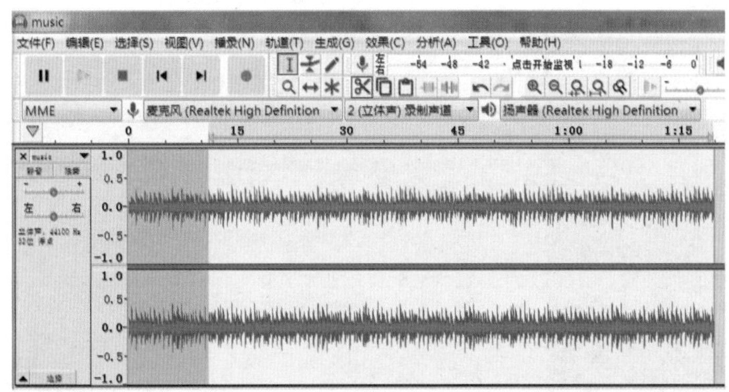

图 4-20

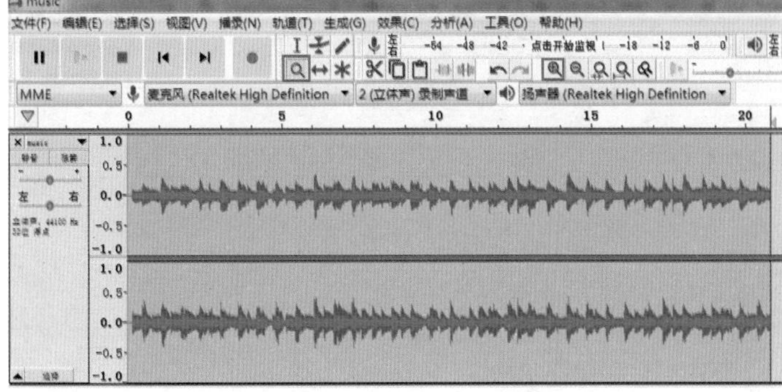

图 4-21

如果觉得音频开始或结束得比较突兀，可以分别选择开始段和结束段，单击“效果”菜单，选择“淡入”“淡出”菜单选项进行处理，如图 4-22 所示。

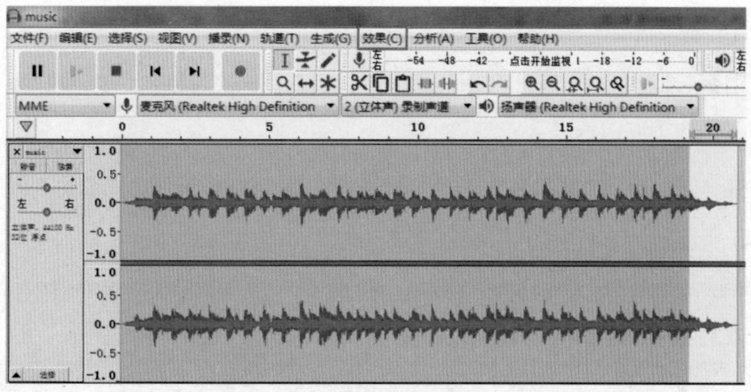

图 4-22

2. 压缩音频文件

在 Audacity 界面中，选择“文件”列表里“导出”菜单中的“导出为 MP3”选项，弹出“导出音频”对话框。选中“静态”单选按钮，在“质量”下拉菜单中选择声音质量（数字越小，表示声音质量越差，文件尺寸越小），一般默认为 24kbps，强制单声道，单击“保存”按钮，即可导出音频，如图 4-23 所示。

图 4-23

3. 上传音频文件

Mugeda 平台支持上传的音频格式为 mp3，选择工具箱的“导入声音”工具，打开“素材库”对话框，如图 4-24 所示。

在对话框中，单击 + 按钮，即可打开“上传文件”对话框，可以看到音频文件的上传方式分为“批量上传”和“扫码上传”两种，如图 4-25 所示。音频文件的上传方法与图片素材的上传方法相同。

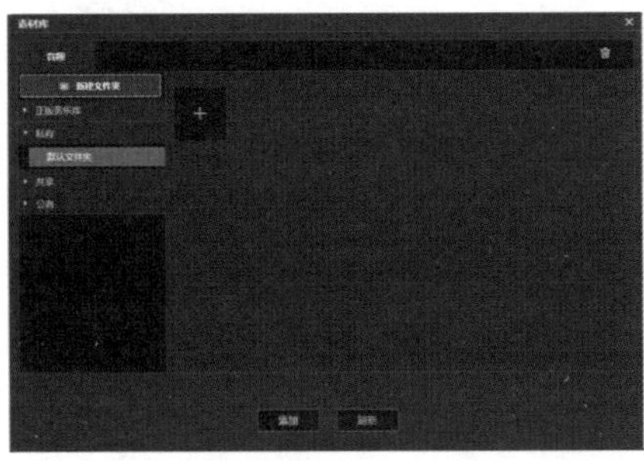

图 4-24

图 4-25

4. 设置背景音乐

在给作品添加背景音乐时，可以切换至“属性”面板，单击“背景音乐”后面的“添加”按钮，打开“素材库”对话框。找到音频文件，单击“添加”按钮，如图 4-26 所示。

图 4-26

此时，选择的音频文件就设置成了背景音乐，还可以通过“属性”面板修改背景音乐的“图标大小”“图标位置”“声音图标”“静音图标”等属性，如图 4-27 所示。

添加后的音频文件还会被收录在“元件”面板中，如图 4-28 所示。

图 4-27

图 4-28

小提示

1. 平台对上传的单个音频文件的大小限制在 15M 以内，背景音乐文件最好控制在 200K 以内。

2. 如果音频文件压缩效果不好，还可以选择“格式工厂”软件进行压缩。

4.1.4 视频素材

1. 编辑视频文件

编辑视频文件推荐使用“格式工厂”软件，这是一款功能全面的格式转换软件，支持转换几乎所有主流的多媒体文件格式，同时支持文件的编辑。

打开“格式工厂”软件，单击“快速剪辑”按钮，如图 4-29 所示。

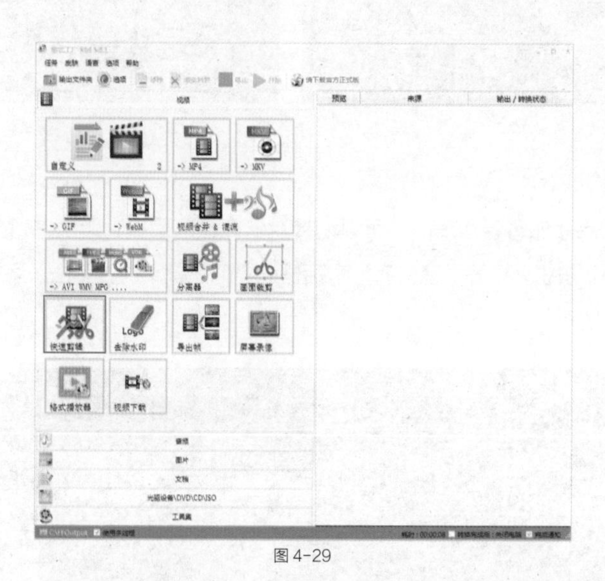

图 4-29

选择一个视频文件，在弹出的对话框里可以先按下暂停键。拖动时间滑块到想设为开始的时间点，单击下面的“开始时间”按钮。同样拖动时间滑块到想设为结束的时间点，单击下面的“结束时间”按钮，也可以直接在下面输入开始和结束的具体时间，如图 4-30 所示。

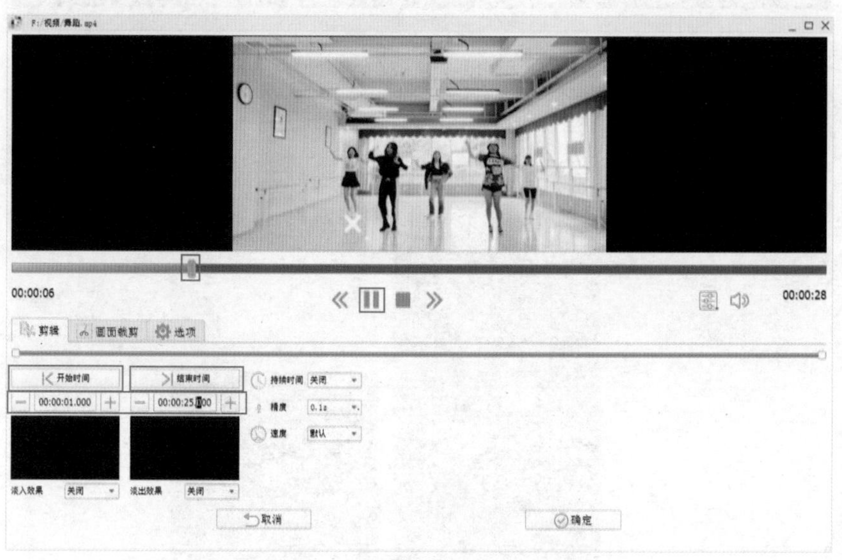

图 4-30

如果觉得剪辑后的开始或结束画面不太自然，可以增加“淡入效果”和“淡出效果”，设置相应的时间，如图 4-31 所示。用户还可以设置“速度”“音量”等内容。

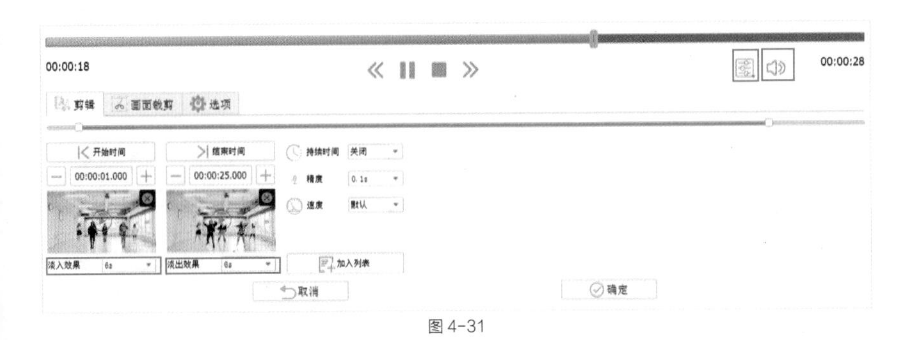

图 4-31

如果视频有水印，可以单击“画面裁剪”选项卡，在“选择区域操作”的下拉菜单中，选择“去掉水印”选项，如图 4-32 所示。

如果想重新设置视频尺寸，可以在“选择区域操作”下拉菜单中，选择“画面裁剪”选项，调整视频画面里的裁剪框以确定画面范围，也可以设置“高宽比”，调整裁剪框精确的坐标、宽高值等，设置完成后单击“确定”按钮，如图 4-33 所示。

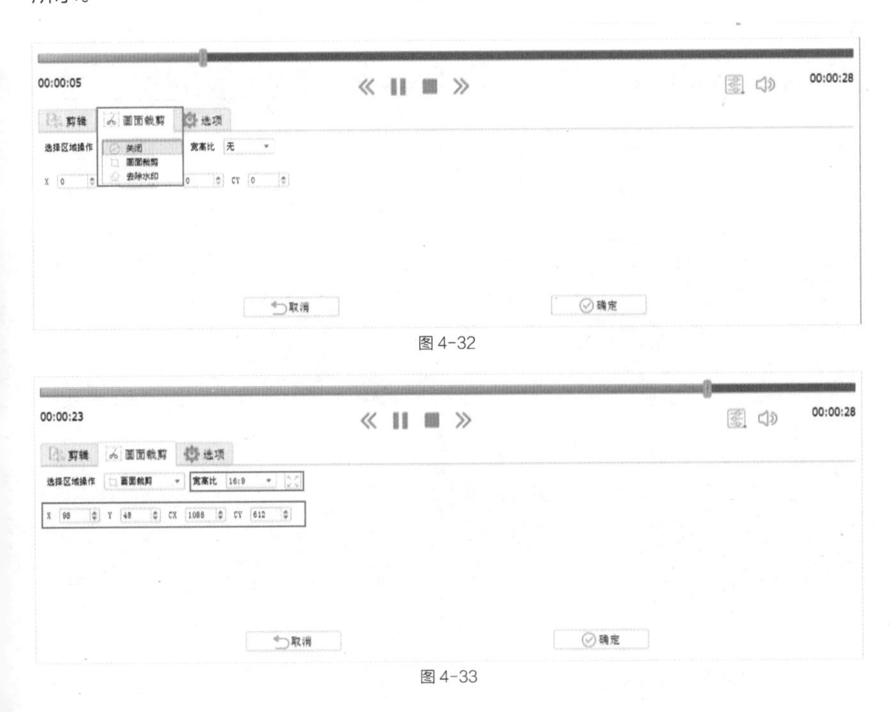

图 4-32

图 4-33

在打开的对话框中，将“输出格式”设为“MP4”，单击“输出配置”按钮，如图 4-34 所示。

图 4-34

在弹出的“视频设置”对话框中，设置“视频”选项卡中的“视频编码”为 AVC（H246），如图 4-35 所示。

单击“音频”选项卡，设置“音频编码”为 ACC，如图 4-36 所示。

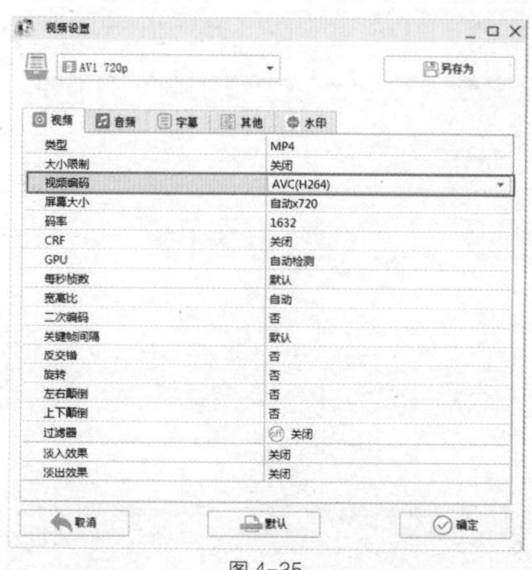

图 4-35

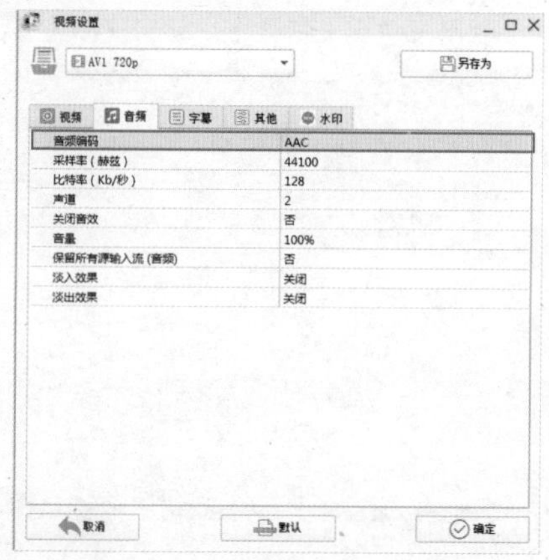

图 4-36

还可以通过上方视频质量的下拉菜单选择不同的视频规格，全部设置好后，单击右下角的“确定”按钮，如图 4-37 所示。

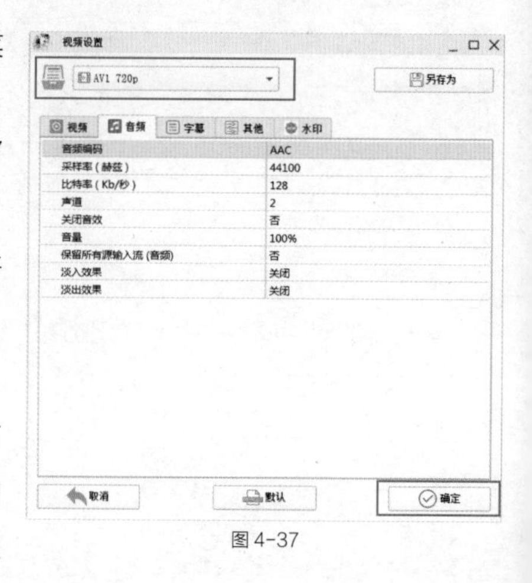

图 4-37

回到软件界面，单击菜单栏的“开始”图标进行转换，如图 4-38 所示。处理完成后会有提示音。

在文件列表处单击文件夹图标，打开输出文件夹，即可找到编辑后储存的视频文件，如图 4-39 所示。

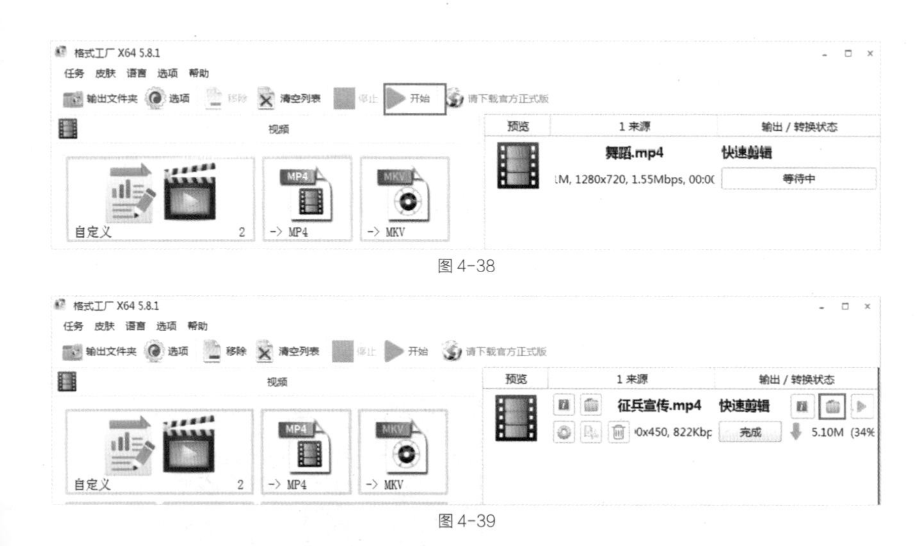

图 4-38

图 4-39

2. 上传视频文件

在 Mugeda 工具箱中，选择“导入视频”工具，打开“素材库”对话框，如图 4-40 所示。

在对话框中，单击 + 按钮，弹出“上传文件”对话框。可以看到系统支持视频“批量上传”“输入网址”“扫码上传”“格式转码上传”等上传方式，如图 4-41 所示。

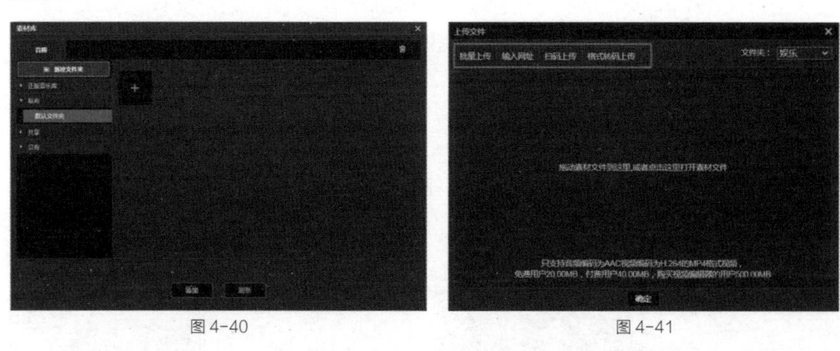

图 4-40

图 4-41

其中，“批量上传”“输入网址”“扫码上传”与图片、音频的上传方式一样，这里不再累述。下面重点介绍“格式转码上传”的具体方法。

单击“格式转码上传”选项卡，直接将素材拖曳到对话框里，或者单击对话框的黑色区域，在“打开”对话框找到视频素材，单击“打开”按钮，上传素材会转码为 RTP（实时传输协议）的视频格式，单击“确定”按钮即可上传，如图 4-42 所示。RTP 协议常用于流媒体系统、视频会议和一键通系统等，转码后的文件支持边加载边播放。

图 4-42

小提示

1. 平台对上传的单个视频文件的大小有限制，免费用户为 20M 以内，收费用户为 40M 以内。

2. H5 作品视频播放只支持视频编码为 H.264、音频编码为 AAC 的 MP4 文件格式。

4.2 编辑文本

4.2.1 文字编辑

选择“文字”工具（快捷键 T），在舞台上单击会出现文本框，双击文本框即可编辑文字，单击文本框以外的地方即可退出编辑，如图 4-43 所示。

选中编辑好的文字，可在“属性”面板的“专有属性”中更改文字属性、编辑文字内容。其中，可以设置文字加粗、倾斜、加下画线，还可以设置对齐方式、字体、字号、行高、字间距等内容，如图 4-44 所示。

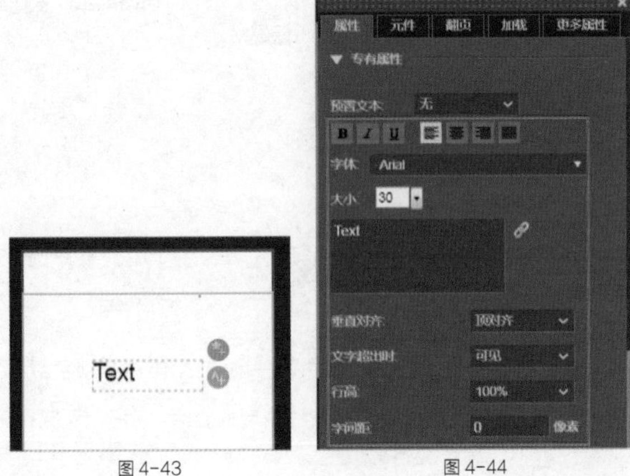

图 4-43　　图 4-44

也可以同设置图片等元素一样，改变文本的颜色、透明度等基础属性，如图 4-45 所示。

如果需要文本竖排显示，可以在输入文字后，选择“变形”工具（快捷键 Q），将文本框调整为竖向细长状，然后在“属性”面板里调整文字的大小和行高，即可形成竖排，如图 4-46 所示。

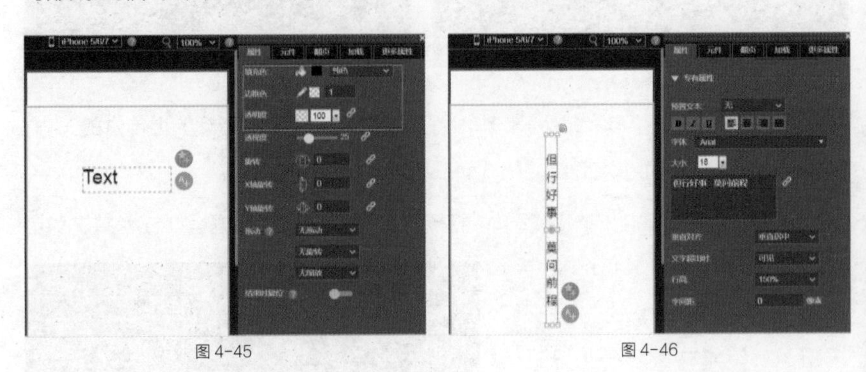

图 4-45　　图 4-46

4.2.2 预置文本

文本“专有属性”的“预置文本”下拉菜单里，有“当前时间 / 日期”“当前加载进度百分比”选项，如图 4-47 所示。

将“预置文本”设为“当前时间 / 日期”时，舞台文本框内会显示当前日期，“预置文本”旁边会出现“格式”按钮，如图 4-48 所示。

单击“格式”按钮，弹出“日期格式”对话框，默认的日期为英文格式，如图 4-49 所示。可以在左边的下拉列表中选择“中文”选项，将日期切换为中文格式，如图 4-50 所示。

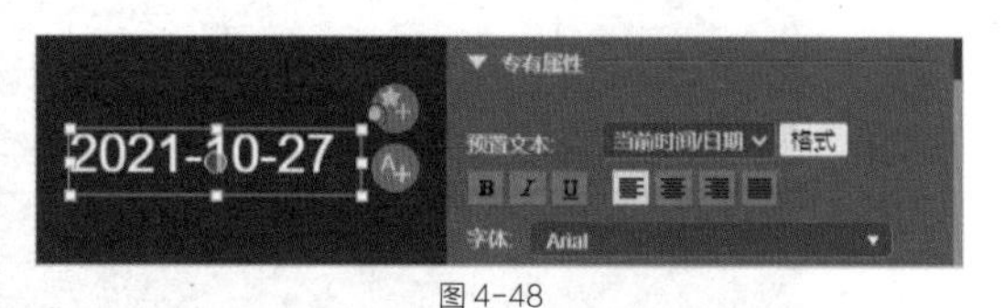
图 4-48

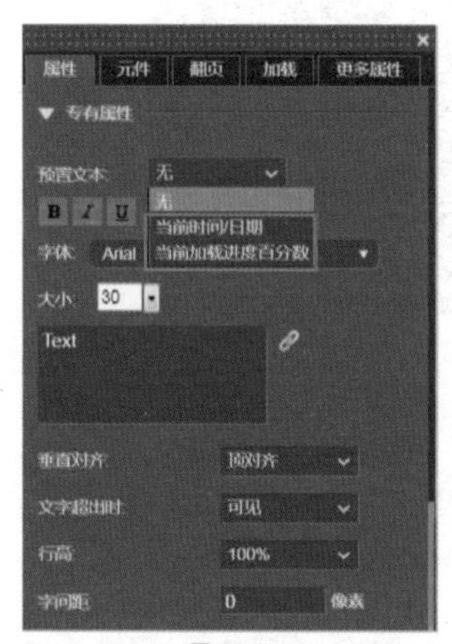
图 4-47

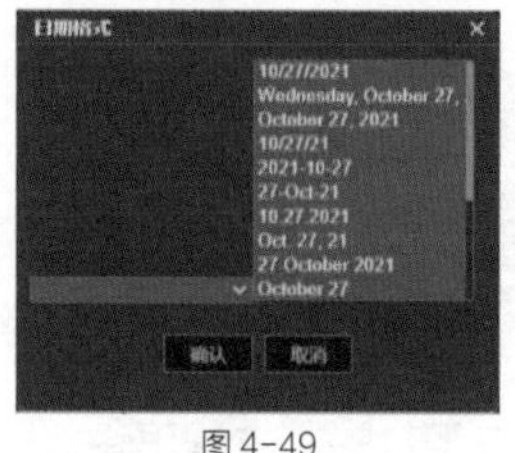
图 4-49

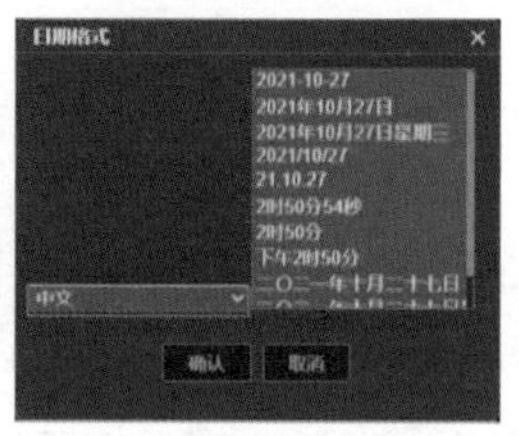
图 4-50

将“预置文本”设为“当前加载进度百分比”时，舞台的文本框内会显示 100，如图 4-51 所示。

在“大小”下面的文本框中，英文的后面加 % 号，舞台的文本框中就会显示 100%，如图 4-52 所示。

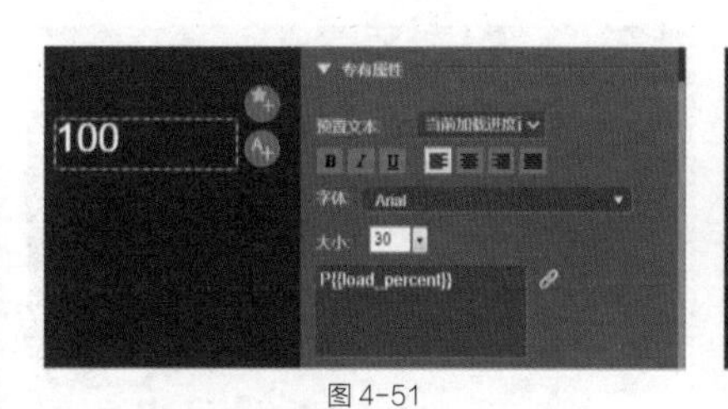
图 4-51

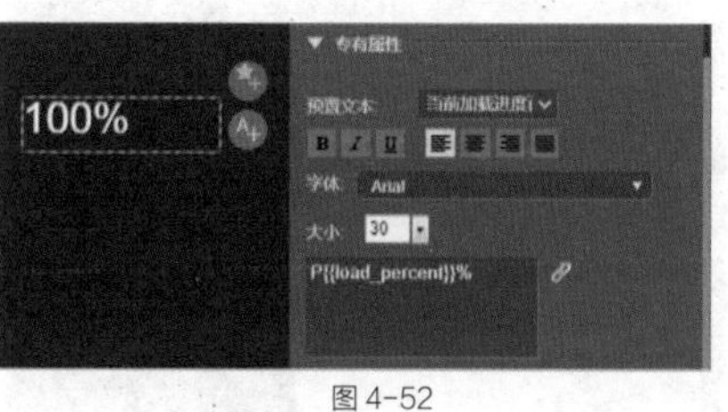
图 4-52

4.2.3　云字体

展开“字体”的下拉菜单，向上拖动右侧的滑块，出现“云字体”选项。单击“选择云字体”按钮，即可上传或选择使用云字体（仅支持 TTF 格式），如图 4-53 和图 4-54 所示。上传方法与其他素材的上传方法相同。

图 4-53

图 4-54

4.2.4 裁剪组

使用剪裁组，需要先在舞台的文本框里输入一段文字，然后在文本框上单击鼠标右键，或按快捷键 CTRL+G，选择“组”菜单中的“组合”选项，将段落文字打组，如图 4-55 所示。

选中文本框，在“属性”面板的“专有属性”中，设置“组类型”为“裁剪内容”，如图 4-56 所示。

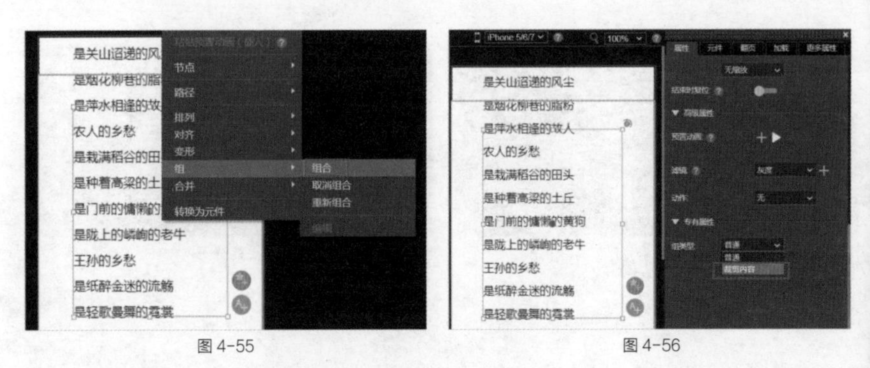

图 4-55　　图 4-56

设置完成后，“专有属性”下会显示相应的设置，在“允许滚动”下拉菜单中选择“垂直滚动”选项，如图 4-57 所示。

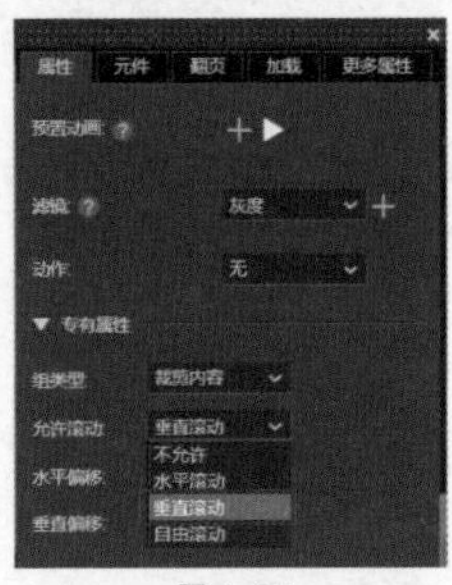

图 4-57

单击菜单栏的“预览”按钮，可以看到文本右边出现了滑动条，上下拖动滑块，即可控制文本内容的显示（手机观看时，不显示滑动条，但仍旧可以上下拖动控制文本内容显示），如图 4-58 所示。

在 Mugeda 平台里，文本更多的是当作数值运算的“累加器”或者存储数值的“存储器”来使用，详细内容会在行为交互的章节讲解。

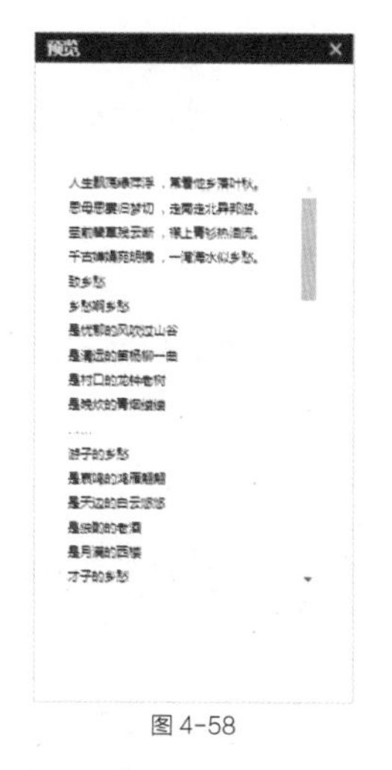

图 4-58

小提示

1. 打组的内容，可以双击鼠标左键进行编辑。

2. 如果要使用“裁剪组”的功能，则需要先把元素（文本、图片都可以）打组再进行设置。

3. 如果文字要在不同终端里显示一样的效果，最好先在 Photoshop 里把文字转为图片格式，然后再上传添加到舞台。

4.2.5　文本段落工具

“文本段落”工具其实就是个简化版的图文编辑器。选择“文本段落”工具，在舞台拖曳出一个文本段落编辑框（双击可编辑内容），此时编辑框上方会出现一排图标，对应的是“粗体”“斜体”“下画线”“中画线”“链接”“图片”“视频”“左对齐”“右对齐”“水平居中对齐”“两端对齐”“字体大小”“字体颜色”“清除格式”工具，如图 4-59 所示。

图 4-59

4.3　添加媒体

4.3.1　添加幻灯片

“幻灯片”工具一般在制作轮播图、焦点图、标识，或者模拟手机开机画面、屏保之类的作品时会用到。选择“幻灯片”工具，在舞台上拖曳出一个幻灯片，如图 4-60 所示。

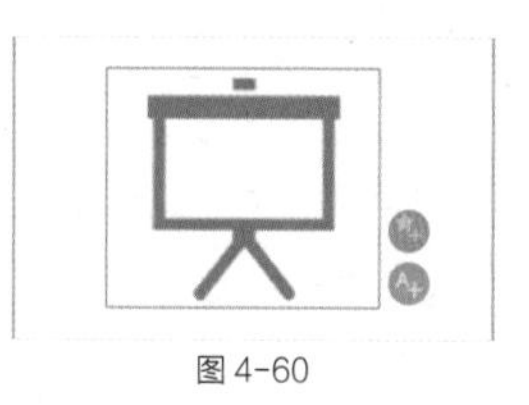

图 4-60

在“属性”面板，设置幻灯片的“宽”为 320 像素，“高”为 626 像素，“左”“上”均为 0 像素，如图 4-61 所示。

选中幻灯片，在“属性”面板的“专有属性”中，单击“图片列表”中的 + 号，如图 4-62 所示。

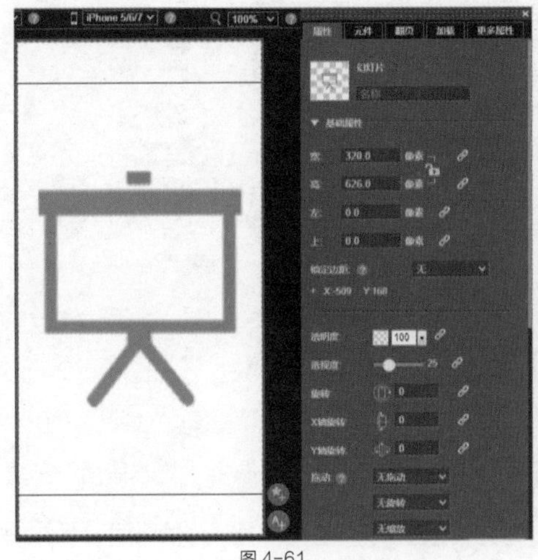

图 4-61

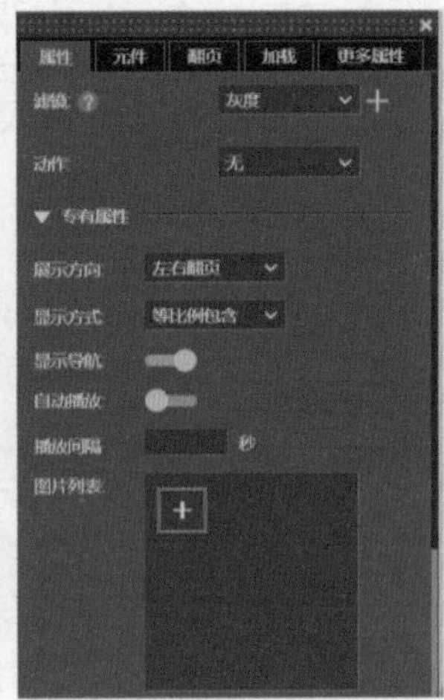

图 4-62

打开“素材库”对话框，选择两张图片，单击“添加”按钮，然后将“显示方式”设置为“等比例覆盖”，打开“自动播放”开关，设置“播放间隔”为 3 秒，如图 4-63 所示。

单击菜单栏的“预览”按钮，即可看到选择的两张图片自动播放的幻灯片效果，图片下方有切换图的小白点，如图 4-64 所示。

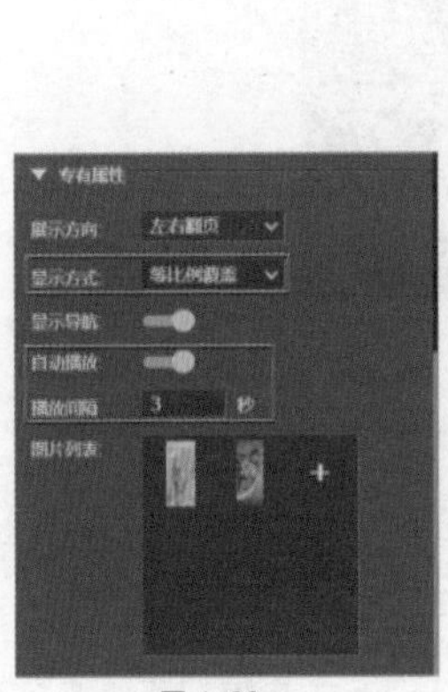

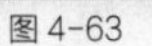

图 4-63

图 4-64

4.3.2 添加网页

“网页”工具一般用来引用框架外部网页的内容。选择“网页”工具，在舞台上可以拖曳一个网页框，如图 4-65 所示。

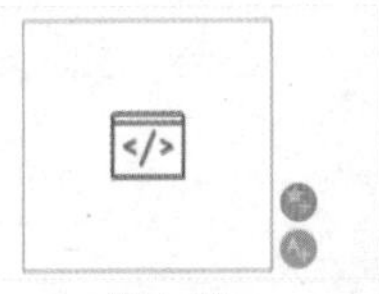

图 4-65

同样，可以在“属性”面板调整网页的宽、高、左、上值，如图 4-66 所示。

选中网页框，在“属性”面板中“专有属性”的“网页地址”输入框内填写网址，如图 4-67 所示。添加网页后，单击菜单栏的“内容共享”按钮，用手机扫描出现的二维码，即可查看网页效果。

小提示

一定要填写完整的网页地址，如果网页地址不填写 https://，将会显示错误。

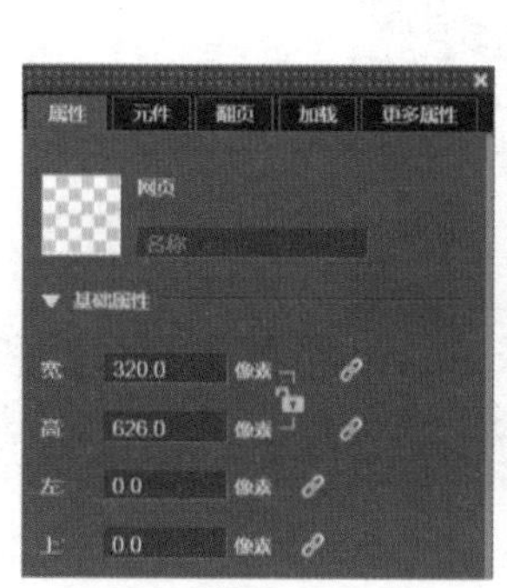

图 4-66

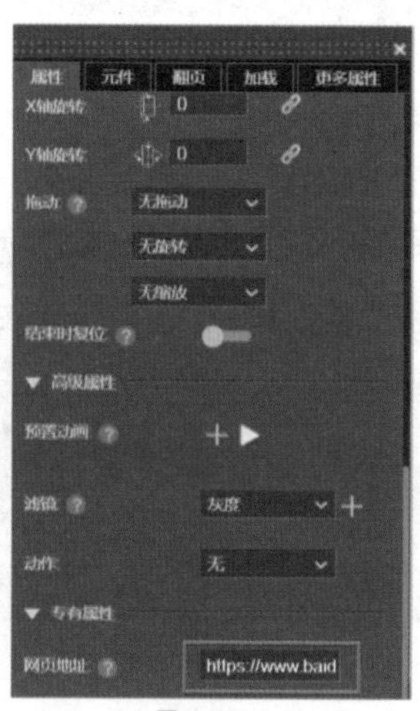

图 4-67

4.3.3 添加图表

“图表”工具可导入 Excel 数据或直接输入数据，支持动画和交互展示，可灵活自定义图表样式等（此功能为收费项目）。

选择“图表”工具，在舞台上拖曳绘制一个曲线图表，如图 4-68 所示。

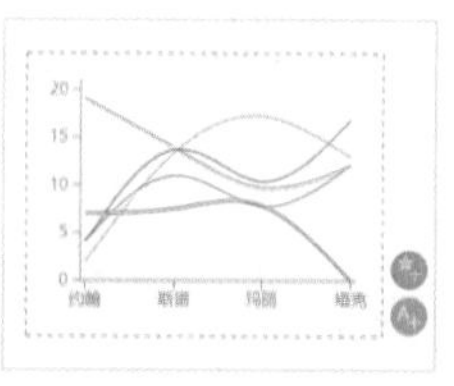

图 4-68

选中图表，在“属性”面板的“专有属性”中，单击“图表数据”旁的“编辑”按钮，如图 4-69 所示。

如果没有购买该功能，在出现的“图表编辑器”对话框里会弹出提示对话框，单击“体验操作”按钮，如图 4-70 所示。

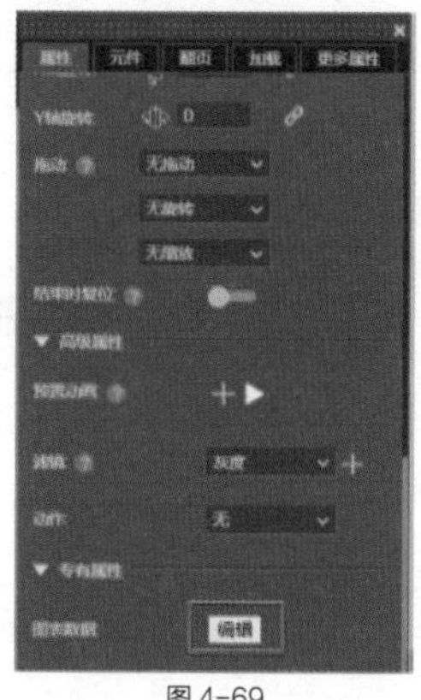

图 4-69

图 4-70

在“图表编辑器”对话框中，单击“图表类型”旁边的“变更”按钮，可以选择不同的图表类型。图表类型下面还有其他相关参数可以设置，右边可以修改表格的数据或直接导入电脑里的本地表格文件，如图 4-71 所示。

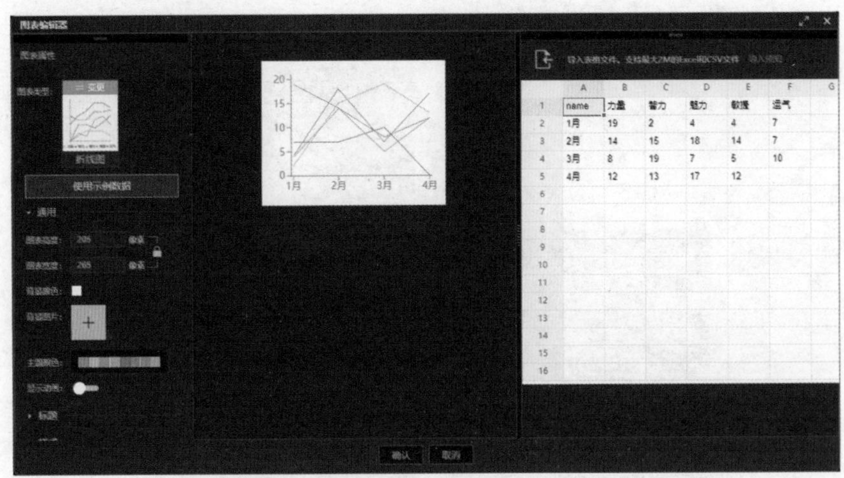

图 4-71

4.3.4　添加虚拟现实

“虚拟现实”工具可以用来显示 360 度全景图片，并添加热点进行交互。选择“虚拟现实”工具，在舞台上拖曳绘制一个虚拟场景，如图 4-72 所示。

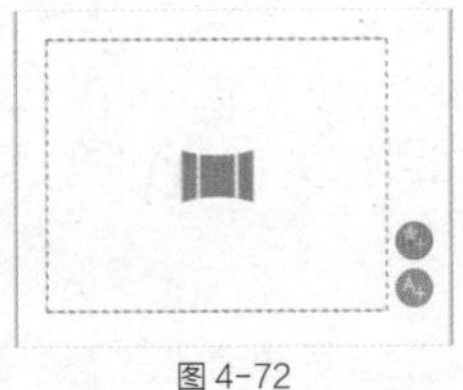

图 4-72

此时，会自动弹出“导入全景虚拟场景”对话框，如图 4-73 所示。单击对话框中的 + 图标，会弹出提示对话框，提示虚拟现实场景能接受的两种图片的类型和要求，如图 4-74 所示。

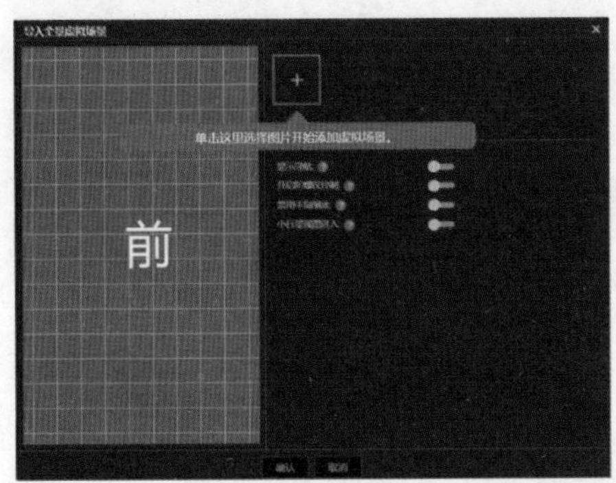

图 4-73

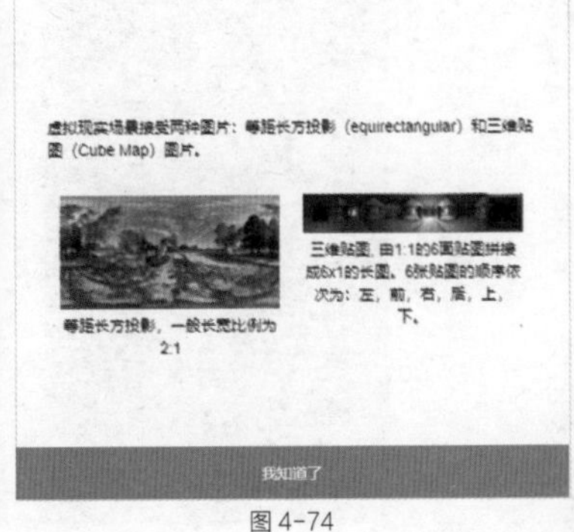

图 4-74

单击“我知道了”按钮，弹出“素材库”对话框。选择符合要求的图片后，“导入全景虚拟场景”对话框会出现相应的设置，如图 4-75 所示。

图 4-75

小提示

旁边带有问号图标的设置选项，均配有即时帮助功能。单击图标即可弹出该设置的解释，如图 4-76 所示。

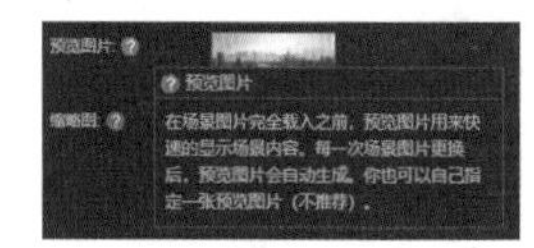

图 4-76

① 场景预览区：可以看到载入图片渲染的场景效果，在图上用鼠标拖动可以进行全景浏览。

② 场景列表区：显示所有添加的场景，可对场景进行添加、删除、编辑、排序操作。

③ 热点和场景编辑：用来切换热点和场景。

④ 场景全局配置：用来设置是否显示导航条、是否开启陀螺仪控制、是否禁用手指缩放、是否小行星视图进入。

1. 场景设置

场景设置中包含以下几项元素。

标题：每一个场景的名称，会显示在导航条上。

图片 / 视频：全景导入的图片 / 视频，支持等距长方投影和三维六面贴图两种格式。

预览图片：在全景载入之前的一个小尺寸图片。

缩略图：如果选择显示导航条，缩略图会显示在导航条上提示用户。

2. 热点编辑

单击“热点”选项卡，在热点编辑下，可以添加、删除、移动热点，并为热点指定图形、动画和行为。单击热点列表下的 + 图标，可以进入热点添加模式，如图 4-77 所示。

进入热点添加模式后，+ 图标会变成橙色提醒用户，如图 4-78 所示。

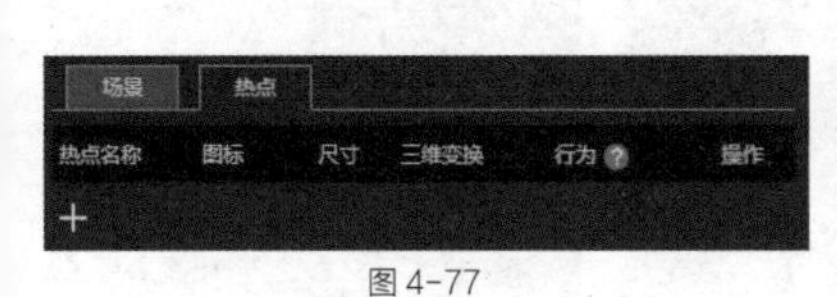

图 4-77

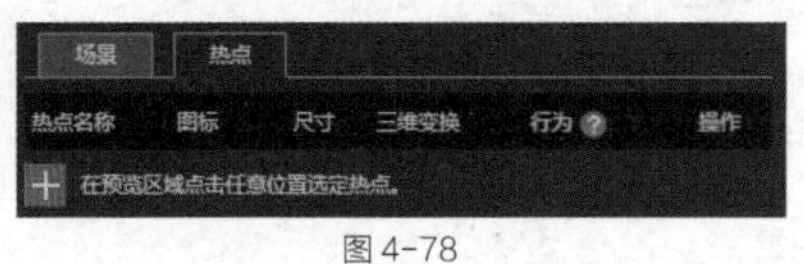

图 4-78

在热点添加模式下，在场景预览区域单击即可添加新的热点，如图 4-79 所示。单击热点列表中的任一热点，可以在列表中和预览窗口中定位热点，便于识别，如图 4-80 所示。

图 4-79

图 4-80

热点设置包含以下内容。

热点名称：用于区分和识别不同热点的名称。

图标：显示在场景中的图标。

尺寸：图标的显示大小。

行为：单击热点后激活的行为。

操作：对行为进行编辑或者删除热点。

3. 热点图标

Mugeda 平台提供预置的热点图标，如图 4-81 所示。用户也可以上传任意的图片作为热点图标，单击 + 图标即可添加，如图 4-82 所示。

可以指定相应的图标尺寸，如图 4-83 所示。

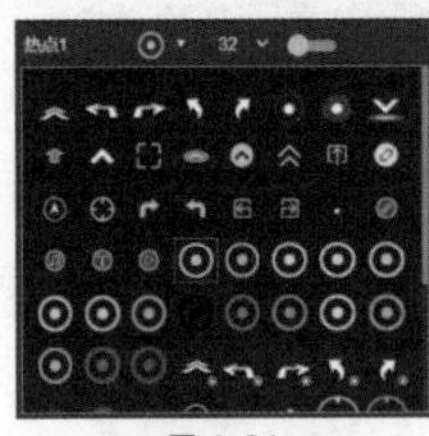
图 4-81

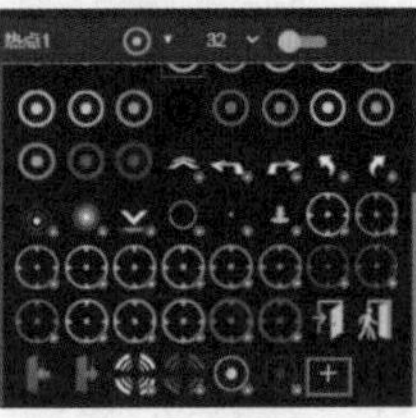
图 4-82

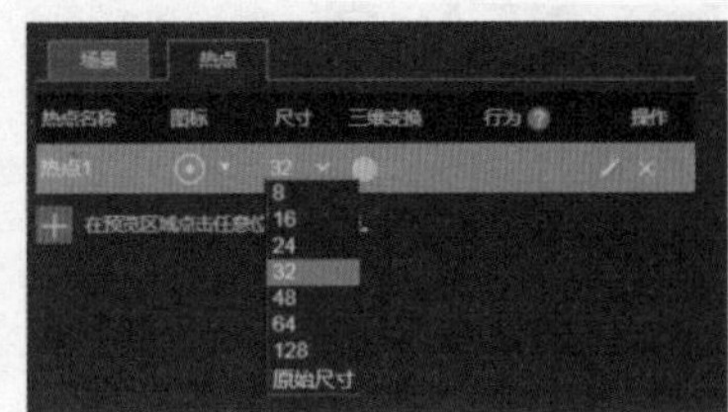

图 4-83

4. 热点行为

单击热点后，可以触发一系列的行为，如图 4-84 所示。

需要注意的是，“切换虚拟现实场景”行为，这个行为允许用户在单击热点后进行场景和热点切换，如图 4-85 所示。切换时，需要指定场景名称和热点名称，如果不指定，切换场景后会显示预览窗口的区域。

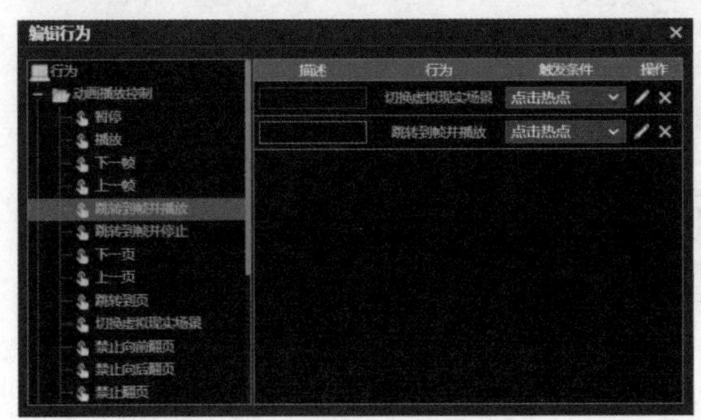

图 4-84

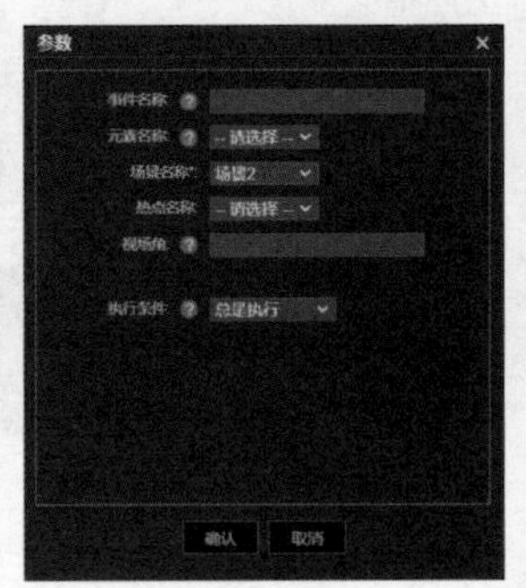

图 4-85

5. 场景属性

场景全局配置开关，用来设置是否显示导航条、是否开启陀螺仪控制、是否禁用手指缩放、是否小行星视图进入，如图 4-86 所示。

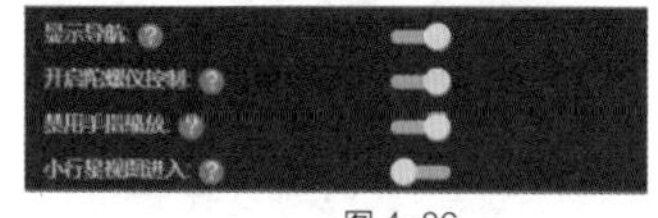

图 4-86

显示导航：在屏幕下方出现的导航条，当包含 2 个以上的场景时，建议选择。

开启陀螺仪控制：是否在导航条上显示陀螺仪控制的切换图标。

禁用手指缩放：如果不开启，可以通过两个手指在屏幕上滑动缩放场景，反之则无效。

小行星视图进入：小行星视图进入是一种类似广角特效的视图，开启该选项后会以广角视图进入场景并导航到目标位置。

小提示

1. 虚拟现实还支持全景视频内容，设置方法与全景图片内容基本相同。

2. 如果虚拟现实的尺寸与舞台尺寸不一致，可以通过调整“属性”面板的宽、高、上、左值来调整。

6. 场景渲染

场景渲染时，可以用鼠标或者手指拖动切换视图。如果打开了“显示导航”，还会出现一个导航条提供进一步的选择，包括“显示缩略图”“全屏效果”“收起导航栏”图标，如图 4-87 所示。

图 4-87

7. 全景内容

产生全景内容的方式有如下两种。

第 1 种，使用可以产生全景内容的 App，如 Google Street View、百度圈景等。

第 2 种，用全景拍摄设备，这些设备从简单到专业有多种选择，如 Insta360 等，如果熟悉软件，还可以用 3ds Max、Photoshop 等制作全景内容。

4.3.5　添加直播

选择“直播”工具，在舞台上拖曳一个直播框，如图 4-88 所示。

选中直播框，在“属性”面板“专有属性”的“直播地址”输入框中，输入直播链接地址（仅支持手机播放直播流内容，电脑端无法直接预览），即可添加直播，如图 4-89 所示。

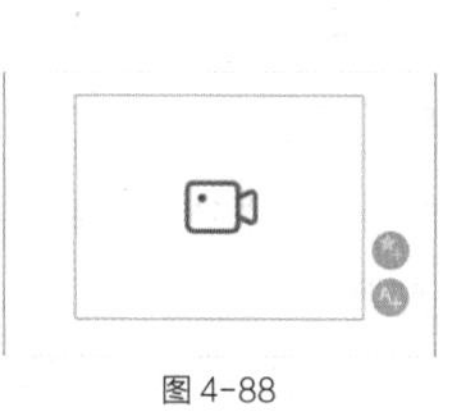
图 4-88

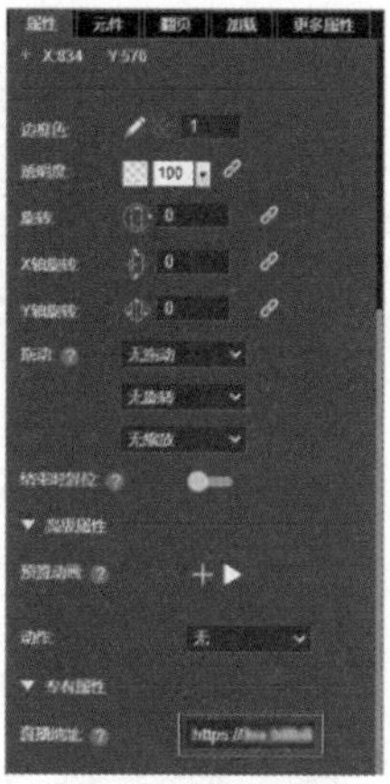

图 4-89

4.4 课堂案例：制作手机屏保

素材位置	素材文件 >CH04> 课堂案例：制作手机屏保
视频位置	视频文件 >CH04> 课堂案例：制作手机屏保
技术掌握	使用绘图工具绘制元件

本案例通过制作手机屏保，引导读者掌握预置文本和添加媒体等知识点，案例效果如图 4-90 所示。

图 4-90

制作步骤

01 新建一个默认“宽度”320 像素、“高度”626 像素的“竖屏”文件，单击“确认”按钮，如图 4-91 所示。

02 在“属性”面板，设置作品名为“制作手机屏保”，如图 4-92 所示。

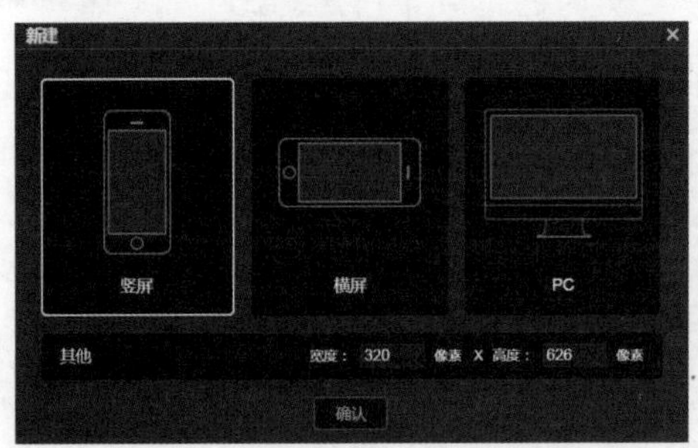

图 4-91

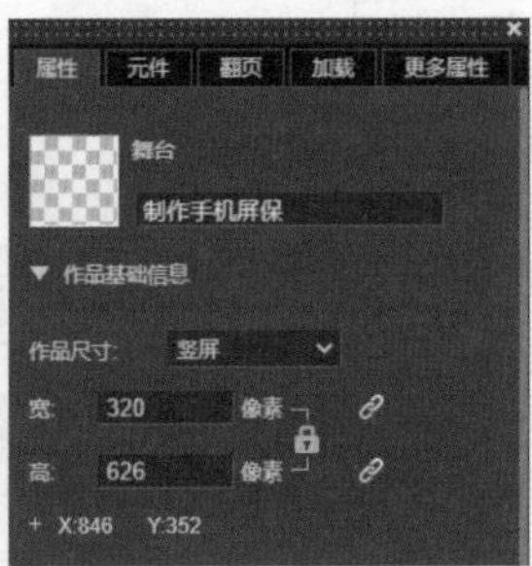

图 4-92

03 单击默认图层名称，将其重命名为“背景”，如图 4-93 所示。

04 选择“幻灯片”工具，在舞台中拖曳一个幻灯片，如图 4-94 所示。

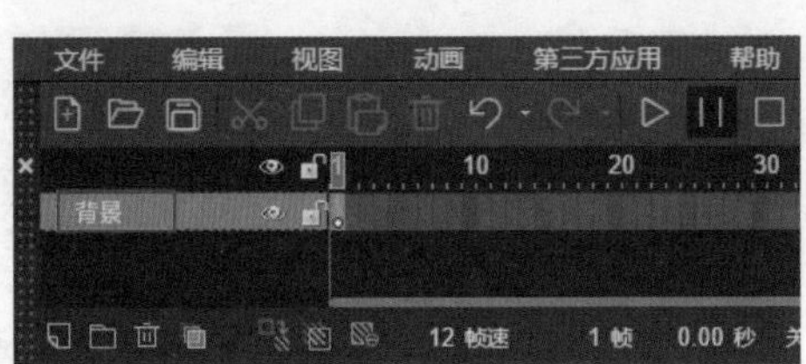

图 4-93

图 4-94

05 在“属性”面板，设置幻灯片的“宽”为 320 像素，“高”为 626 像素，“左”“上”均为 0 像素，如图 4-95 所示。

06 选择幻灯片，在“属性”面板的“专有属性”中，单击“图片列表”后面的 + 图标，打开“素材库”对话框。选择“4.4 屏保 1.jpg”“4.4 屏保 2.jpg”图片素材，单击“添加”按钮，并且打开“自动播放”，设置“播放间隔”为 3 秒，如图 4-96 所示。

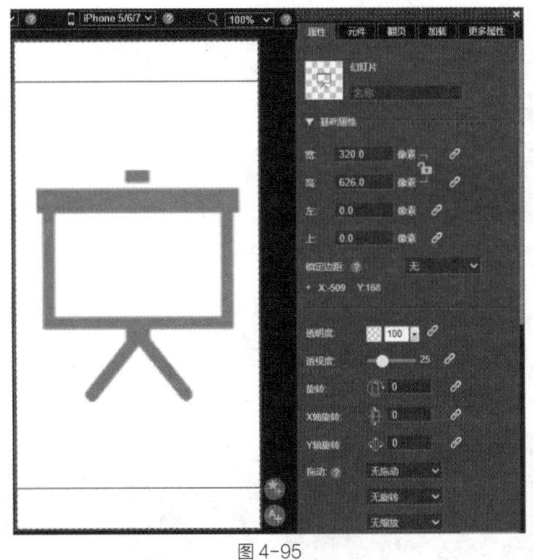

图 4-95

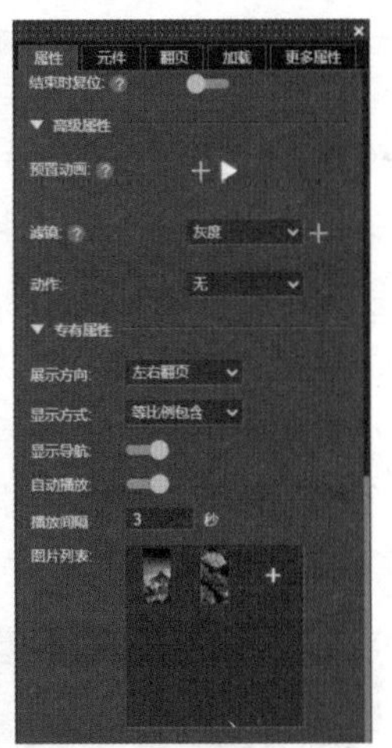

图 4-96

07 在“时间线”面板中，单击“新建图层”按钮，在“背景”层上面新建一个图层，重命名为“时间”，如图 4-97 所示。

08 选择“文字”工具（快捷键 T），在舞台单击放置一个文本框，在“属性”面板中，将“填充色”设为白色，如图 4-98 所示。

09 选择“变形”工具（快捷键 Q），将文本框拉宽拉大，在“属性”面板的“专有属性”中，设置文字居中对齐，将“大小”设为 52，将“垂直对齐”设为“垂直居中”，将“字间距”设为 3 像素，如图 4-99 所示。

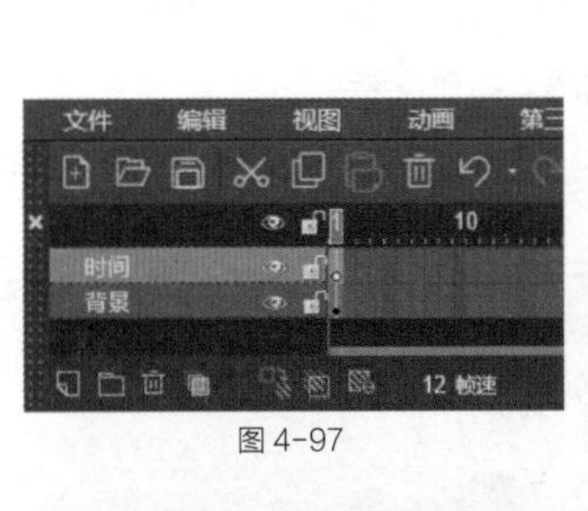

图 4-97

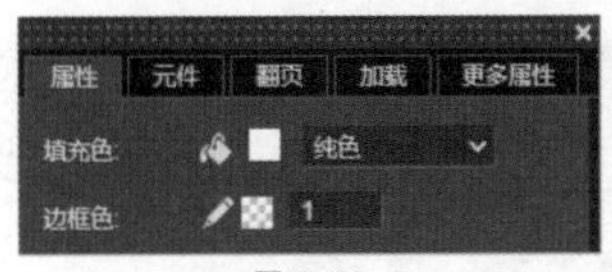

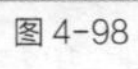
图 4-98

图 4-99

10 将“预置文本”设为“当前时间 / 日期”，单击“格式”按钮，在打开的“日期格式”对话框里，向下拖动右边的滑条，选择显示秒的时间格式，单击“确认”按钮，如图 4-100 和图 4-101 所示。

11 此时，舞台上会显示当前时间，如图 4-102 所示。

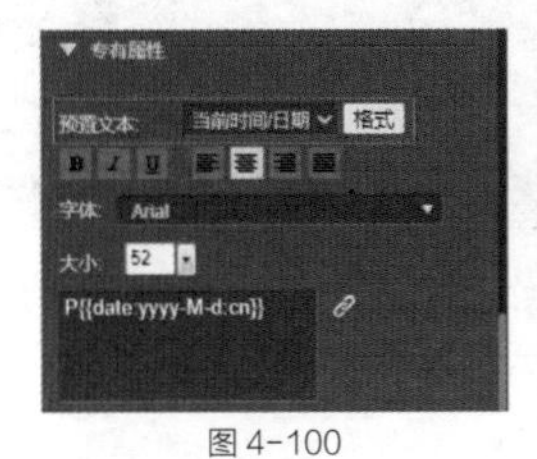

图 4-100

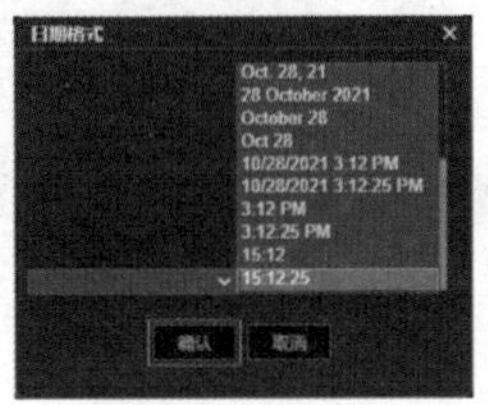

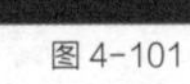
图 4-101

图 4-102

⑫ 选择“文本”工具（快捷键 T），在刚才的文本框下面再放置两个文本框，用“变形”工具调整好文本框的大小和位置。在“属性”面板的“专有属性”中，设置文字居中对齐，将“大小”设为 18，将“垂直对齐”设为“垂直居中”，将“字间距”设为 3 像素，如图 4-103 所示。

⑬ 选择刚才放置的第一个文本框，将“预置文本”设置为“当前时间 / 日期”，单击“格式”按钮，在打开的“日期格式”对话框里，在左边的下拉列表中选择“中文”，在右边选择适合的日期格式，单击“确认”按钮，如图 4-104 所示。

⑭ 选择刚才放置的第二个文本框，重复第 13 步，在“日期格式”对话框右边选择有星期的日期格式，单击“确认”按钮，如图 4-105 所示。

图 4-103

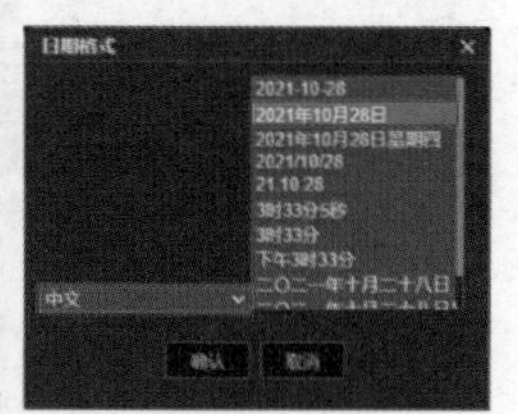

图 4-104

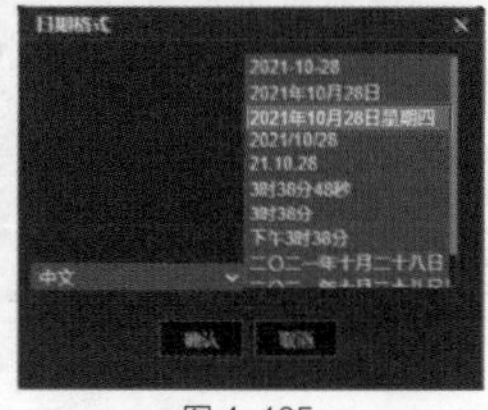

图 4-105

⑮ 将文本框里的“yyyy 年 M 月 d 日”删除，如图 4-106 所示。

⑯ 选择“文件”菜单中的“保存”选项（快捷键 Ctrl+S），打开“保存”对话框，单击“保存”按钮，保存作品，如图 4-107 所示。

⑰ 单击菜单栏中“内容共享”按钮，用手机扫描二维码观看效果，如图 4-108 所示。

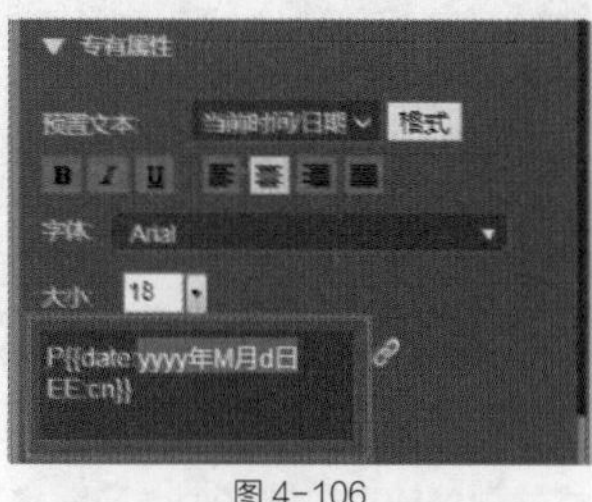

图 4-106

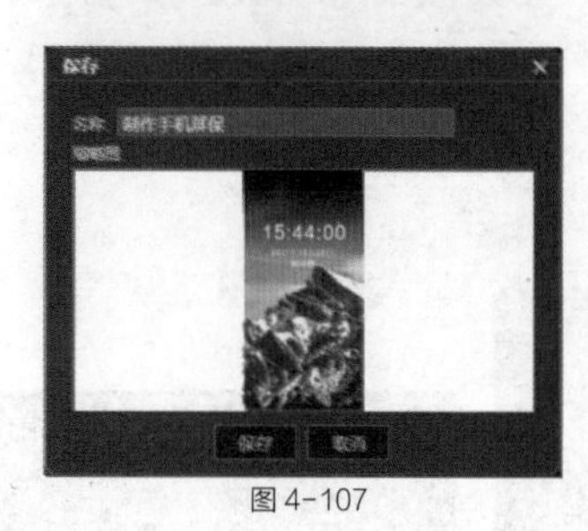

图 4-107

图 4-108

小提示

如果直接单击“预览”按钮预览作品效果，日期和时间显示会出错。通过内容共享的方式查看效果之前，必须先保存作品。

4.5 课后习题：今昔对比

素材位置	素材文件 >CH04> 课后习题：今昔对比
视频位置	视频文件 >CH04> 课后习题：今昔对比
技术掌握	掌握“组类型”中的“裁剪内容”的实际应用

本案例通过制作今昔对比图，引导读者掌握“组类型”中“裁剪内容”的实际应用方法，案例效果如图 4-109 所示。

图 4-109

制作思路

01 绘制滑杆，并在“属性”面板中设置“拖动”为“水平拖动”，如图 4-110 所示。

02 将“组类型”设为“裁剪内容”，如图 4-111 所示。

03 设置裁剪组参数，将“关联对象”设为“滑杆”，“关联属性”设为“左”，“关联方式”设为“公式关联”，“被控量 =”设为“关联属性”，如图 4-112 所示。

04 设置图片参数，将“关联对象”设为“滑杆”，“关联属性”设为“左”，“关联方式”设为“公式关联”，“被控量 =”设为“– 关联属性”，如图 4-113 所示。

拖动　水平拖动

图 4-110

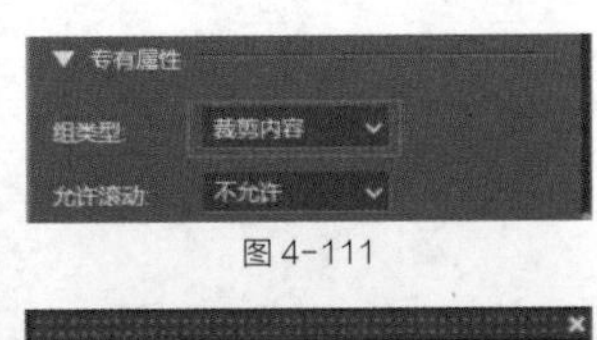

图 4-111

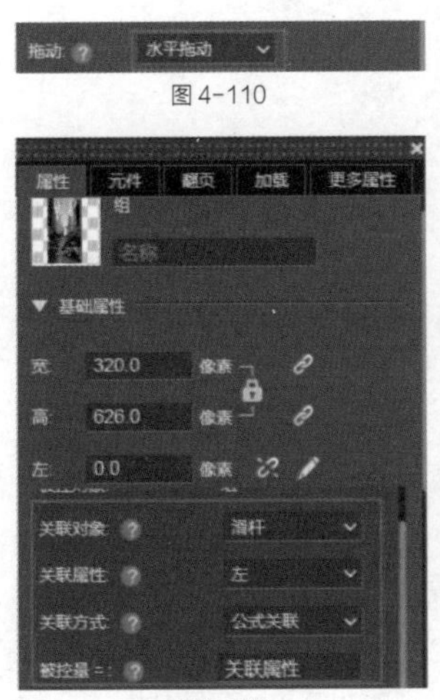

图 4-112

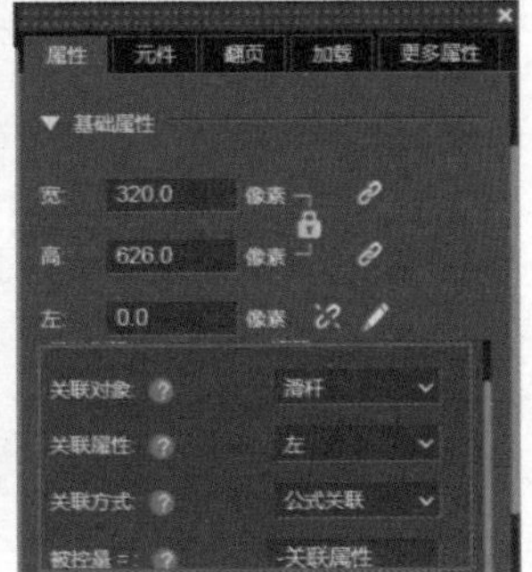

图 4-113

第 5 章

动画制作

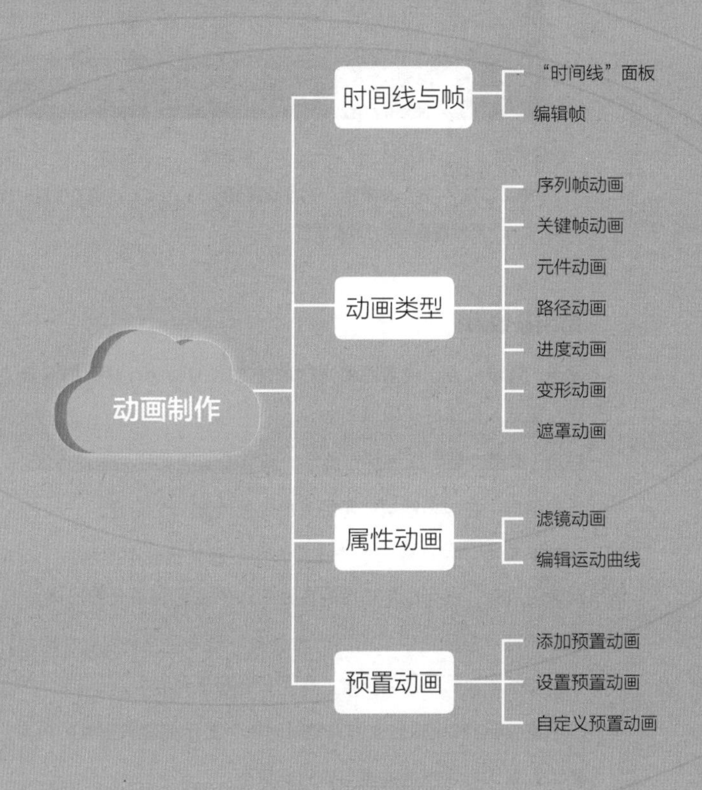
动画制作
时间线与帧
“时间线”面板
编辑帧
动画类型
序列帧动画
关键帧动画
元件动画
路径动画
进度动画
变形动画
遮罩动画
属性动画
滤镜动画
编辑运动曲线
预置动画
添加预置动画
设置预置动画
自定义预置动画

5.1 时间线与帧

5.1.1 “时间线”面板

“时间线”面板是制作动画、对动画进行精确控制的关键区域，它可以把图层和帧按时间进行组合、播放，以形成动画。“时间线”面板主要由图层、帧、时间刻度、工具栏等部分构成，如图 5-1 所示。

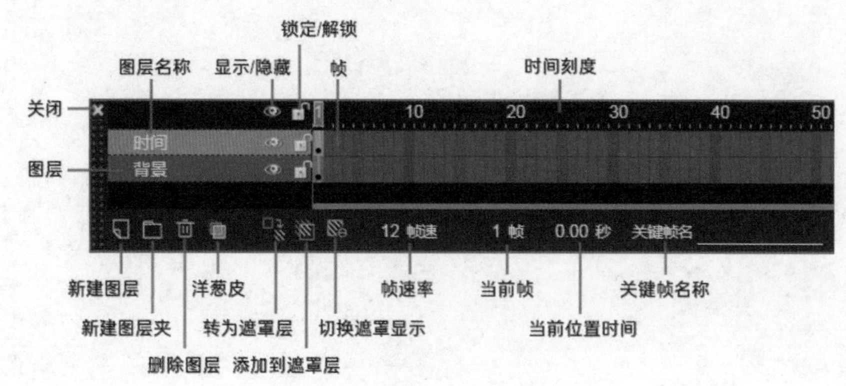

图 5-1

常用参数解析

显示 / 隐藏：显示或者隐藏选定的图层或图层文件夹里的元素（隐藏只是编辑状态下有效，预览或发布时无隐藏）。

锁定 / 解锁：锁定或者解锁选定的图层或图层文件夹里的元素。

新建图层：在当前图层或图层夹的上面新建一个图层。

新建图层夹：在当前图层或图层夹的上面新建一个图层夹，新建图层夹后可将图层拖曳到该图层夹，还可以单击图层夹最左边的 + 图标展开图层夹。

删除图层：删除选中的图层或图层夹（如果图层夹里包含图层，删除该图层夹后，其包含的图层会回到原来的位置，而不会一起被删除）。

洋葱皮：可以在编辑后面的关键帧时依然显示前面关键帧的内容，方便逐帧对照编辑。

转为遮罩层：将所选的图层转为遮罩层。

添加到遮罩层：将遮罩层下方的多个图层添加到遮罩范围中。

切换遮罩显示：暂时隐藏遮罩效果，方便查看编辑。

Mugeda 工具的图层与 Photoshop 等其他设计软件一样。不同的是，Mugeda 的图层内容不仅可以包含图片元素，还可以包含声音、视频、图形、文本、元件、动画、控件、表单、交互行为等。

可以通过单击工具栏的“播放”按钮▶和“暂停”按钮⏸来控制预览，也可以通过快捷键来控制预览（下一帧快捷键 >、上一帧快捷键 <、播放 / 暂停快捷键 Enter）。

5.1.2　编辑帧

单击“时间线”面板的任意帧，单击鼠标右键，会弹出快捷菜单。在菜单中，可以对帧进行新建、删除、清空、复制、粘贴等操作，如图 5-2 所示。

图 5-2

1. 插入帧 / 关键帧

单击想要插入帧的位置，单击鼠标右键，在弹出的菜单中选择“插入帧”选项（快捷键 F5），即可插入帧，在此帧之前的帧会自动补充帧数，此时的帧是没有内容的空白帧，如图 5-3 所示。

在想要插入关键帧的位置单击鼠标右键，在弹出的菜单中选择“插入关键帧”选项（快捷键 F6），即可插入关键帧，在此关键帧之前的帧会自动补充帧数，此时的关键帧是没有内容的空白关键帧，显示为一个白色的小圆圈，如图 5-4 所示。

图 5-3

图 5-4

2. 删除帧 / 关键帧

在快捷菜单中，选择“删除帧（可多选）”选项（快捷键 Ctrl+F5）可以删除普通帧，也可以删除关键帧，如图 5-5 所示。而“删除关键帧（可多选）”（快捷键 Ctrl+F6）只能删除关键帧，不能删除普通帧。

图 5-5

3. 清空关键帧

当想要重新编辑关键帧时，选中该关键帧，单击鼠标右键，在弹出的菜单中选择“清空关键帧”选项（快捷键 Delete），即可将该帧的内容清空，转为一个空白关键帧，如图 5-6 所示。

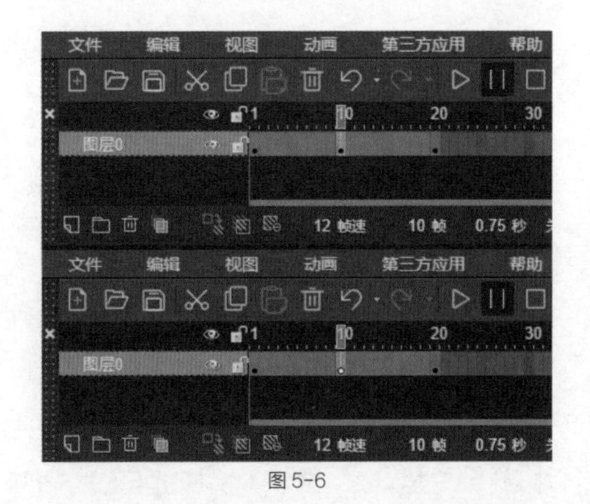
图 5-6

4. 复制 / 粘贴帧

选中想要复制的帧，单击鼠标右键，在弹出的菜单中选择“复制帧”选项（快捷键 Ctrl+C），然后单击需要粘贴帧的位置，单击鼠标右键，在弹出的菜单中选择“粘贴帧”选项（快捷键 Ctrl+V）即可复制该帧，如图 5-7 所示。此方法同样适用于多个帧。

通过复制粘贴帧，可以节省很多制作时间，提高工作效率，做出有趣的效果。例如，制作快闪效果，可以在图层中的第 10 帧处单击，按快捷键 F5 插入帧，然后选中全部的空白帧，按快捷键 F6 将其转为空白关键帧，如图 5-8 所示。

图 5-7

图 5-8

选中第 1 帧，打开素材库（快捷键 S），在舞台中任意添加一张图片，如图 5-9 所示。选中第 1 帧，按快捷键 Ctrl+C 复制关键帧，然后每隔 1 帧按快捷键 Ctrl+V 粘贴关键帧，如图 5-10 所示。

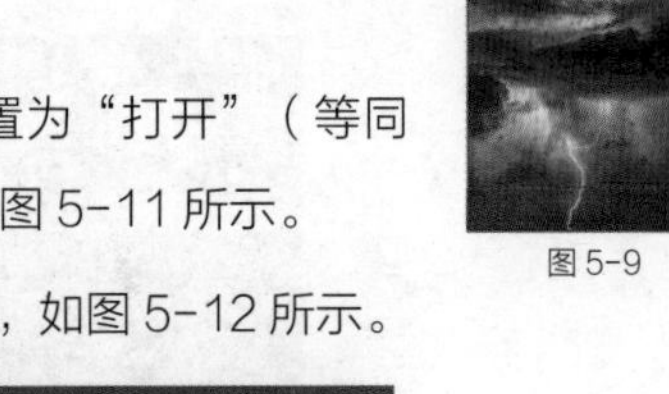
图 5-9

在“属性”面板中，将“动画循环”设置为“打开”（等同于选择“动画”菜单中的“循环”选项），如图 5-11 所示。

然后按“预览”按钮，即可查看快闪效果，如图 5-12 所示。

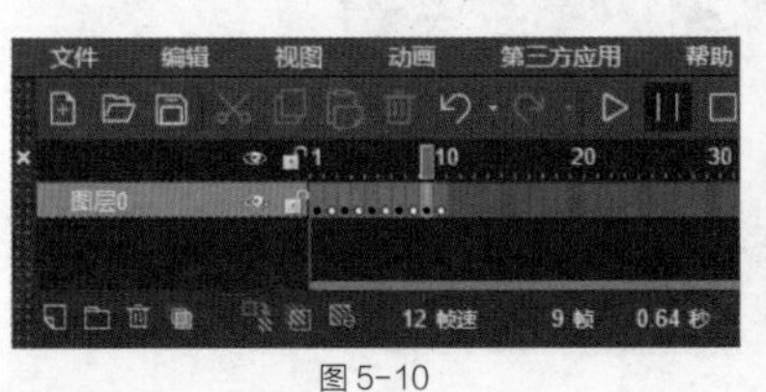
图 5-10

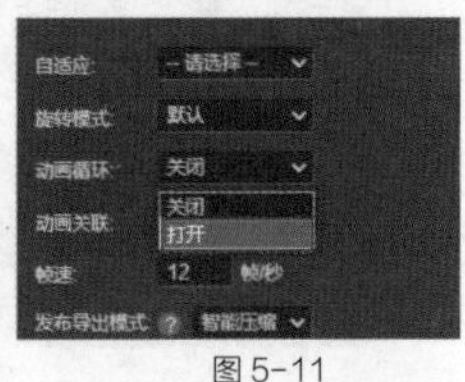
图 5-11

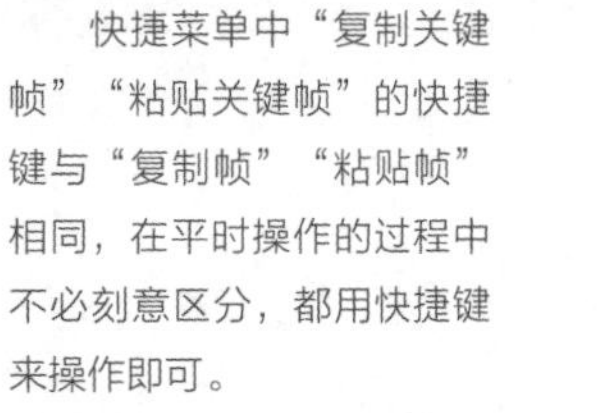
小提示

快捷菜单中“复制关键帧”“粘贴关键帧”的快捷键与“复制帧”“粘贴帧”相同，在平时操作的过程中不必刻意区分，都用快捷键来操作即可。

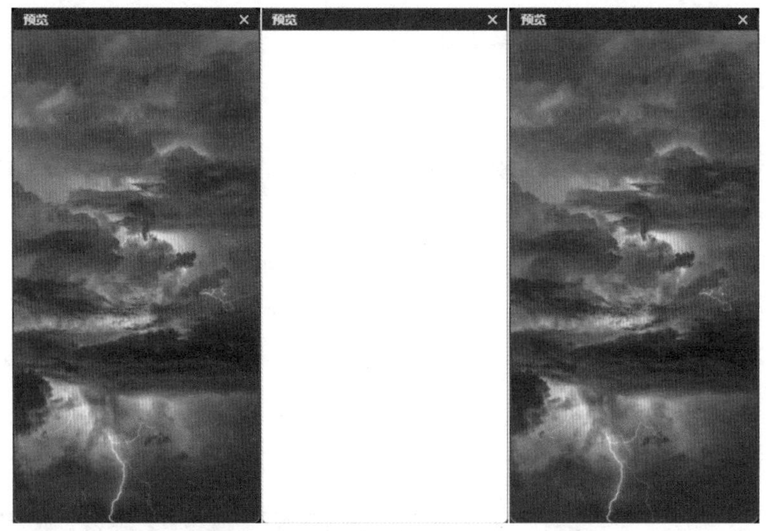

图 5-12

5.2 动画类型

5.2.1　序列帧动画

序列帧动画是一种常见的动画形式，其原理是在连续的关键帧中分解动画动作，也就是逐帧绘制不同的内容，使其连续播放形成动画。因为序列帧动画的帧序列内容不一样，不但给制作增加了负担，而且最终输出的文件量也很大。但它的优势也很明显，序列帧动画具有非常大的灵活性，几乎可以表现任何想表现的内容，而它类似于电影的播放模式，很适合用于表现细腻的动画。

单击需要添加序列帧动画的帧位置，打开素材库（快捷键 S），找到序列帧素材，选择右上角的“全选”和右下角的“以序列帧形式添加”选项，单击“添加”按钮，此时舞台就会生成序列帧动画，如图 5-13 所示。选择“动画”菜单中的“循环”选项，单击“预览”按钮，即可观看序列帧动画的效果。

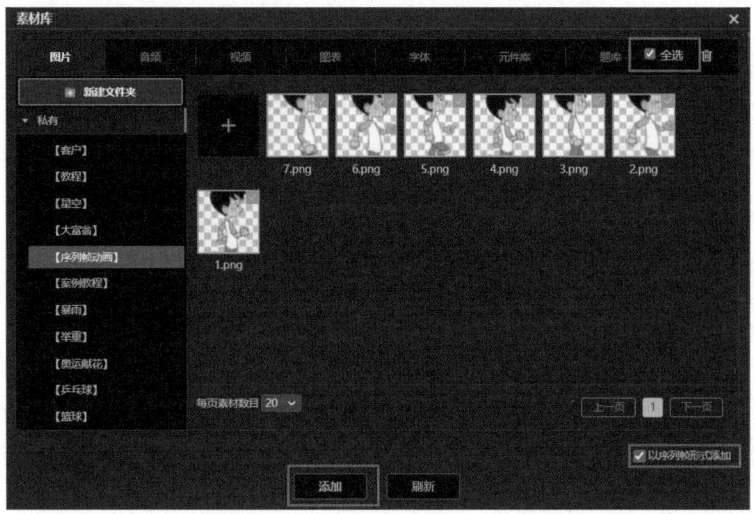

图 5-13

5.2.2 关键帧动画

关键帧动画是动画制作中一种常用的动画形式，它是通过设定动画的起始和结束两个关键帧，然后通过软件自动生成动画过程的动画形式。下面举一个制作渐显缩放关键帧动画的例子。

打开素材库（快捷键 S），在舞台中添加一张图片，如图 5-14 所示。

在图层第 10 帧处单击鼠标右键，在弹出的菜单中选择“插入关键帧动画”选项，如图 5-15 所示。

选择“变形”工具（快捷键 Q），按住 Ctrl 键，将该帧的图片等比放大，如图 5-16 所示。

图 5-14

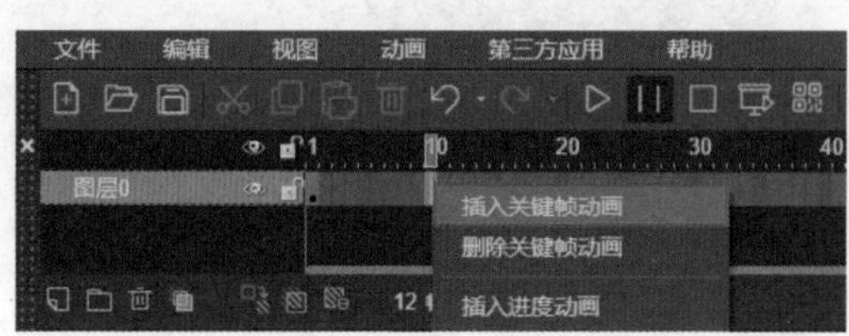

图 5-15

图 5-16

单击第 1 帧，在“属性”面板中，将“透明度”修改为 0，如图 5-17 和图 5-18 所示。

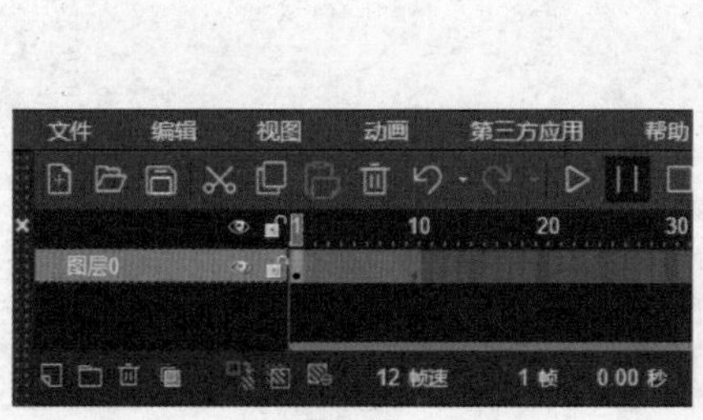

图 5-17

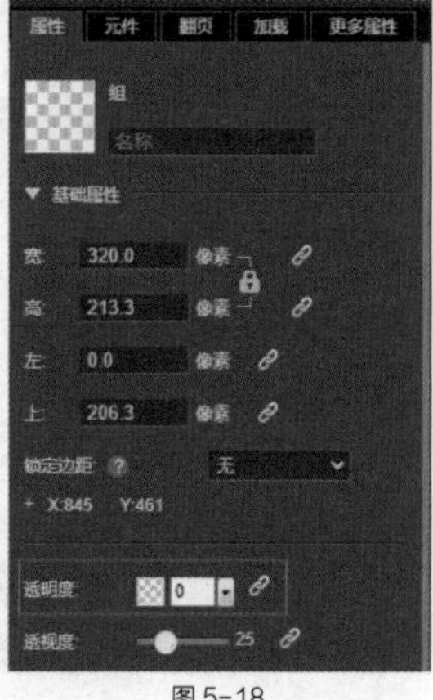

图 5-18

单击“预览”按钮观看效果，如图 5-19 所示。一个简单的渐显缩放关键帧动画就完成了。

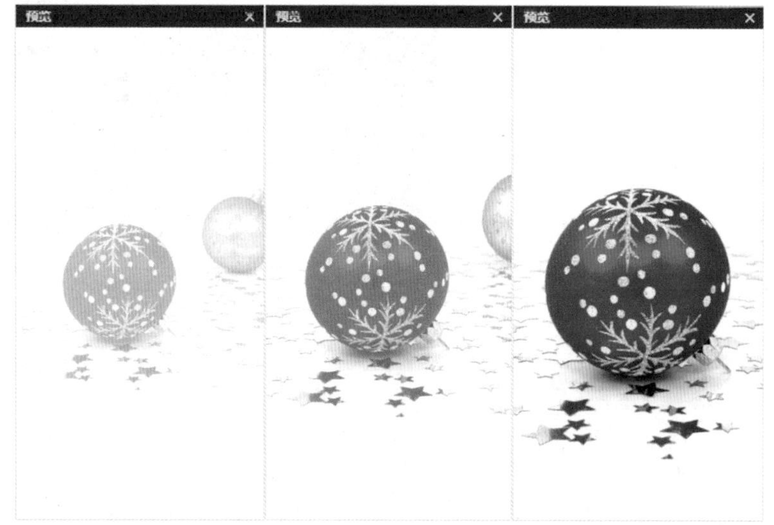

图 5-19

双击关键帧动画的过渡帧（这个动作是全选这段动画），全选后的帧呈嫩绿色，按快捷键 Ctrl+C 复制，在想要粘贴的地方按快捷键 Ctrl+V，这样刚才的一整段动画就被粘贴过来了，如图 5-20 所示。由于复制、粘贴数据是在本地电脑内存中进行的（缓存），利用这个原理可以跨作品甚至跨账号进行操作。

复制 / 粘贴关键帧动画的方法同样适用于跨图层。例如，想要将当前图层的帧复制到新的图层中时，可以全选当前图层的帧，按快捷键 Ctrl+C 复制，然后单击“新建图层”按钮，在新建图层没有帧内容的地方，按快捷键 Ctrl+V 粘贴，即可将当前图层内容粘贴到新的图层中，如图 5-21 所示。

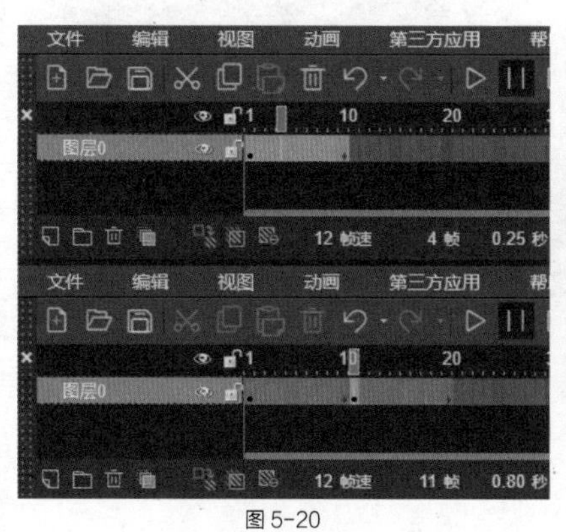

图 5-20

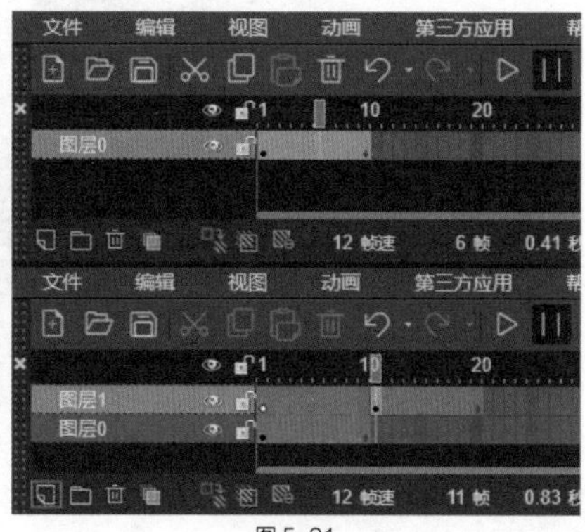

图 5-21

如若在有帧内容的地方粘贴，系统就会弹出错误提示，如图 5-22 所示。

如果想要将新建图层的帧内容与原图层对齐，可将前面的空白帧按快捷键 Ctrl+F5 删除即可，如图 5-23 所示。这种跨图层复制 / 粘贴内容的方法，同样适用于复制 / 粘贴单个帧或多个图层的帧内容。

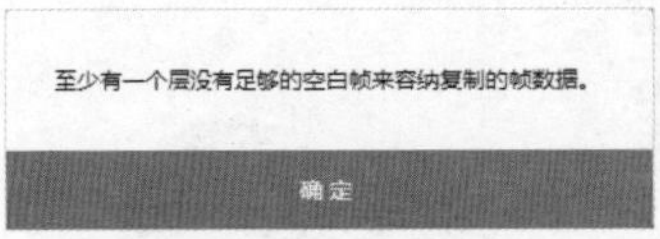

至少有一个层没有足够的空白帧来容纳复制的帧数据。

确定

图 5-22

图 5-23

5.2.3 元件动画

元件动画可以实现复杂的动画效果，每个元件都是一个独立完整的动画，可以重复使用。元件在舞台上运动的同时，内部的动画也可以同时播放。

打开素材库（快捷键 S），在舞台上添加一张图片，选择图片并单击鼠标右键，选择“转换为元件”，如图 5-24 所示。

双击元件，在第 40 帧的位置单击鼠标右键，在菜单中选择“插入关键帧动画”选项，如图 5-25 所示。

在选中第 40 帧的状态下，将“属性”面板的“Y 轴旋转”设为 360，如图 5-26 所示。

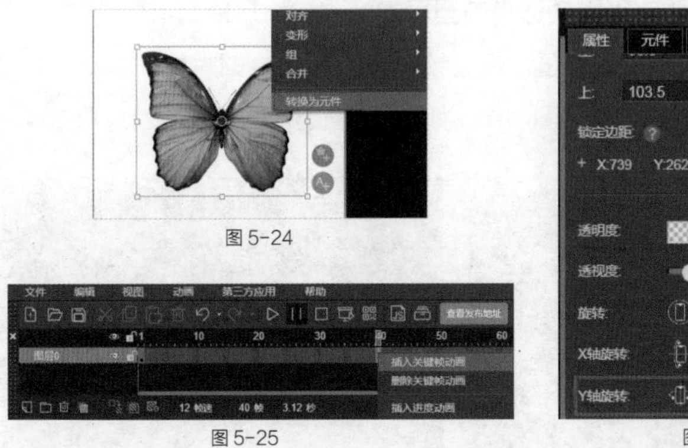

图 5-24

图 5-25

图 5-26

在“时间线”面板的时间刻度上按住鼠标左键拖曳，查看翻转效果，如图 5-27 所示。

图 5-27

小提示

如何让元件不循环播放？可以在元件最后一帧加入出现即暂停行为。添加行为的操作将在第 6 章行为交互中详细讲解。

5.2.4　路径动画

路径动画就是人或物按照设定的路径运动的动画。下面举一个上升曲线路径动画的例子。

打开素材库（快捷键 S），在舞台添加一张图片，缩放到适合的大小，放在左下角的位置，如图 5-28 所示。

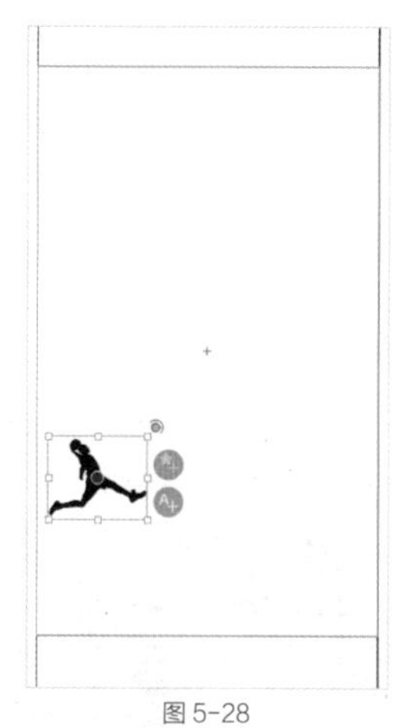

图 5-28

在“时间线”面板第 40 帧位置处单击鼠标右键，在弹出的菜单中选择“插入关键帧动画”选项，如图 5-29 所示。

选中第 40 帧，将图片移动到右上方，在“属性”面板中，将“旋转”设置为 60，如图 5-30 所示

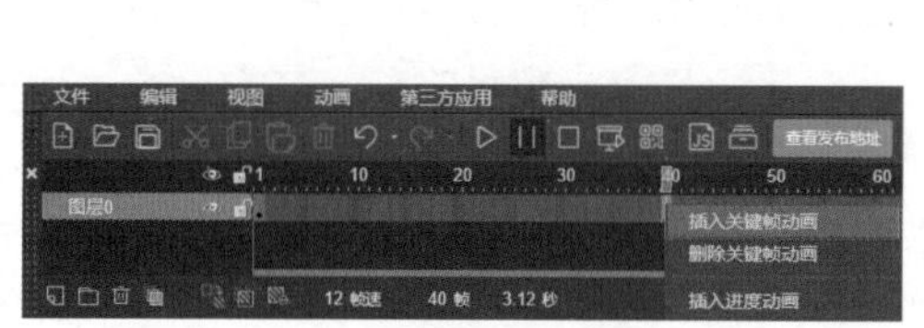

图 5-29

图 5-30

双击选中关键帧动画的过渡帧，单击鼠标右键，在弹出的菜单中选择“切换路径显示”选项，如图 5-31 所示。

此时，“舞台”上会显示出一条灰色的路径线，如图 5-32 所示。

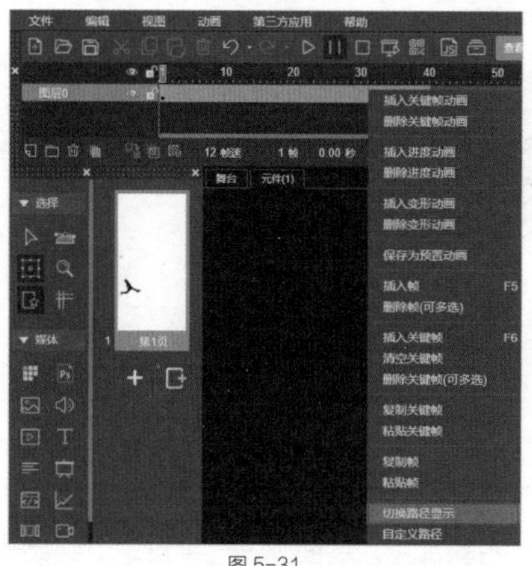

图 5-31

图 5-32

双击选中关键帧动画的过渡帧，单击鼠标右键，选择“自定义路径”，如图 5-33 所示。

此时舞台上的灰色路径会变为紫色，如图 5-34 所示。

选中路径线，选择“节点”工具（快捷键 A），单击第 40 帧，通过控制杆调节动画运动路径的曲线，如图 5-35 所示。

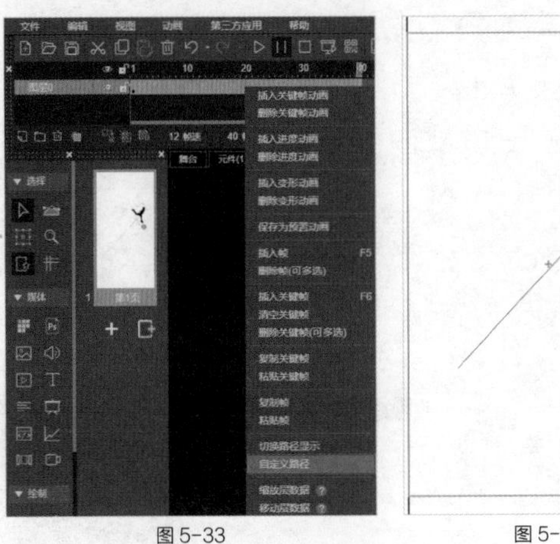

图 5-33

图 5-34

图 5-35

在“时间线”面板的时间刻度上按住鼠标左键拖曳，查看路径动画效果，如图 5-36 所示。一个简单的上升曲线路径动画就做好了。

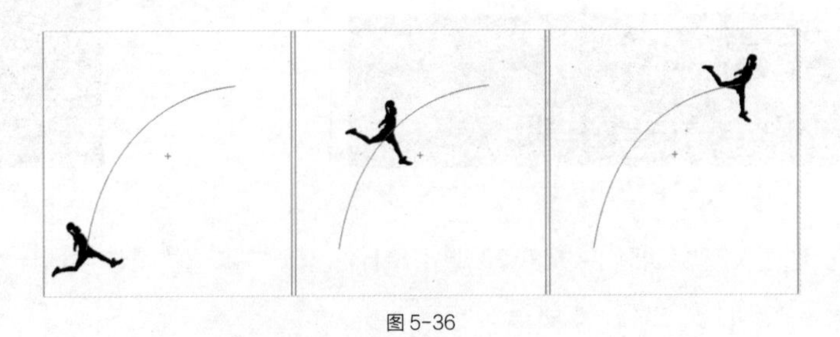

图 5-36

如果想要删除某个关键帧动画，则双击进度动画的过渡帧，单击鼠标右键，选择“删除关键帧动画”选项，即可删除，如图 5-37 所示。

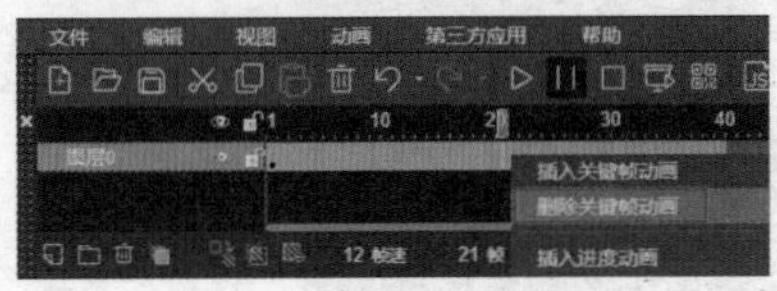

图 5-37

5.2.5 进度动画

进度动画可实现线条绘制过程的效果和逐个打字的效果（只支持用 Mugeda 工具绘制的图形、线条或文字，不支持图片）。下面举一个手机逐渐绘制成型的例子。

选择“圆角矩形”工具（快捷键 O），在舞台上绘制出一个圆角矩形，如图 5-38 所示。在“属性”面板中，将“填充色”设为透明，将“边框色”设为“黑色”，如图 5-39 所示。

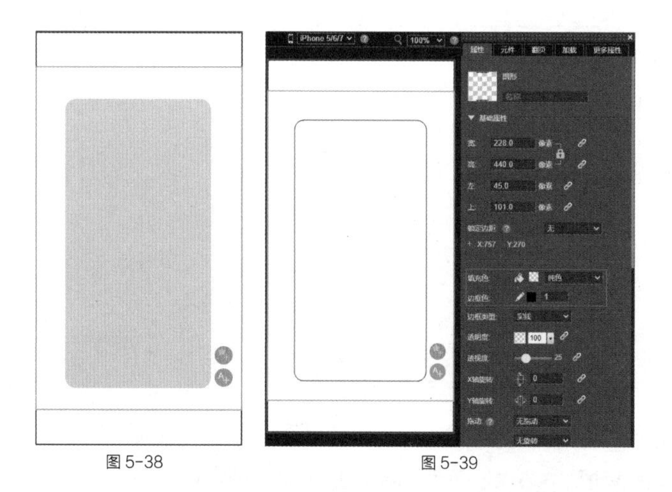

图 5-38　　　　图 5-39

在舞台中继续绘制 3 个圆角矩形，选择“椭圆”工具（快捷键 E），按住 Shift 键，在下方绘制一个圆形，绘制出手机的雏形，如图 5-40 所示。

选中所有图形，单击鼠标右键，选择“对齐”菜单中的“左右居中”选项，如图 5-41 所示。对齐后的效果，如图 5-42 所示。

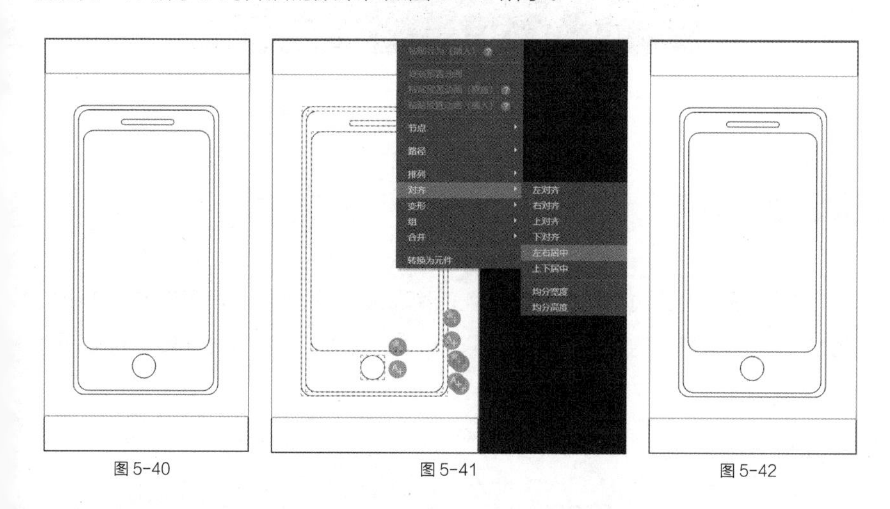

图 5-40　　　　图 5-41　　　　图 5-42

在 30 帧位置处单击鼠标右键，选择“插入进度动画”选项，会出现紫色的进度动画过渡帧，如图 5-43 所示。

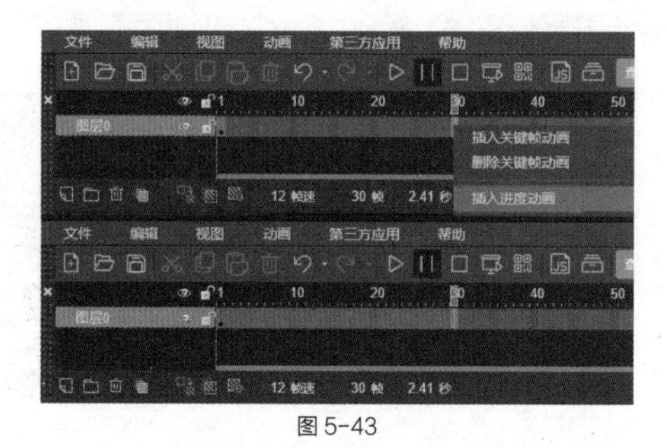

图 5-43

单击“预览”按钮，查看手机逐渐绘制成型的效果，如图 5-44 所示。

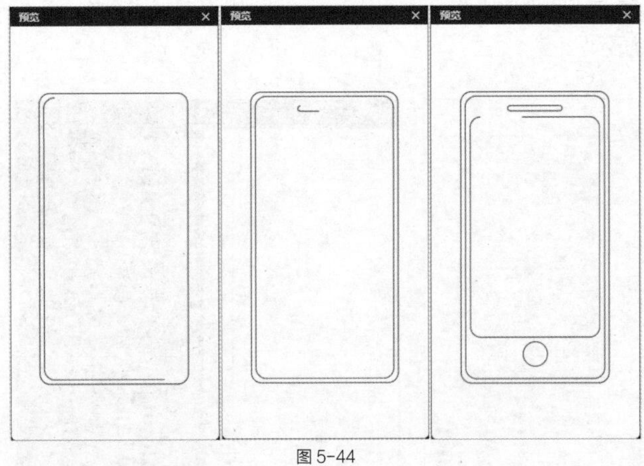

图 5-44

如果想要删除某个进度动画，则双击进度动画的过渡帧，单击鼠标右键，选择“删除进度动画”选项，即可删除，如图 5-45 所示。

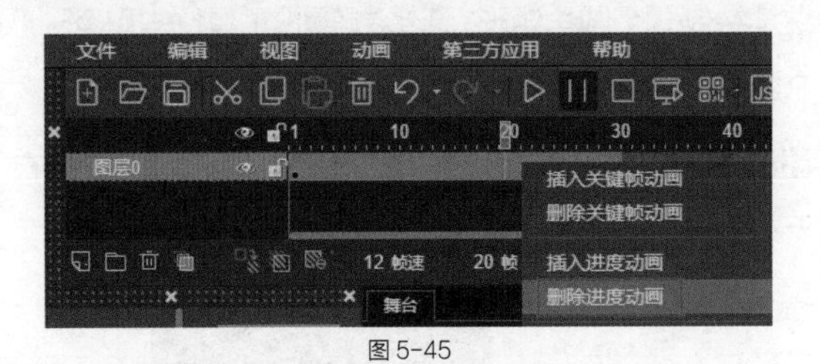

图 5-45

5.2.6　变形动画

变形动画分为曲线变形动画和文字变形动画。曲线变形动画可以实现从一个形状变成另一个形状的动画效果；文字变形动画可以让文字实现从聚集到展开的效果。

1. 曲线变形动画

下面举一个五边形变五角星的例子。

选择“多边形”工具（快捷键 P），在第 1 帧绘制一个多边形，如图 5-46 所示。

在 30 帧的位置单击鼠标右键，选择“插入变形动画”选项，如图 5-47 所示。

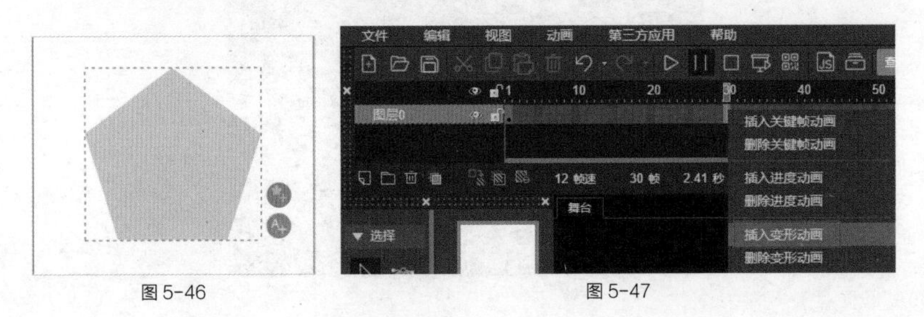

图 5-46　　图 5-47

单击第 30 帧，选择“节点”工具（快捷键 A），选择多边形底边的中间节点，按住鼠标左键向左拖动，形成五角星后松开鼠标左键，如图 5-48 所示。

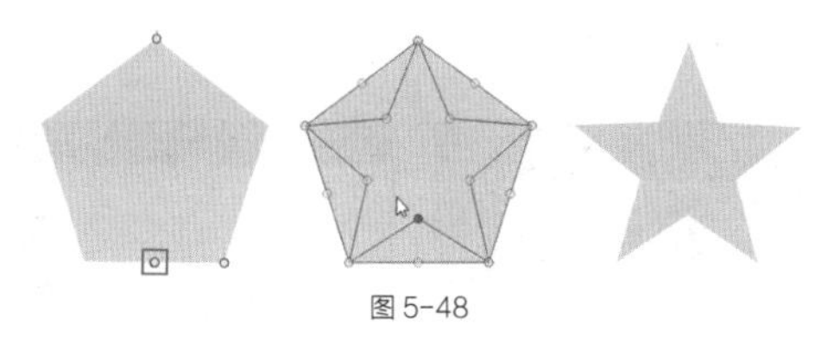
图 5-48

单击“预览”按钮，查看从五边形逐渐变成五角星的效果，如图 5-53 所示。

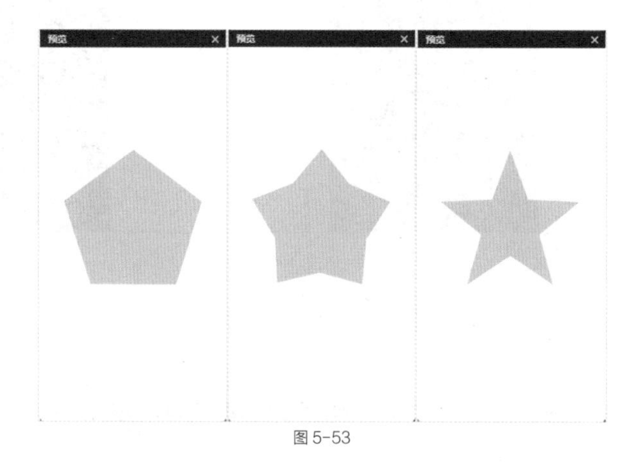

图 5-53

如果想要删除某个变形动画，则双击变形动画的过渡帧，单击鼠标右键，选择“删除变形动画”选项，即可删除，如图 5-54 所示。

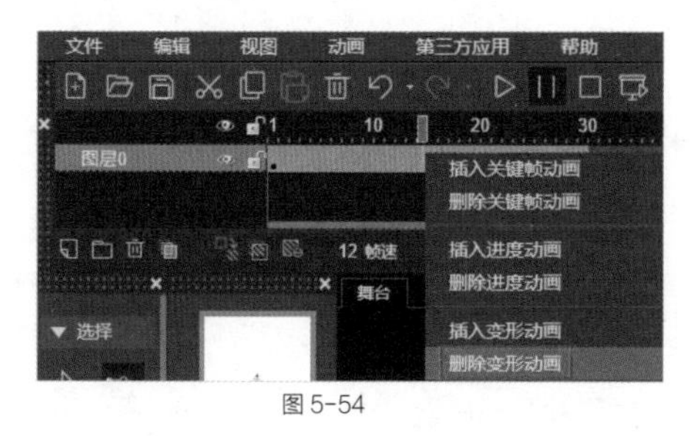

图 5-54

2. 文字变形动画

选择“文字”工具（快捷键 T），在舞台中输入一行文字，在“属性”面板的“专有属性”中，设置文字居中对齐，文字大小为 16，选择“变形”工具（快捷键 Q）将文字框拉宽，如图 5-55 所示。

图 5-55

小技巧

新手在拖动节点的过程中会出现拖不动，或者拖的形状不是五角星的情况，如图 5-49 所示。

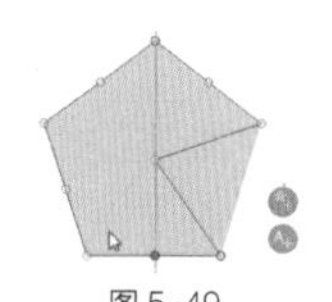
图 5-49

此时，可以按快捷键 Ctrl+Z 撤销，并再次选择中点拖动即可。形成五角星后，会发现五角星的下方还会有个节点，没有拖动是因为两个点重合了，选择下方这个点，如图 5-50 所示。

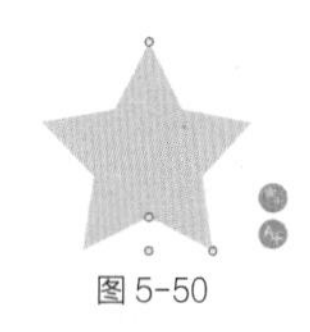
图 5-50

如果遇到画的大小和位置不理想的问题，可选择“变形”工具调整大小和位置，此时会弹出提示对话框，如图 5-51 所示。

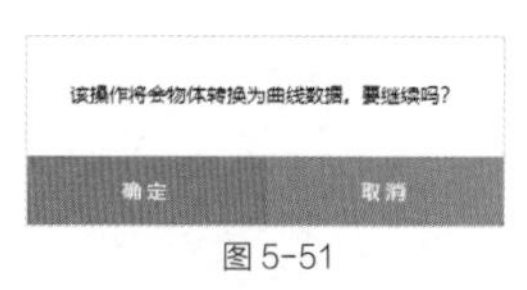

图 5-51

单击“确定”按钮，可将多边形转为曲线数据。想通过节点来调整的话，就会发现多边形周围会出现很多点，如图 5-52 所示。此时只能通过逐个点来调整形状。

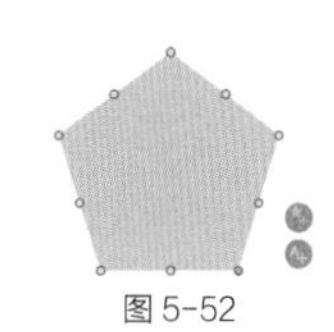
图 5-52

在 30 帧的位置单击鼠标右键，选择“插入变形动画”选项，在“属性”面板中，将第 30 帧的“字间距”设为 16，如图 5-56 所示。

选中第 1 帧，在“属性”面板中，将“字间距”设为 -16，如图 5-57 所示。

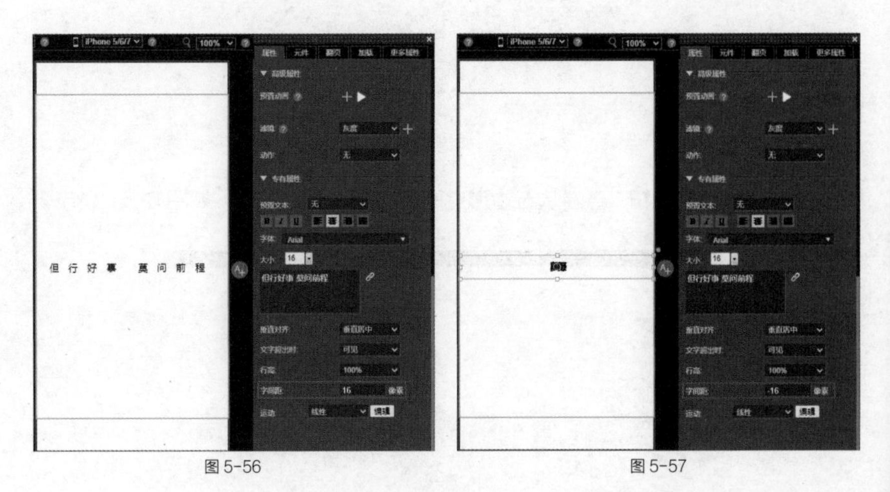

图 5-56　　　　图 5-57

单击“预览”按钮，查看文字从挤在一起的状态到逐渐展开的效果，如图 5-58 所示。

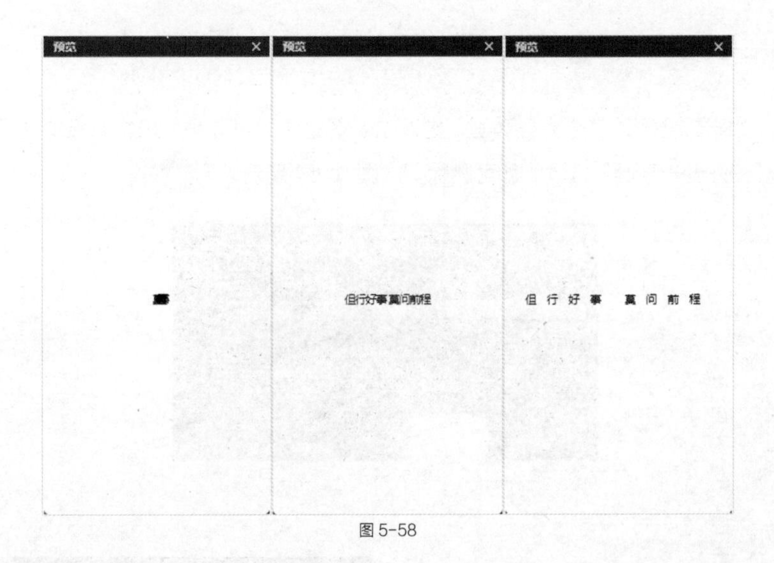

图 5-58

5.2.7 遮罩动画

遮罩动画可实现很多特殊效果，制作时需要至少两个图层，上面是遮罩层，下面是被遮罩层。遮罩层为显示区域，被遮罩层为显示的内容。总结一下，遮住的范围才显示内容，没有被遮住的范围不显示内容。

下面举一个镜面反光的例子。

首先，打开素材库（快捷键 S），添加一张图片到舞台，如图 5-59 所示。

图 5-59

新建一个图层，选择“矩形”工具（快捷键 R），在舞台上画一个矩形，在“属性”中，设置其“填充色”为白色，“透明度”为 30，如图 5-60 所示。

再画一个细长的矩形，在“属性”面板中，设置“填充色”为白色，“透明度”为 50，如图 5-61 所示。

图 5-60

图 5-61

将两个矩形选中，单击鼠标右键，选择“组”菜单中的“组合”选项，如图 5-62 所示。

选择“变形”工具（快捷键 Q），将两个矩形旋转一定的角度，并移动到表盘外，如图 5-63 所示。

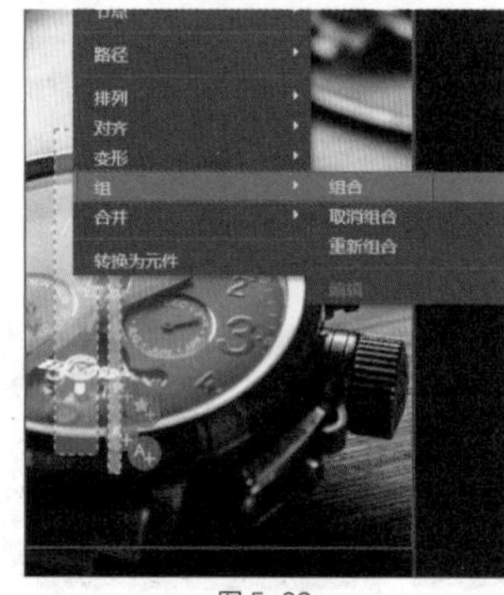

图 5-62

图 5-63

在该图层的第 15 帧单击鼠标右键，选择“插入关键帧动画”选项，如图 5-64 所示。

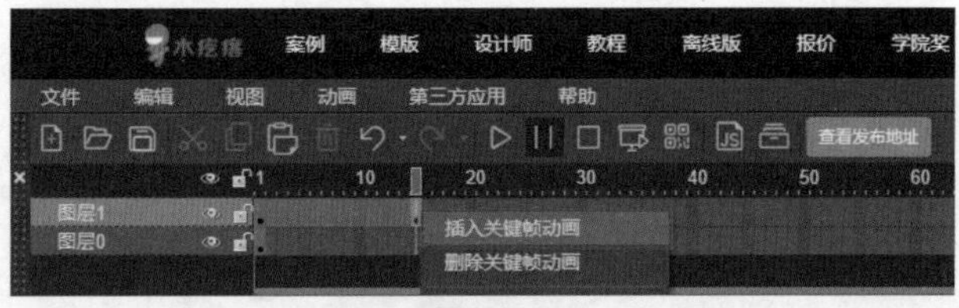

图 5-64

选中第 15 帧，将两个矩形移动到表盘的另一侧，如图 5-65 所示。

选中图层 0 的第 15 帧，单击鼠标右键，选择“插入帧”选项（快捷键 F5），将两个图层的帧对齐，如图 5-66 所示。

图 5-65

图 5-66

新建一个图层，新建层会自动生成 15 帧，如图 5-67 所示。

选择“椭圆”工具（快捷键 E），绘制一个椭圆形，刚好把表盘盖住即可，如图 5-68 所示。

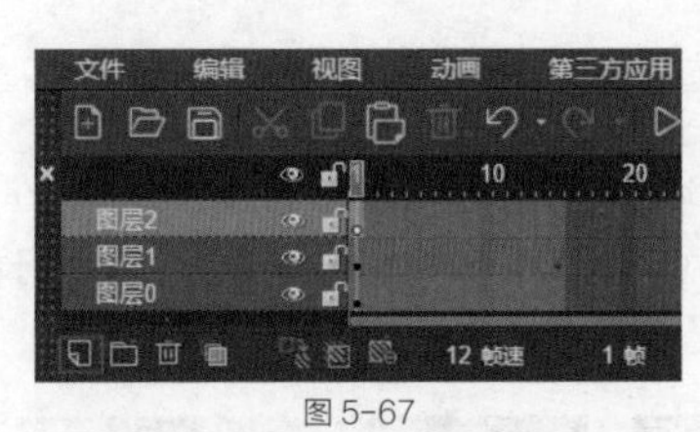

图 5-67

图 5-68

选中图层 2，单击“转为遮罩层”按钮，将其转换至换位遮罩层，如图 5-69 所示。

在“属性”面板中，设置“动画循环”为“打开”，如图 5-70 所示。

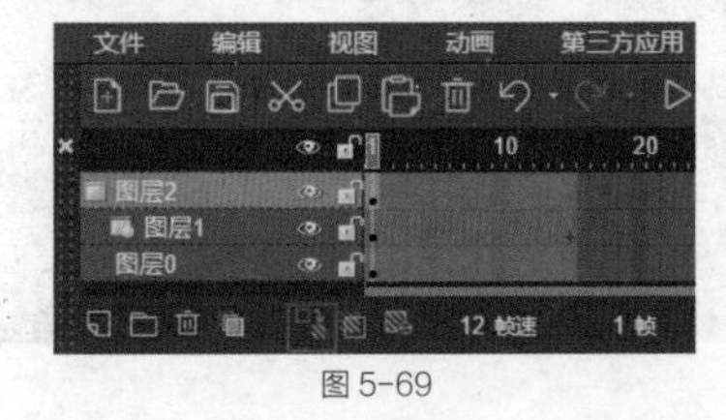

图 5-69

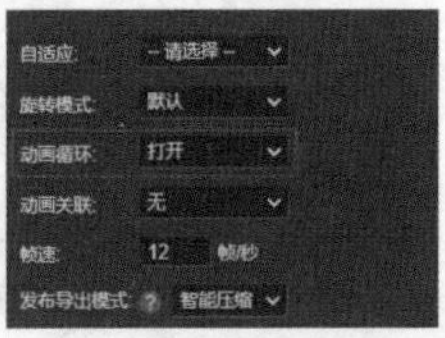

图 5-70

单击“预览”按钮，预览镜面反光的效果，如图 5-71 所示。

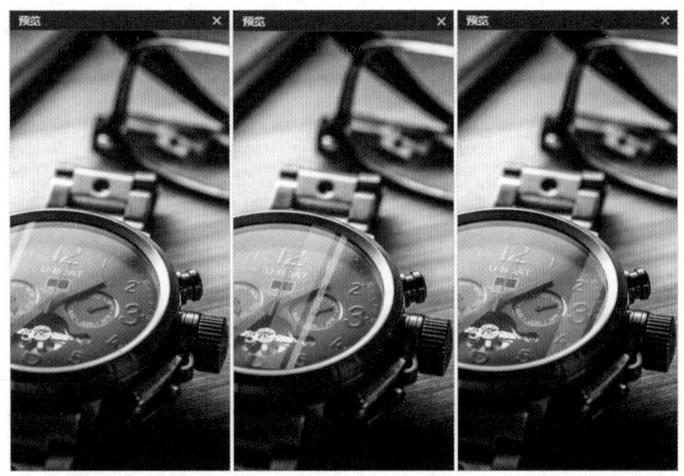

图 5-71

5.3 属性动画

属性动画，是指在其他动画类型的基础上添加滤镜效果或运动属性而制作的动画。

5.3.1　滤镜动画

滤镜动画，是通过添加各种有趣的滤镜，使应用滤镜的对象呈现立体、发光等效果，从而形成各种丰富的视觉画面。

下面举一个模糊动画的例子。

打开素材库（快捷键 S），选择一张图片添加到舞台，如图 5-72 所示。

在第 30 帧的位置单击鼠标右键，选择“插入关键帧动画”选项，如图 5-73 所示。选中第 1 帧，在“属性”面板中，为“滤镜”添加“模糊”效果，并设置模糊值为 7 像素，如图 5-74 所示。

图 5-72

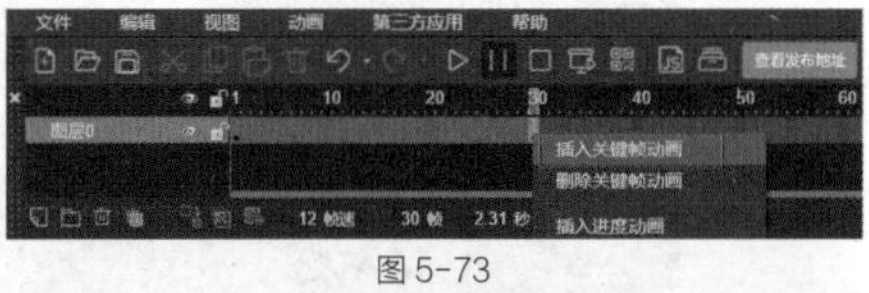

图 5-73

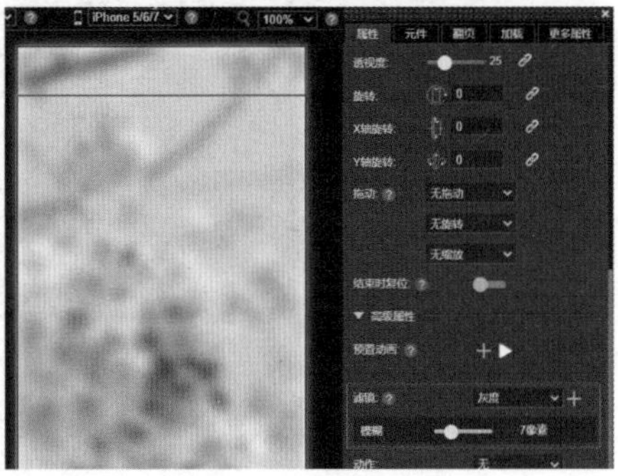

图 5-74

单击“预览”按钮，查看图片由模糊变清晰的动画效果，如图 5-75 所示。

图 5-75

5.3.2 编辑运动曲线

通过调整运动曲线可以改变运动动画的节奏，只有关键帧动画和变形动画支持编辑运动曲线。

选择关键帧动画或变形动画中的任意一个关键帧，在“属性”面板的“专有属性”中，会出现“动作”属性，默认为“线性”，如图 5-76 所示。

打开“运动”的下拉菜单，有很多系统自带的运动类型，选择“自定义运动曲线”选项后，旁边会出现“编辑”按钮，如图 5-77 所示。

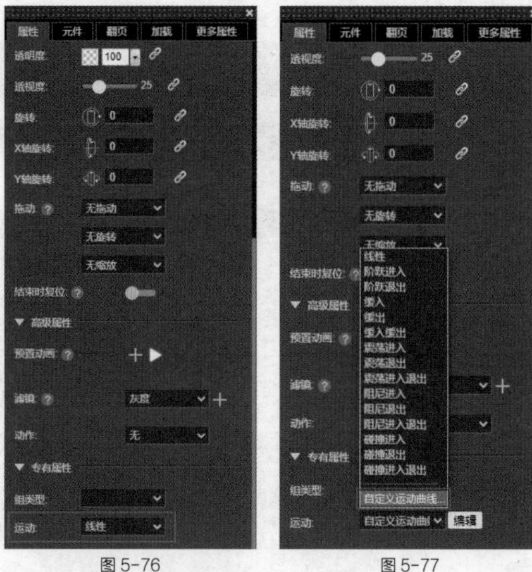

图 5-76　　图 5-77

单击“编辑”按钮，打开“编辑运动曲线”对话框，曲线显示为半透明，表示还没有指定任何曲线，如图 5-78 所示。

可以从“预置曲线”中选择一个曲线类型，如选择“线性”，此时，曲线会显示为实线，如图 5-79 所示。运动曲线的横坐标代表时间，纵坐标代表运动进度（0% ~ 100%）。每一段运动曲线由首尾的两个绿色节点表示，左下角的绿色节点代表对应关键帧动画段的开始时刻和运动进度，右上角的绿色节点代表对应关键帧动画段的结束时刻和运动进度。运动曲线可以通过拖动红色控制节点进行编辑，实现不同动态特征的运动。

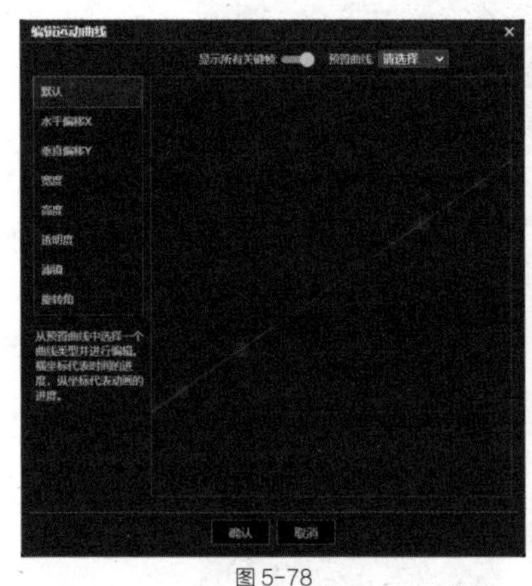

图 5-78

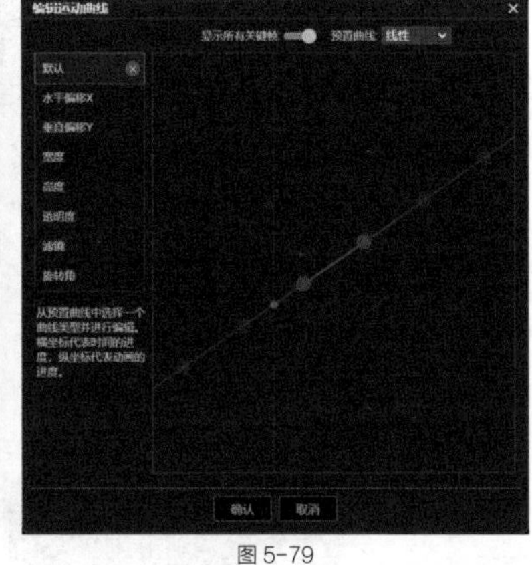

图 5-79

如果关键帧动画包含多个关键帧，运动曲线会显示为多段，每一段都由首尾两个节点来分割。其中，显示为绿色的为当前正在编辑的关键帧动画段。单击任意曲线段，可以切换当前编辑的动画段。如果想要只显示当前动画段，可以切换曲线上方的“显示所有关键帧”选项。

添加了运动曲线后，左侧对应的属性列表会显示一个关闭按钮，表明该属性已经指定了一个自定义的运动曲线。如果没有指定，对应的属性就会采用默认属性的运动曲线。每一个列出的属性（宽度、透明度、滤镜等），都可以定义自己独立的运动曲线。如果没有指定，则会采用线性运动曲线。

1. 缓动

缓动是一种常见的运动方式，分为减速运动和加速移动。缓动动画可以让动画的运动看起来富有弹性，不枯燥。这里可以制作一段关键帧动画来演示：

选择“椭圆”工具（快捷键 E），按住 Shift 键，在舞台左边绘制一个圆，将“属性”面板的“填充色”设为红色，如图 5-80 所示。

在 30 帧的位置单击鼠标右键，选择“插入关键帧动画”选项，并将小圆移动到舞台右边，如图 5-81 所示。

图 5-80　　图 5-81

分别在第 10 帧和第 20 帧的位置增加关键帧（快捷键 F6），如图 5-82 所示。

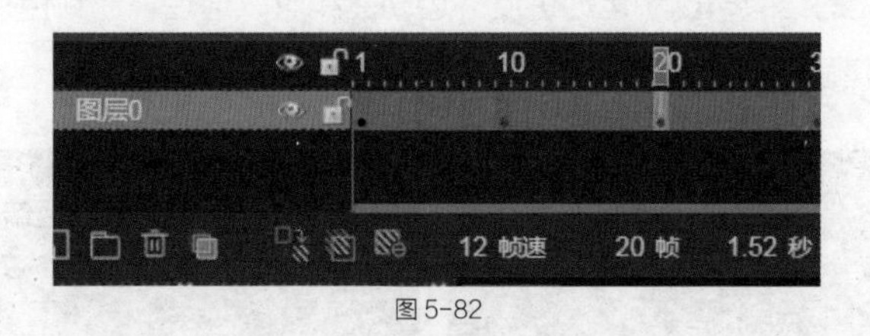

图 5-82

在“属性”面板中，将第 1 帧和第 30 帧的“透明度”设为 0，如图 5-83 所示。

单击“时间线”面板上的任意关键帧，在“属性”面板的“专有属性”中，将“运动”设为“自定义运动曲线”，单击“编辑”按钮，如图 5-84 所示。

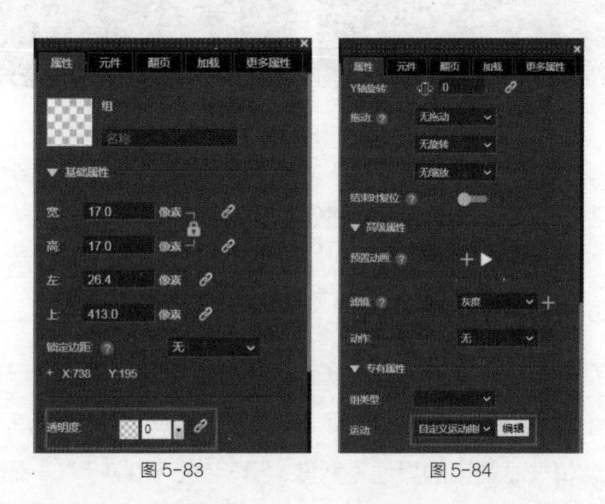
图 5-83　　图 5-84

打开“编辑运动曲线”对话框，将“预置曲线”设置为“线性”，使曲线处于可编辑状态，如图 5-85 所示。

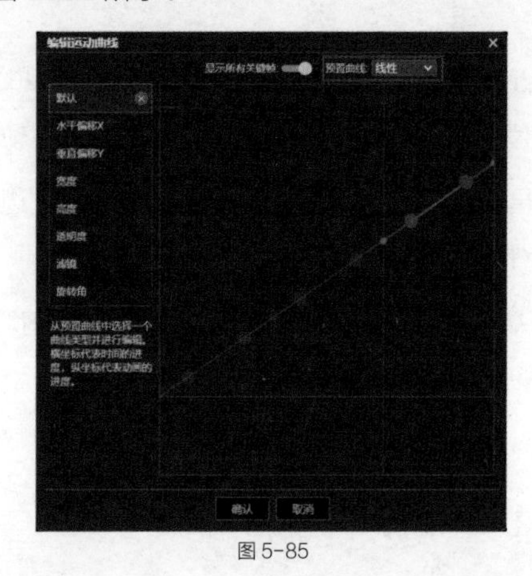
图 5-85

单击选择第一段曲线，将“预置曲线”设为“缓出”，如图 5-86 所示。

再选择最后一段曲线，将“预置曲线”设为“缓入”，单击“确认”按钮，如图 5-87 所示。

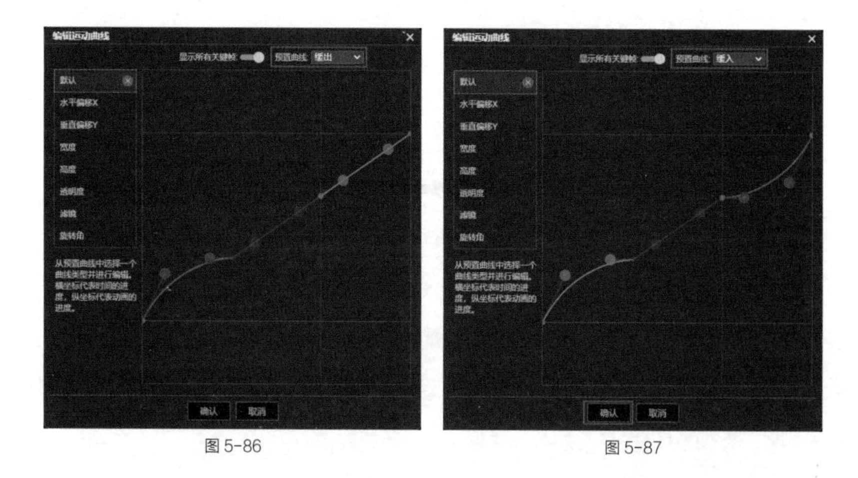

图 5-86　　　　图 5-87

单击“预览”按钮，查看圆形快速出现、匀速滑动、快速消失的动画效果，如图 5-88 所示。

图 5-88

2. 自由落体

自由落体运动在生活中很常见，如球类的落地运动，通常落地后有弹起再落地的现象。自由落体运动可以由在水平方向上的匀速运动和在垂直方向上的加速运动来模拟。这里可以制作一段关键帧动画来演示：

选择“矩形”工具（快捷键 R），在舞台下端绘制一个矩形，在“属性”面板将“填充色”设为黑色。再新建一个图层，选择“椭圆”工具（快捷键 E），按住 Shift 键，在舞台左上方绘制一个圆形，将“属性”面板的“填充色”设为红色，如图 5-89 所示。

图 5-89

在矩形图层第 30 帧的位置单击鼠标右键，按快捷键 F5 插入帧，然后在圆形图层第 30 帧的位置单击鼠标右键，选择“插入关键帧动画”选项，并将圆形移动到右下方与矩形条接触，如图 5-90 所示。

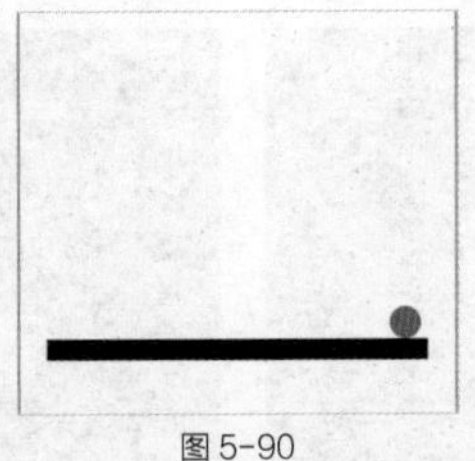

图 5-90

在第 10 帧的位置，按快捷键 F6 插入一个关键帧，将圆形移动到如图 5-91 所示位置；在第 15 帧的位置，按快捷键 F6 插入一个关键帧，将圆形移动到如图 5-92 所示位置；在第 15 帧的位置，按快捷键 F6 插入一个关键帧，将圆形移动到如图 5-93 所示位置。

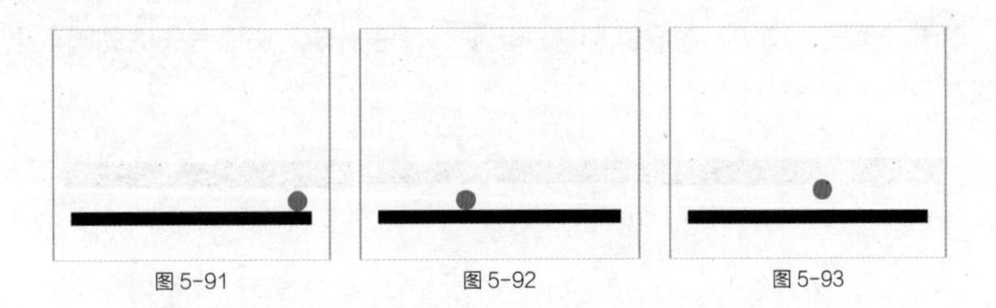

图 5-91　图 5-92　图 5-93

单击“时间线”面板上的任意关键帧，在“属性”面板的“专有属性”中，将“运动”设为“自定义运动曲线”，单击“编辑”按钮，如图 5-94 所示。

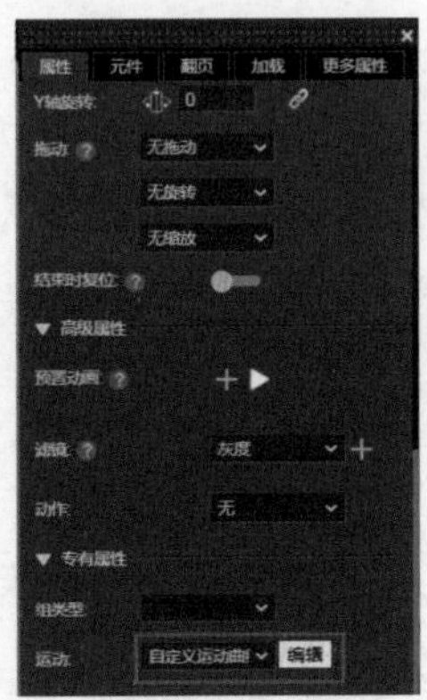

图 5-94

打开“编辑运动曲线”对话框，将“预置曲线”设为“线性”，使曲线处于可编辑状态，如图 5-95 所示。

单击选择第一段，单击左边的“水平偏移 Y”，并将“预置曲线”设为“弹入”，如图 5-96 所示。

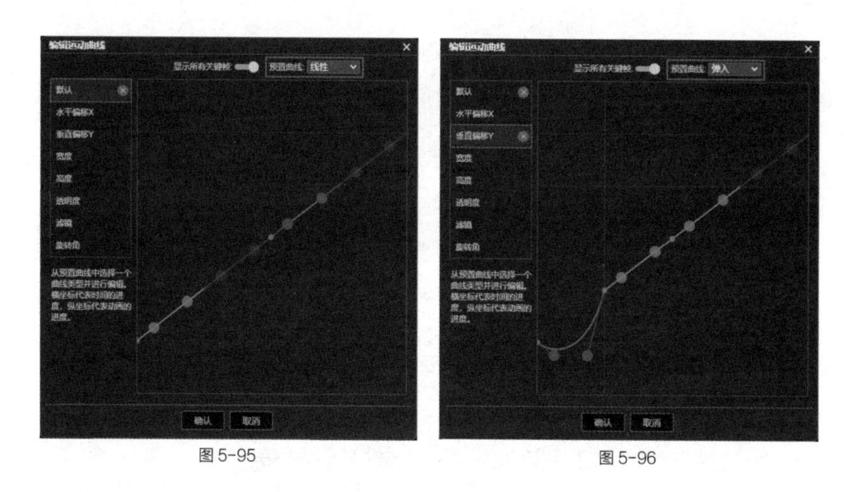

图 5-95　　　　图 5-96

选择第二段，将“预置曲线”修改为“弹出”，如图 5-97 所示。

选择第三段，将“预置曲线”修改为“缓入”，如图 5-98 所示。设置完成后，单击“确认”按钮。

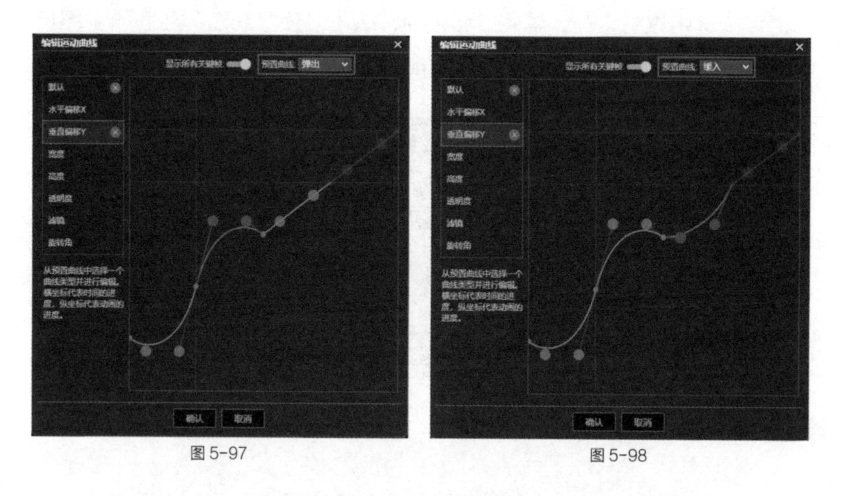

图 5-97　　　　图 5-98

单击“预览”按钮，查看圆形的自由落体效果，如图 5-99 所示。

图 5-99

5.4 预置动画

预置动画是 Mugeda 平台自带的动画，可实现快速制作动画的目的，而且可以将“时间线”面板上做好的关键帧动画转换为自定义预置动画。预置动画分为“进入”“强调”“退出”动画三种类型。

5.4.1 添加预置动画

为素材添加预置动画，只需选中素材，单击素材旁边的红色图标，如图 5-100 所示。

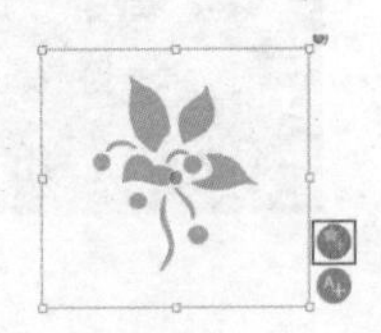

图 5-100

此时，会打开“添加预置动画”面板，选择其中想要的动画效果即可，如图 5-101 所示。将鼠标停留在效果上，即可在舞台上看到相应的动画效果，有一部分效果不支持舞台预览，可以添加后再行预览。

也可以选中素材，在“属性”面板中，单击“预置动画”后面的 + 图标，如图 5-102 所示。同样可以打开“添加预置动画”面板。

图 5-101

图 5-102

5.4.2 设置预置动画

添加了预置动画效果后，在素材旁边会多出一个蓝色图标，“属性”面板中会出现预置动画的相应设置，如图 5-103 所示。

单击素材旁边的蓝色图标，也可以打开设置面板，如图 5-104 所示。

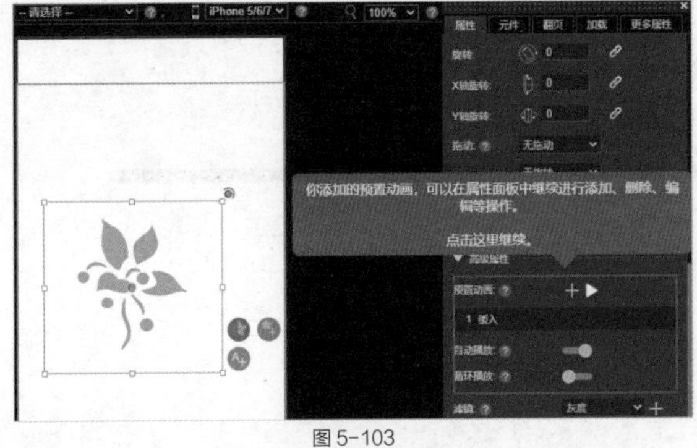

图 5-103

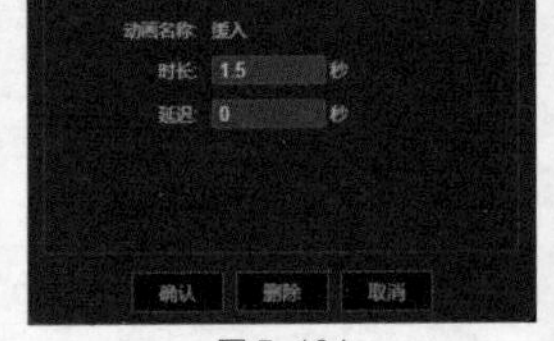

图 5-104

5.4.3　自定义预置动画

如果要自定义预置动画，可以将“时间线”面板做好的关键帧动画转换为自定义预置动画。在动画过渡帧上单击鼠标右键，选择“保存为预置动画”选项，如图 5-105 所示。

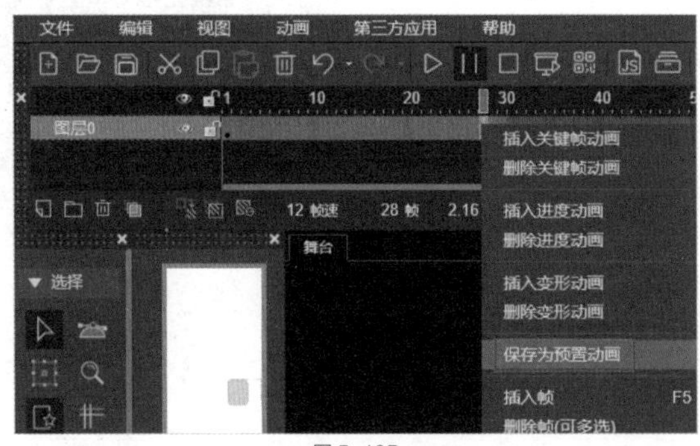

图 5-105

此时，会打开“修改及时”对话框，可以在其中修改“动画名称”“时长”“延时”等信息，如图 5-106 所示。

单击“确认”按钮后，再打开“添加预置动画”面板，就可以在“自定义”选项卡中找到自定义的预置动画了，如图 5-107 所示。

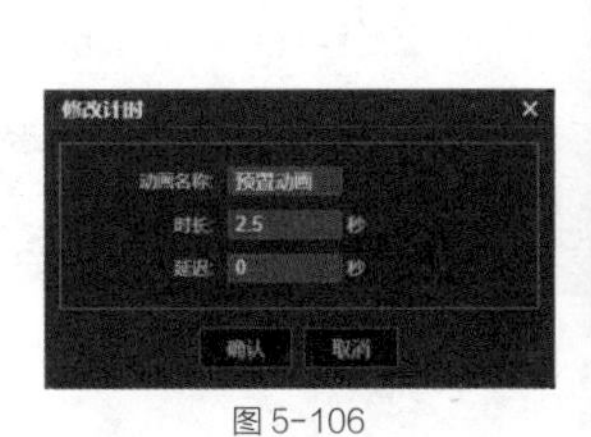

图 5-106

图 5-107

5.5 课堂案例：风景加载动画

素材位置	无
视频位置	视频文件 >CH05> 课堂案例：风景加载动画
技术掌握	应用多个类型的动画制作方法创作作品

本案例通过制作风景加载动画，引导读者掌握关键帧动画、路径动画、遮罩动画等类型动画的制作方法，案例效果如图 5-108 所示。

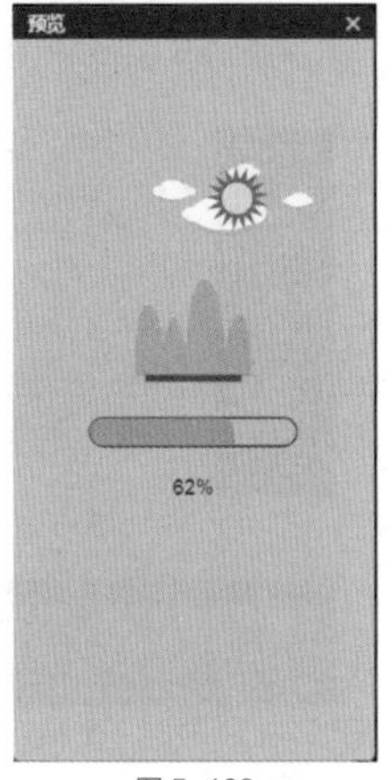

图 5-108

操作步骤

01 将第3章课后习题中制作好的文件打开，另存为“课堂案例：风景加载动画”，在“时间线”面板新建一个图层，命名为“云彩”，如图 5-109 所示。

02 将图层 0 的云彩元素全部选中，单击鼠标右键，选择“组”菜单中的“组合”选项（快捷键 Ctrl+G），如图 5-110 所示。

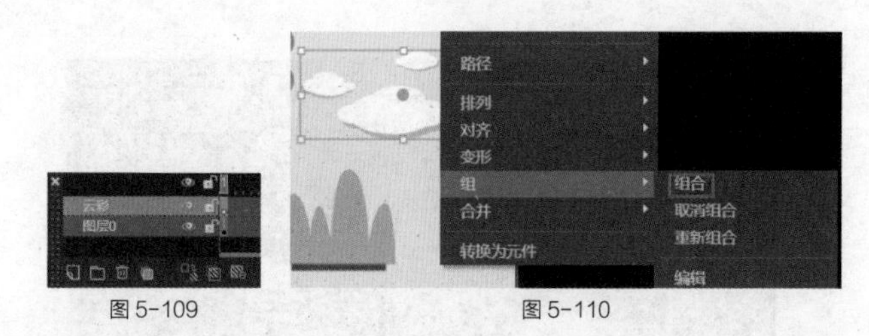

图 5-109　　图 5-110

03 选中刚打组的云，按快捷键 Ctrl+X 剪切，单击“云彩”图层的第 1 帧，按快捷键 Ctrl+Shift+V 原位粘贴，选择“变形”工具（快捷键 Q），调整其大小和位置，然后在第 25 帧的位置单击鼠标右键，选择“插入关键帧动画”选项，如图 5-111 所示。

04 在第 13 帧的位置插入关键帧（快捷键 F6），将云彩往右移动一点，如图 5-112 所示。

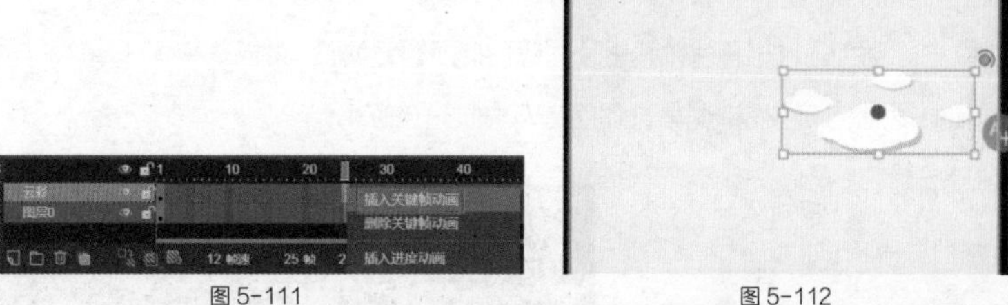

图 5-111　　图 5-112

05 重复 1 ~ 4 步，新建一个图层，命名为“太阳”，将图层 0 的太阳元素粘贴到“太阳”图层的第 1 帧，如图 5-113 所示。

图 5-113

06 将太阳元素移动到舞台左边和大山元素平行，如图 5-114 所示。

07 选择“变形”工具（快捷键 Q），调整太阳的大小和位置，并在第 25 帧的位置单击鼠标右键，选择“插入关键帧动画”选项，如图 5-115 所示。

08 将第 25 帧的太阳元素移动到舞台右边，如图 5-116 所示。

图 5-114

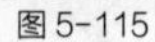

图 5-115

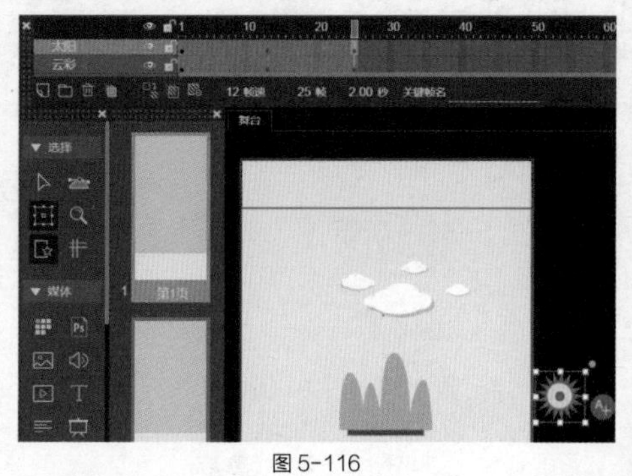

图 5-116

⑨ 选中第 25 帧的太阳元素，在“属性”面板中，将“旋转”设置为 360，如图 5–117 所示。

⑩ 在第 13 帧的位置插入关键帧(快捷键 F6)，选中太阳元素，单击鼠标右键，选择“路径”菜单中的“自定义路径”选项，如图 5–118 所示。

图 5–117

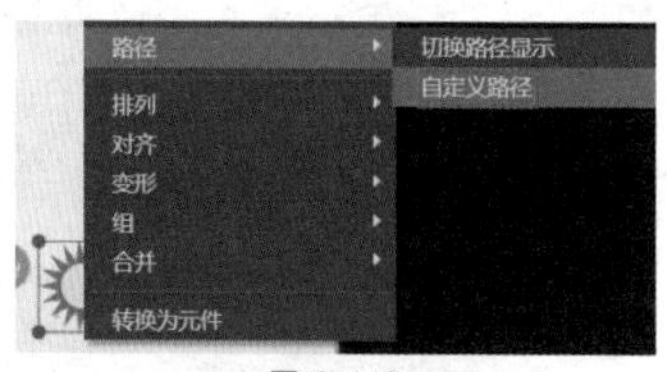

图 5–118

⑪ 在舞台中，将太阳元素移动到合适的位置，如图 5–119 所示。

⑫ 选择“节点”工具 (快捷键 A)，分别选中两边的节点，调整控制杆，将路径修改为抛物线状，如图 5–120 所示。

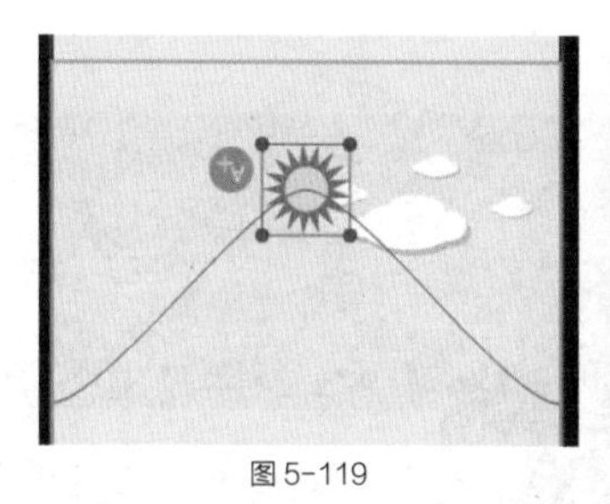
图 5–119

图 5–120

⑬ 新建一个图层，命名为“遮罩”，如图 5–121 所示。

⑭ 选择“圆角矩形”工具 (快捷键 O)，绘制一个圆角矩形作为进度条，如图 5–122 所示。

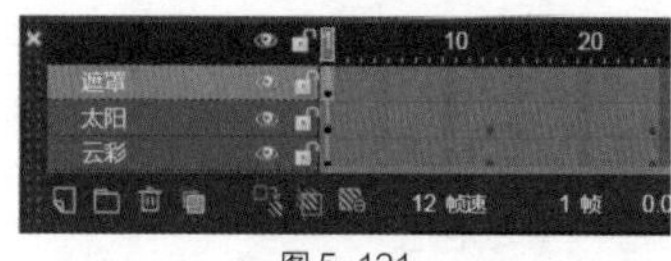

图 5–121

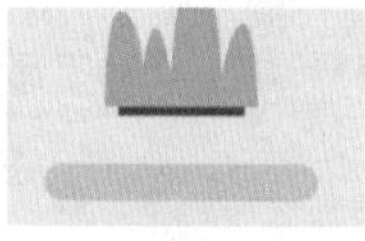
图 5–122

⑮ 在“遮罩”层下面新建一个图层，命名为“框”，如图 5–123 所示。

⑯ 选中“遮罩”图层的进度条，按快捷键 Ctrl+X 剪切，然后单击“框”图层的第 1 帧，按快捷键 Ctrl+Shift+V 原位粘贴，并在“属性”面板将“填充色”设为透明，“边框色”设为黑色，如图 5–124 所示。

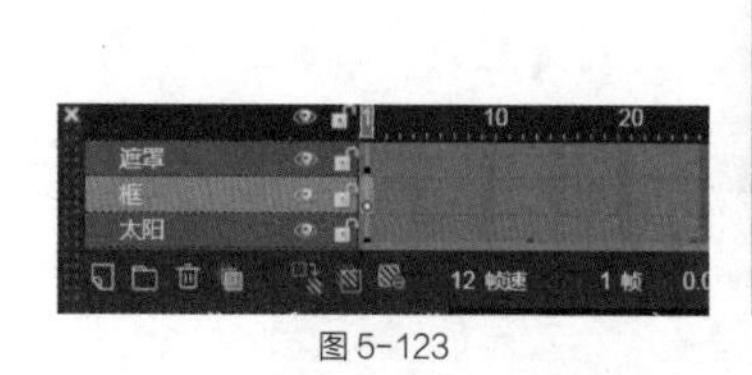

图 5–123

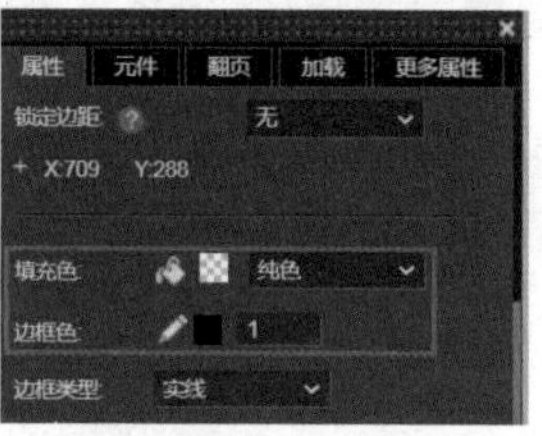

图 5–124

⑰ 在“遮罩”层下面新建一个图层，命名为“被遮罩元素”，如图 5–125 所示。

⑱ 用“曲线工具”（快捷键 C）绘制图形，如图 5–126 所示。在“属性”面板中，

将“填充色”设为蓝色，放在进度条的左边，上方与进度条平行。

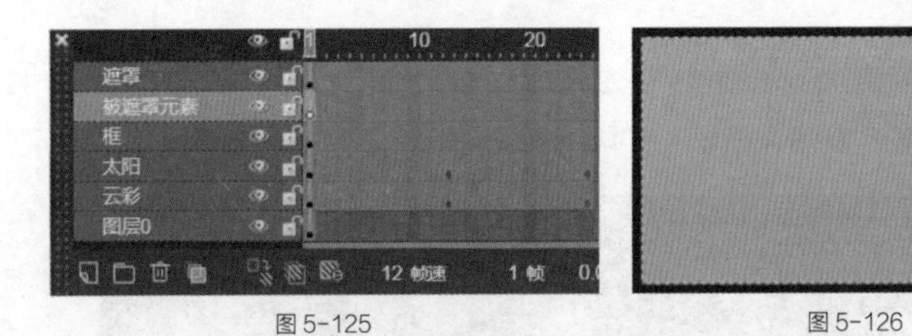

图 5-125　　　　图 5-126

⑲ 在第 25 帧的位置单击鼠标右键，选择“插入关键帧动画”选项，如图 5-127 所示。

图 5-127

⑳ 选中第 25 帧，将被遮罩元素移动到与进度条下方平行，且刚好遮住进度条，如图 5-128 所示。

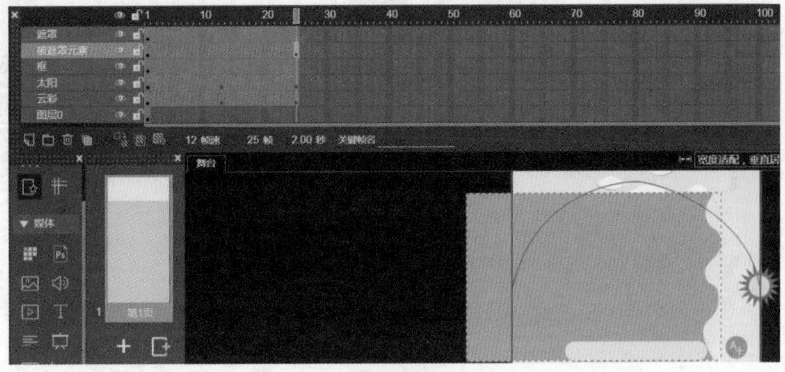

图 5-128

㉑ 选中“遮罩”层，单击下面的“转为遮罩层”按钮，如图 5-129 所示。

㉒ 将图层 0 命名为“大山”，在第 25 帧插入帧（快捷键 F5），将帧补齐，如图 5-130 所示。

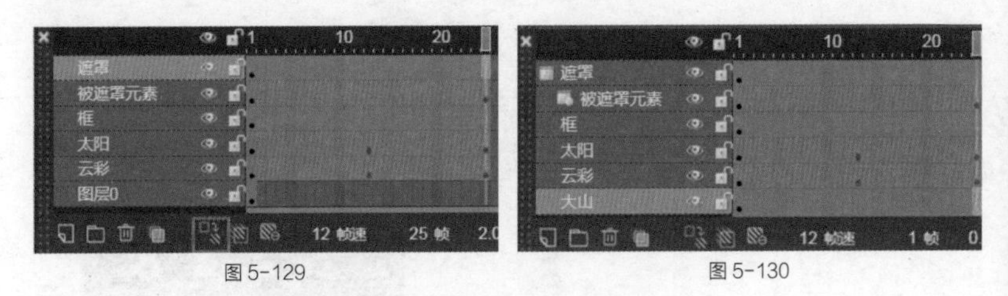

图 5-129　　　　图 5-130

㉓ 新建一个图层，命名为“加载进度”，如图 5-131 所示。

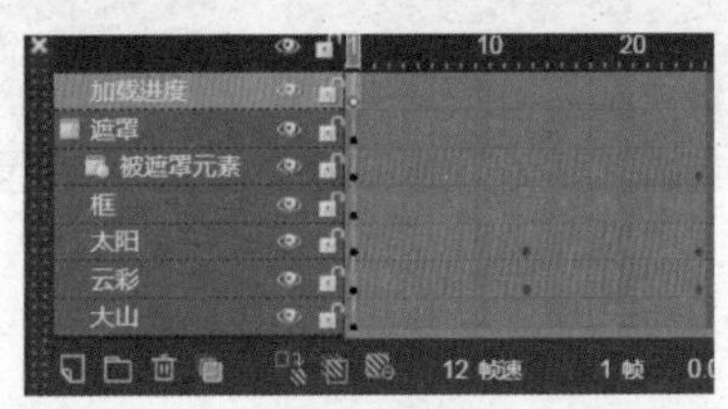

图 5-131

㉔ 选择“文字”工具（快捷键 T），在舞台上放置一个文本框，在“属性”面板中，将“预置文本”设为“当前加载进度百分数”，在出现的代码后面增加一个 %，并将“大小”设为 18，将“垂直对齐”设为“垂直居中”，如图 5-132 所示。

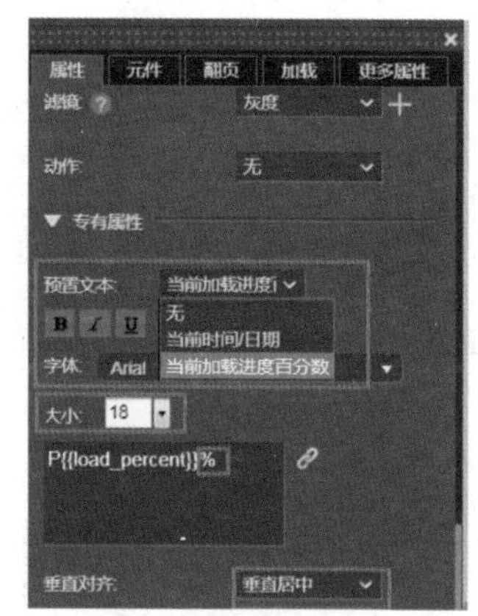

图 5-132

㉕ 在“大山”的下面新建一个图层，命名为“背景”，如图 5-133 所示。

㉖ 选择“矩形”工具（快捷键 R），绘制一个矩形，在“属性”面板中，打开比例锁定图标，将宽、高、左、上值修改为与舞台大小一致，如图 5-134 所示。

㉗ 将该矩形的“填充色”设为浅黄色，如图 5-135 所示。

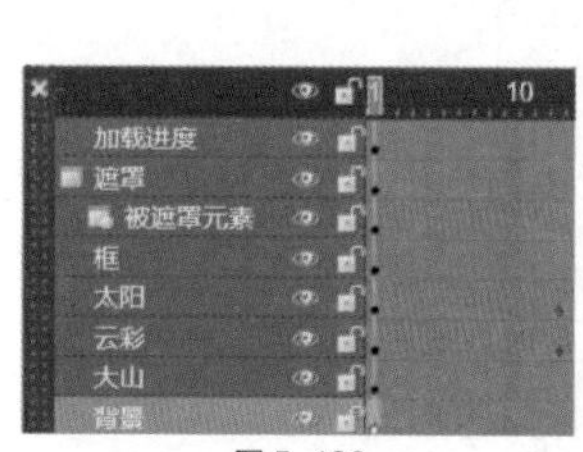

图 5-133

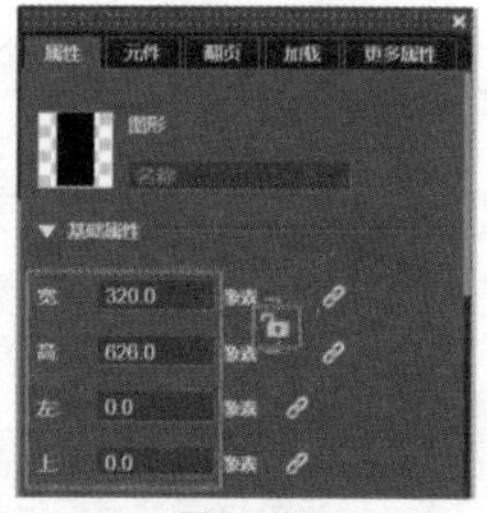

图 5-134

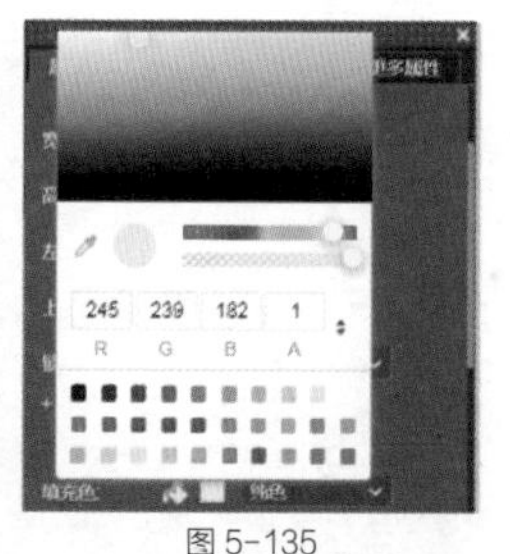

图 5-135

㉘ 在该图层的第 25 帧单击鼠标右键，选择“插入变形动画”选项，如图 5-136 所示。

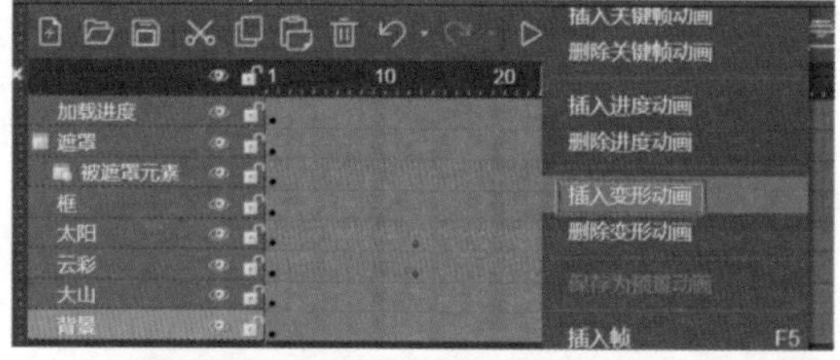

图 5-136

㉙ 在第 13 帧插入关键帧（快捷键 F6），将该帧矩形的“填充色”设为浅红色，如图 5-137 所示。

㉚ 将第 25 帧矩形的“填充色”设为浅蓝色，如图 5-138 所示。

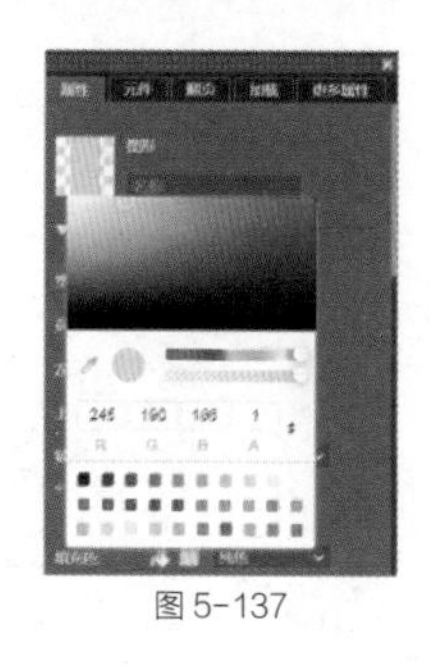

图 5-137

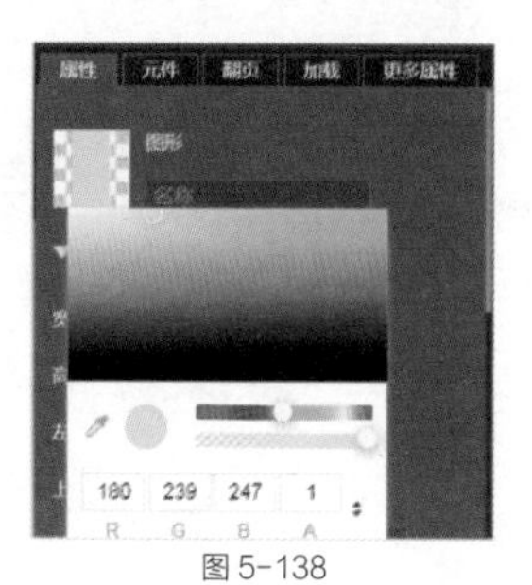

图 5-138

31 单击第 1 页下方的 + 图标，新建一个页面，如图 5-139 所示。

32 在新页面上选择“文字”工具，在舞台中输入“首页”文本，如图 5-140 所示。

33 切换至“加载”面板，在“样式”下拉菜单选择“首页作为加载界面”选项，如图 5-141 所示。

图 5-139

图 5-140

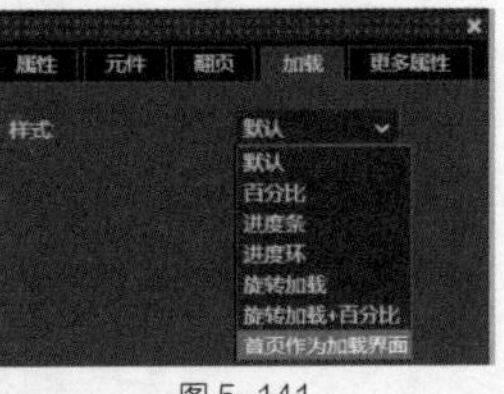

图 5-141

34 单击“预览”按钮，查看风景加载动画效果，如图 5-142 所示。

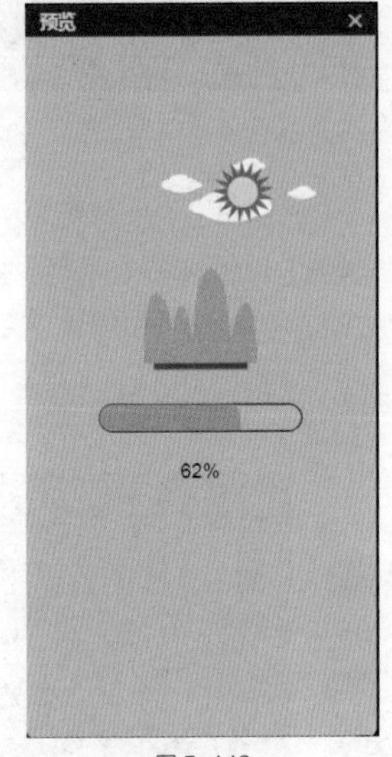

图 5-142

5.6 课后习题：手机短信

素材位置	素材文件 >CH05> 课后习题：手机短信
视频位置	视频文件 >CH05> 课后习题：手机短信
技术掌握	掌握添加预置动画的方法

本案例通过制作手机短信，引导读者掌握添加预置动画的方法，案例效果如图 5-143 所示。

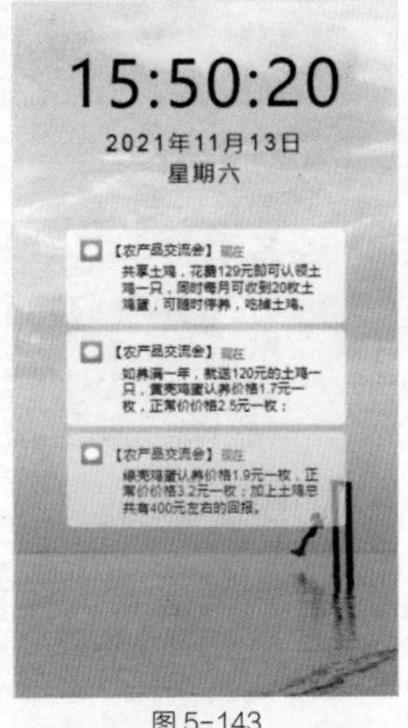

图 5-143

制作思路

01 制作短信内容，如图 5-144 所示。

02 为短信内容添加“浮入”预置动画，在“动画选项”对话框中，设置“时长”为 0.3 秒，“延迟”为 0 秒，“方向”为“上浮”，单击“确认”按钮，如图 5-145 所示。

03 在舞台上添加音效，并为音效添加行为，按快捷键 X，打开“编辑行为”对话框。展开“媒体播放控制”列表，选择“播放声音”选项，将“触发条件”设为“出现”，如图 5-146 所示。

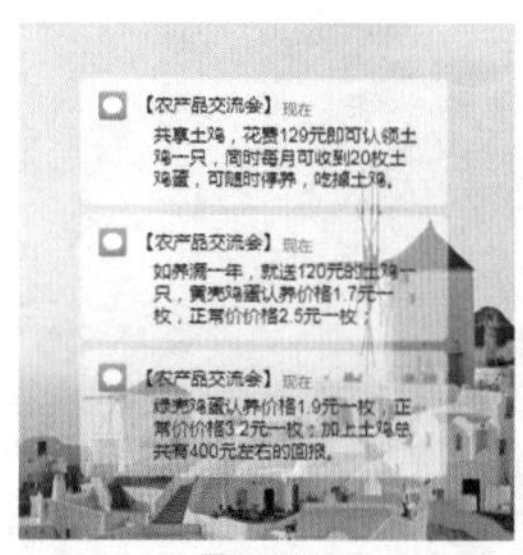

图 5-144

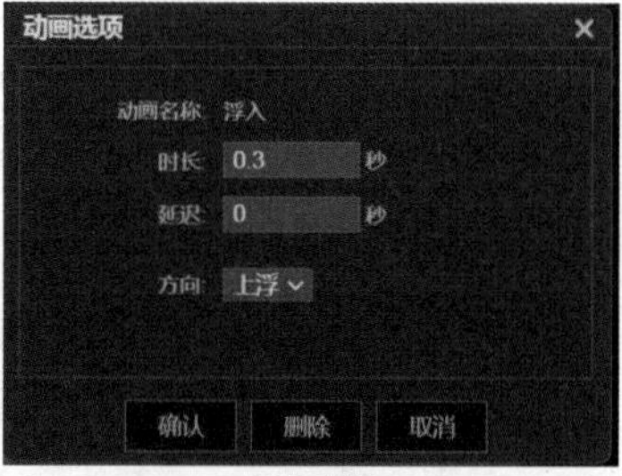

图 5-145

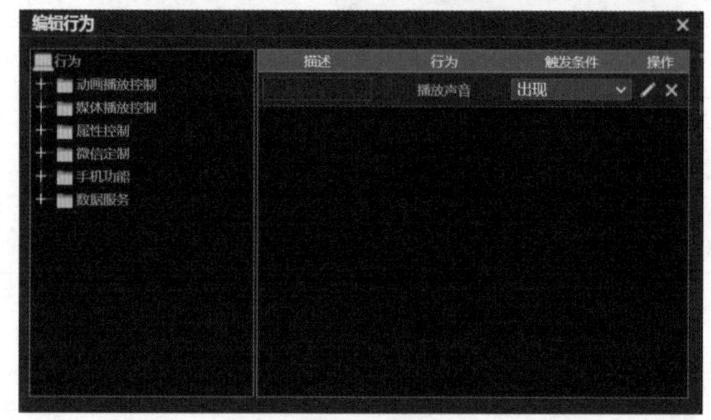

图 5-146

第 6 章
行为交互

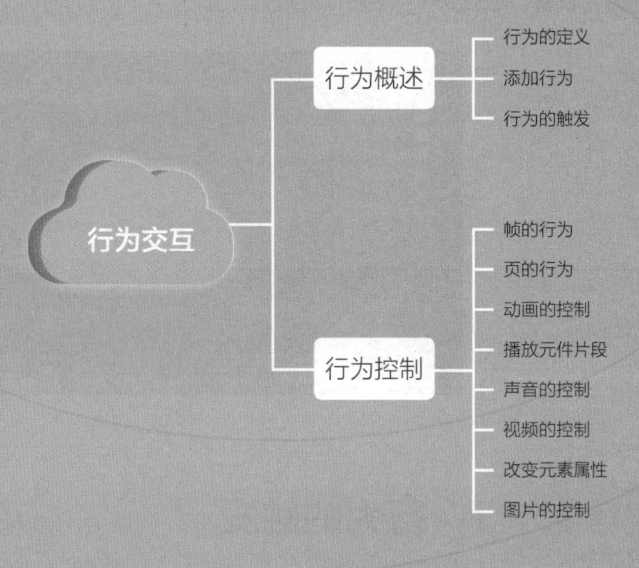

行为交互
行为概述
行为的定义
添加行为
行为的触发
行为控制
帧的行为
页的行为
动画的控制
播放元件片段
声音的控制
视频的控制
改变元素属性
图片的控制

6.1 行为概述

6.1.1 行为的定义

舞台上的元素通过添加某个“行为”（实质是代码交互，只是这些代码内置于 Mugeda 系统中），以及相应的触发条件完成某个交互响应。

6.1.2 添加行为

选取任意元素添加行为（快捷键 X），可以打开“编辑行为”面板，其中包括“动画播放控制”“媒体播放控制”“属性控制”“微信定制”“手机功能”“数据服务”6 个部分，如图 6-1 所示。单击行为组前面的 + 图标，可以看到组内的具体行为设置，在 6.2 节中会具体讲解。

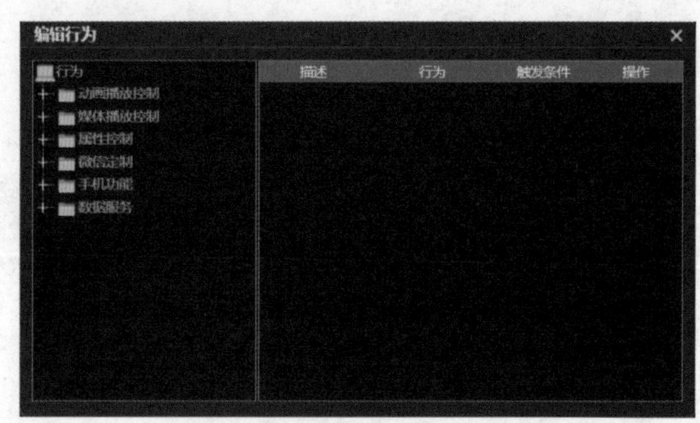

图 6-1

6.1.3 行为的触发

选中左边任意行为，如“跳转到页”行为，在右边“触发条件”的下拉菜单中有“点击”“出现”“手指按下”“手指抬起”等多种触发行为的条件选项。通过选择不同的触发条件组合不同的行为，可以形成无数种触发方式，如图 6-2 所示。

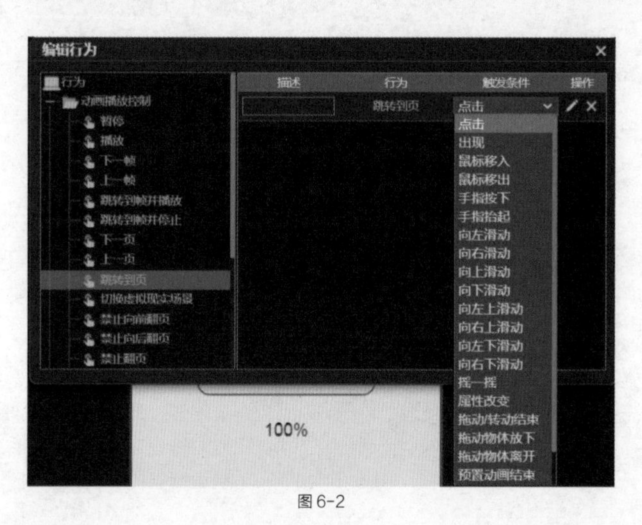

图 6-2

小提示

大家可以试着添加各种行为，用不同的触发条件来触发行为，查看各种效果。

6.2 行为控制

6.2.1　帧的行为

帧的行为有“播放”“暂停”“下一帧”“上一帧”“跳转并播放”“跳转并停止”等，下面将举例具体说明。

在舞台上绘制一个太阳元素，如图 6-3 所示。

图 6-3

选中第 1 帧后面的 5 帧，按快捷键 F5 插入帧，如图 6-4 所示；再按快捷键 F6，将帧转为关键帧，如图 6-5 所示。

图 6-4

图 6-5

接下来分别将第 2 帧到第 5 帧的元素移动到画布不同的位置，如图 6-6 所示。

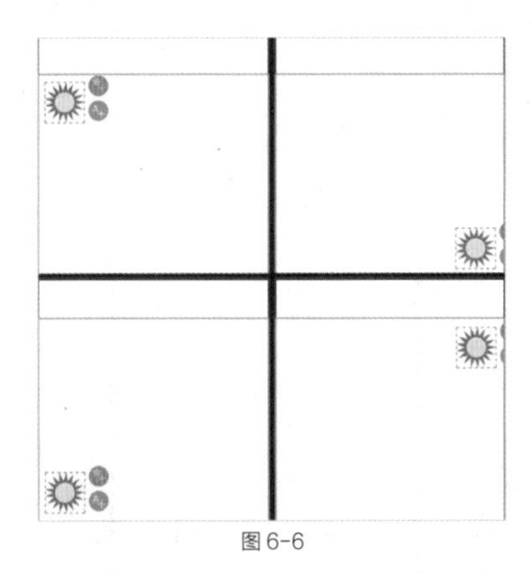

图 6-6

在第 14 帧的位置按快捷键 F5，插入空白帧，单击鼠标右键，在弹出的菜单中选择“插入关键帧动画”选项，如图 6-7 所示。选中第 14 帧，选择“变形”工具（快捷键 Q），将元素放大，并在“属性”面板将“透明度”设为 0，如图 6-8 所示。

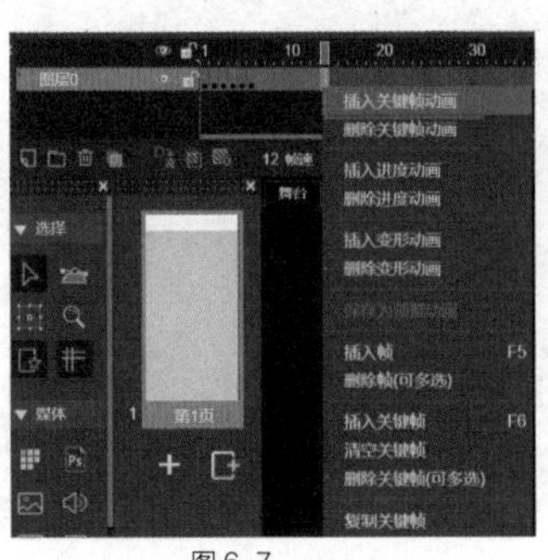

图 6-7

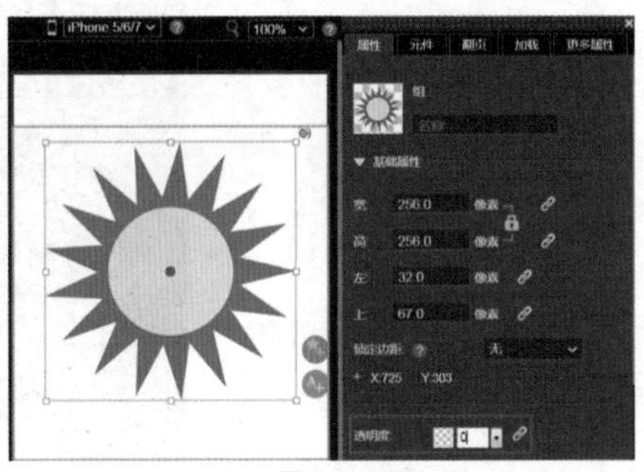

图 6-8

新建一个图层，在舞台外绘制一个图形，按快捷键 X，打开“编辑行为”对话框。展开“动画播放控制”列表，选择“暂停”选项，将“触发条件”设置为“出现”，设置出现即暂停的行为，如图 6-9 所示。

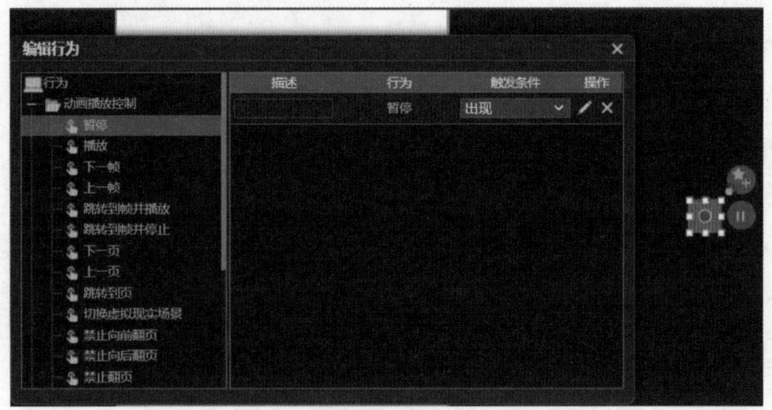

图 6-9

选中第 5 帧以后的空白帧，按快捷键 Ctrl+F5 进行删除，即只有第 1 帧到第 5 帧有暂停行为，如图 6-10 所示。

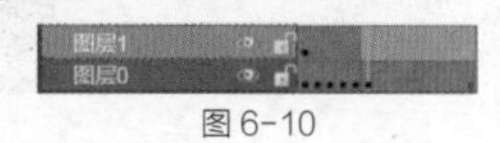

图 6-10

再次新建一个图层，选择“文字”工具（快捷键 T），在舞台上放置 6 个文本框，分别输入“播放”“暂停”“上一帧”“下一帧”“跳转并播放”“跳转并停止”，并摆放好位置，如图 6-11 所示。

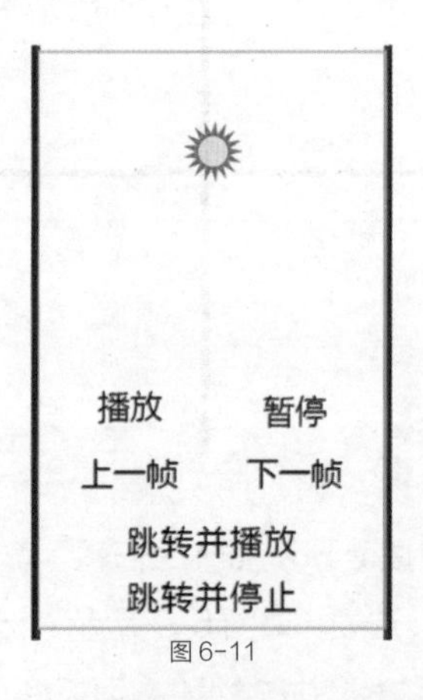

图 6-11

1. 播放

选中“播放”文本框，按快捷键 X，打开“编辑行为”对话框。展开“动画播放控制”列表，选择“播放”选项，将“触发条件”设置为“点击”，设置点击即播放的行为，如图 6-12 所示。

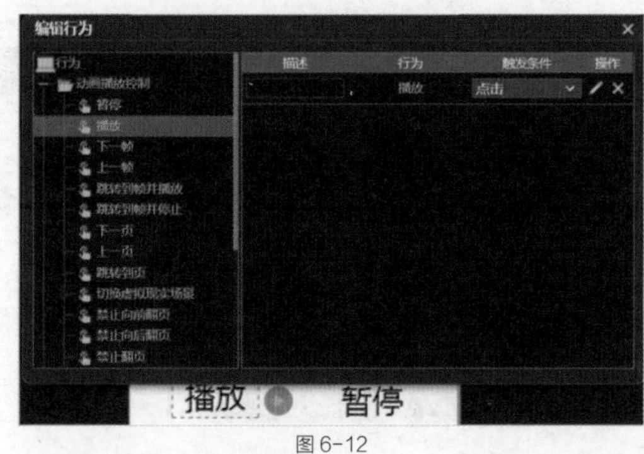

图 6-12

2. 暂停

选中“暂停”文本框，按快捷键 X，打开“编辑行为”对话框。展开“动画播放控制”列表，选择“暂停”选项，将“触发条件”设置为“点击”，设置点击即暂停的行为，如图 6-13 所示。

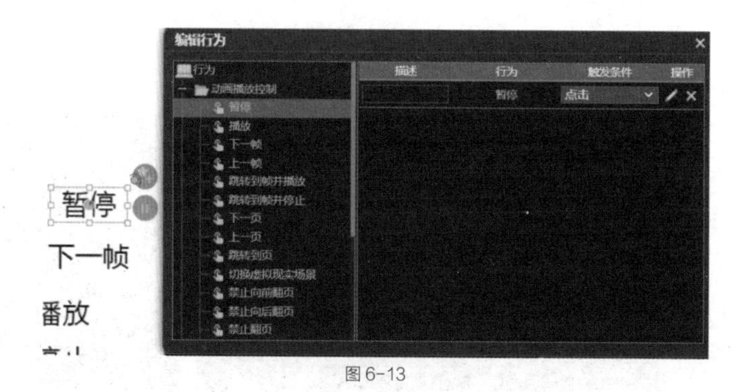

图 6-13

3. 上一帧

选中“上一帧”文本框，按快捷键 X，打开“编辑行为”对话框。展开“动画播放控制”列表，选择“上一帧”选项，将“触发条件”设置为“点击”，设置点击即转到上一帧的行为，如图 6-14 所示。

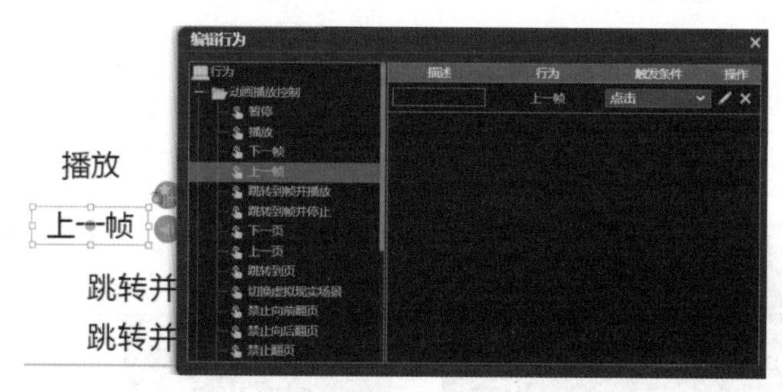

图 6-14

4. 下一帧

选中“下一帧”文本框，按快捷键 X，打开“编辑行为”对话框。展开“动画播放控制”列表，选择“下一帧”选项，将“触发条件”设置为“点击”，设置点击即转到下一帧的行为，如图 6-15 所示。

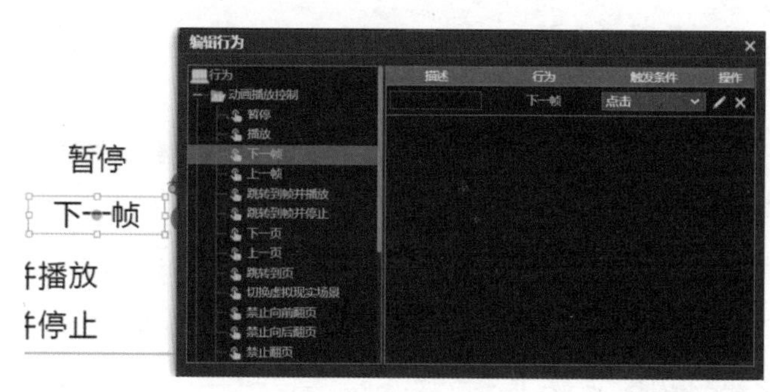

图 6-15

5. 跳转到帧并播放

选中“跳转并播放”文本框，按快捷键 X，打开“编辑行为”对话框。展开“动画播放控制”列表，选择“跳转到帧并播放”选项，将“触发条件”设置为“点击”，设置点击即跳转到帧并播放的行为，同时单击“编辑”图标，如图 6-16 所示。

在打开的“参数”对话框中，设置“帧号”为 6，单击“确认”按钮，如图 6-17 所示。

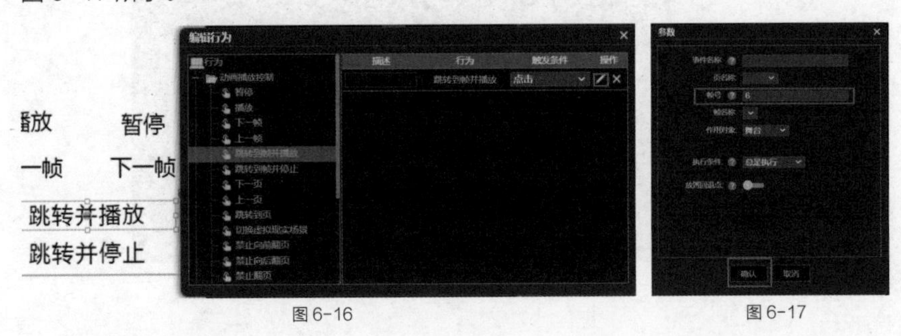

图 6-16　　图 6-17

6. 跳转到帧并停止

选中“跳转并停止”文本框，按快捷键 X，打开“编辑行为”对话框。展开“动画播放控制”列表，选择“跳转到帧并停止”选项，将“触发条件”设置为“点击”，设置点击即跳转到帧并停止的行为，同时单击“编辑”图标，如图 6-18 所示。

在打开的“参数”对话框中，设置“帧号”为 4，单击“确认”按钮，如图 6-19 所示。

单击“预览”按钮，可以分别单击按钮观看对应的效果，如图 6-20 所示。

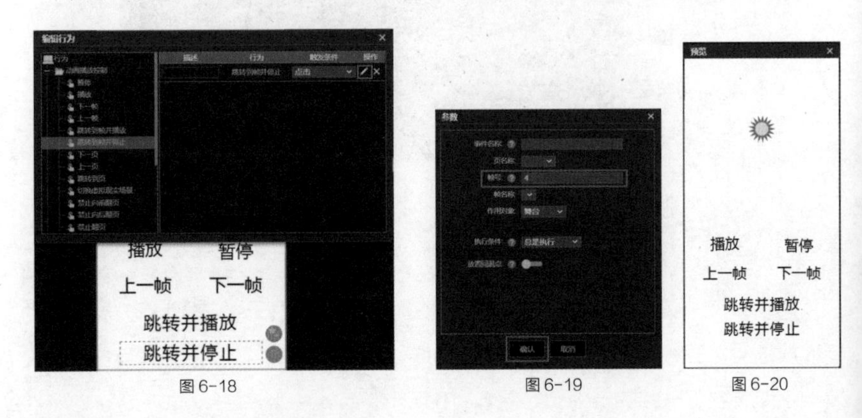

图 6-18　　图 6-19　　图 6-20

6.2.2　页的行为

页的行为包括“上一页”“下一页”“跳转到页”“禁止翻页”和“恢复翻页”等，下面将举例具体说明。

打开素材库（快捷键 S），为舞台导入一张图片，如图 6-21 所示。

在舞台上放置 4 个文本框，分别输入“下一页”“跳转到页”“禁止翻页”“恢复翻页”文本内容，设置“填充色”为白色，并摆放好位置，如图 6-22 所示。

图 6-21

图 6-22

单击页面下方的 + 图标，添加一个新页面，如图 6-23 所示。

在新的页面中导入一张图片，选择“文字”工具（快捷键 T），输入“上一页”文本内容，设置“填充色”为白色，并摆放好位置，如图 6-24 所示。

图 6-23　　图 6-24

1. 下一页

选中第 1 页中的“下一页”文本框，按快捷键 X，打开“编辑行为”对话框。展开“动画播放控制”列表，选择“下一页”选项，将“触发条件”设置为“点击”，设置点击即跳转到下一页的行为，如图 6-25 所示。

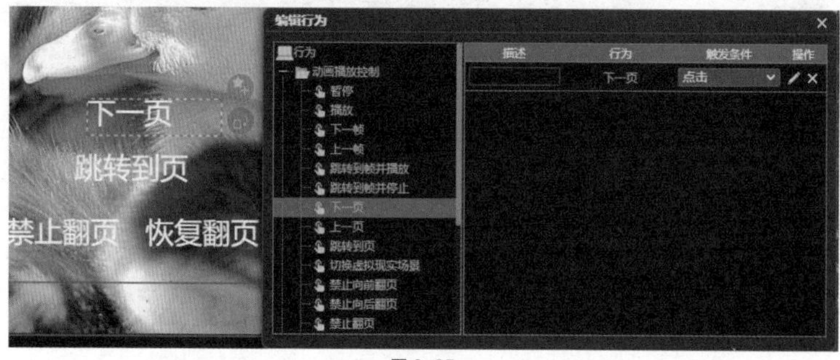

图 6-25

2. 跳转到页

选中“跳转到页”文本框，按快捷键 X，打开“编辑行为”对话框。展开“动画播放控制”列表，选择“跳转到页”选项，将“触发条件”设置为“点击”，设置点击即跳转到下一页的行为，同时单击“编辑”图标，如图 6-26 所示。

在打开的“参数”对话框中，设置“页名称”为“第 2 页”，单击“确认”按钮，如图 6-27 所示。

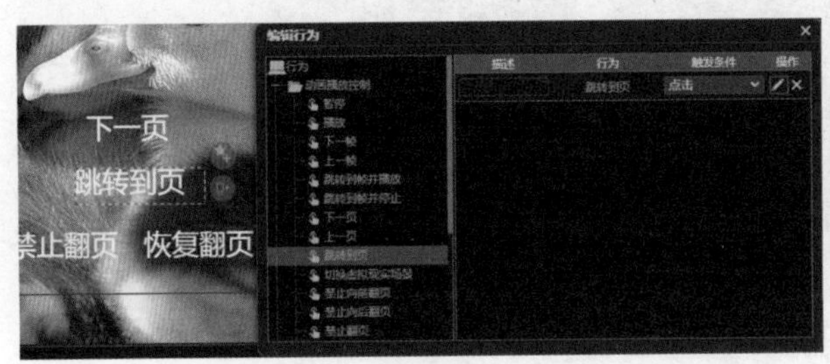

图 6-26

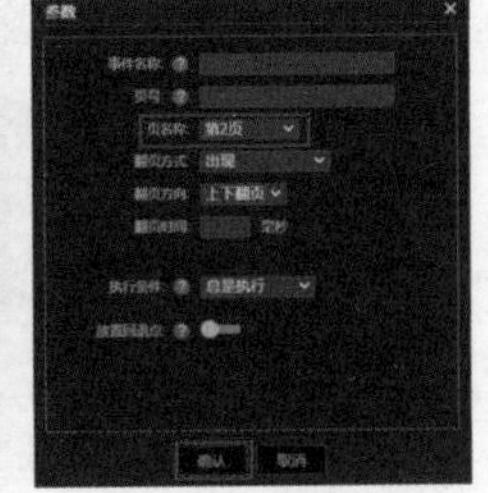

图 6-27

3. 上一页

选中第 2 页的“上一页”文本框，按快捷键 X，打开“编辑行为”对话框。展开“动画播放控制”列表，选择“上一页”选项，将“触发条件”设置为“点击”，设置点击即跳转到上一页的行为，如图 6-28 所示。

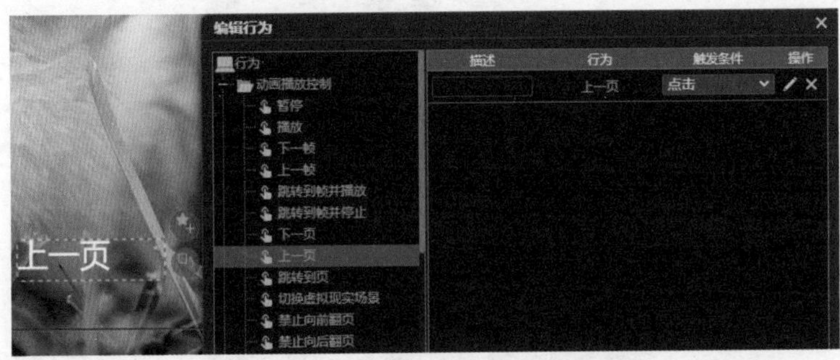

图 6-28

4. 禁止翻页

选中第 1 页的“禁止翻页”文本框，按快捷键 X，打开“编辑行为”对话框。展开“动画播放控制”列表，选择“禁止翻页”选项，将“触发条件”设为“点击”，设置点击即禁止翻页的行为，如图 6-29 所示。

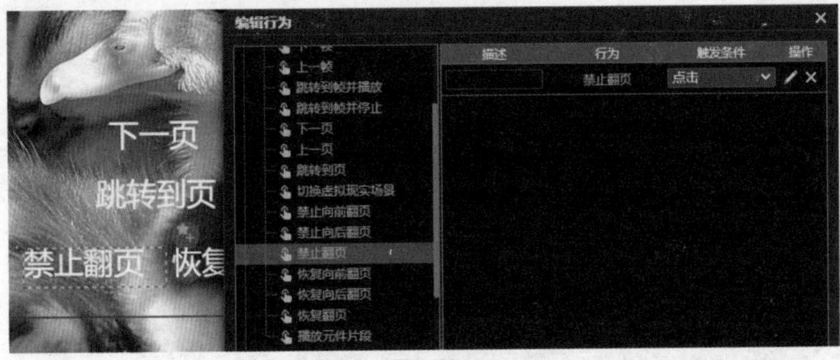

图 6-29

5. 恢复翻页

选中“恢复翻页”文本框，按快捷键 X，打开“编辑行为”对话框。展开“动画播放控制”列表，选择“恢复翻页”选项，将“触发条件”设置为“点击”，设置点击即恢复翻页的行为，如图 6-30 所示。

单击“预览”按钮，可以分别单击按钮观看对应的效果，如图 6-31 所示。

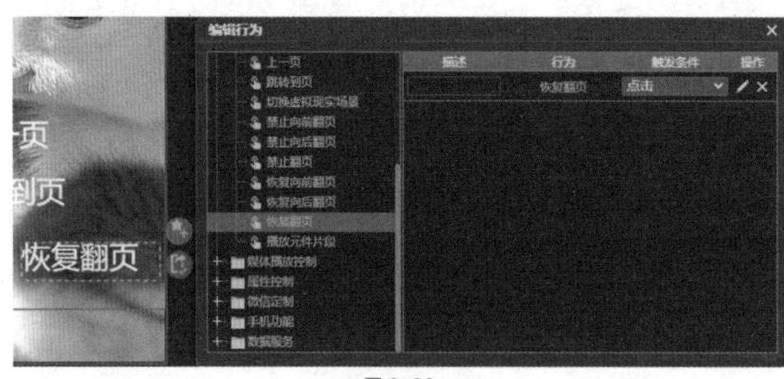

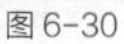
图 6-30

图 6-31

> **小提示**
>
> 1.“禁止翻页”“恢复翻页”行为效果只针对系统默认的翻页效果，而对行为设置的各种翻页按钮不起作用。
>
> 2. 需要注意的是，“禁止翻页”是影响全局的行为，比如第一页添加了“禁止翻页”的行为，那么后面几页也会被影响，出现不能翻页的现象。如果后面的页面需要恢复翻页，可以在那一页添加“恢复翻页”的行为。

6.2.3　动画的控制

“播放”“暂停”是动画控制行为中最常用的两个功能，下面将举例具体说明。

制作一段时长 20 帧，元素从小变大的关键帧动画，如图 6-32 所示。

图 6-32

新建一个图层，选择“文字”工具（快捷键 T），在舞台放置两个文本框，分别输入“播放”“暂停”文本内容，并摆放好位置，如图 6-33 所示。

图 6-33

选中“播放”文本框，按快捷键 X，打开“编辑行为”对话框。展开“动画播放控制”列表，选择“播放”选项，将“触发条件”设置为“点击”，设置点击即播放的行为，如图 6-34 所示。

选中“暂停”文本框，按快捷键 X，打开“编辑行为”对话框。展开“动画播放控制”列表，选择“暂停”选项，将“触发条件”设置为“点击”，设置点击即暂停的行为，如图 6-35 所示。

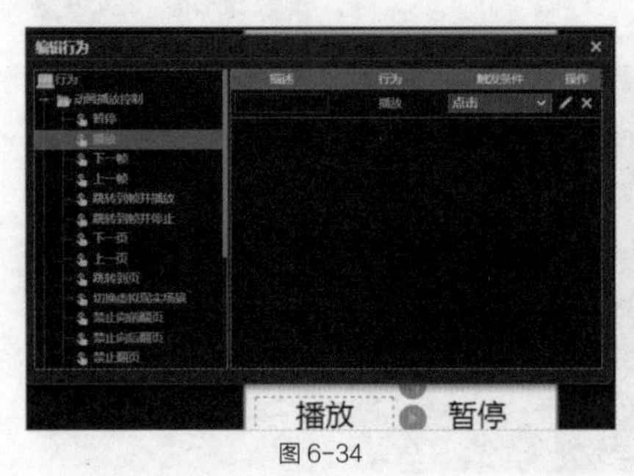

图 6-34

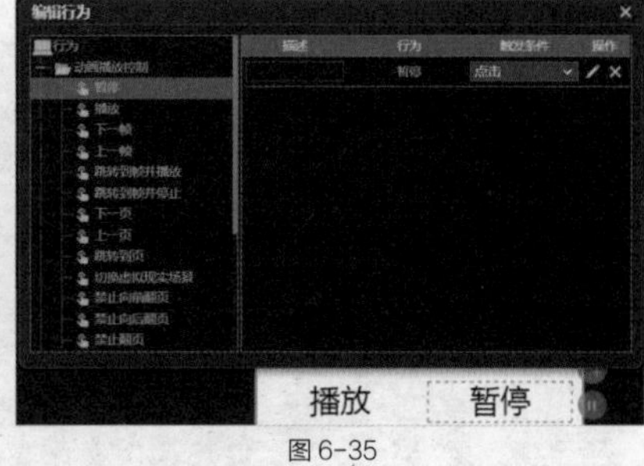

图 6-35

新建一个图层，在舞台外绘制一个图形，按快捷键 X，打开“编辑行为”对话框。展开“动画播放控制”列表，选择“暂停”选项，将“触发条件”设置为“出现”，设置出现即暂停的行为，如图 6-36 所示。

选中图层 2 第 1 帧后面的空白帧，按快捷键 Ctrl+F5 删除，如图 6-37 所示。

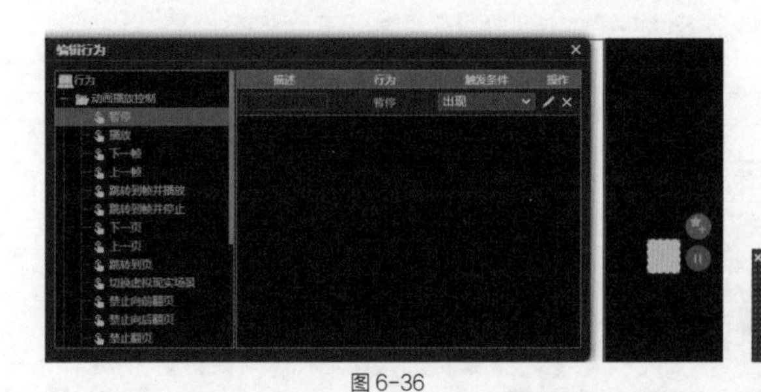

图 6-36

图 6-37

单击“预览”按钮，可以分别单击按钮观看对应的效果，如图 6-38 所示。

图 6-38

6.2.4 播放元件片段

“播放元件片段”行为常用于控制元件动画的播放和切换，下面将举例具体说明。

打开素材库（快捷键 S），为舞台导入一张图片。选中图片，单击鼠标右键，在菜单中选择“转换为元件”命令，如图 6-39 所示。

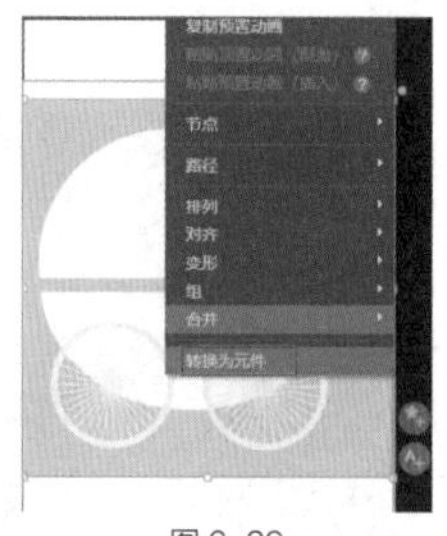

图 6-39

双击元件，进入“元件”面板。在第 20 帧的位置单击鼠标右键，在菜单中选择“插入关键帧动画”选项，并将图片向左移出舞台，如图 6-40 所示。

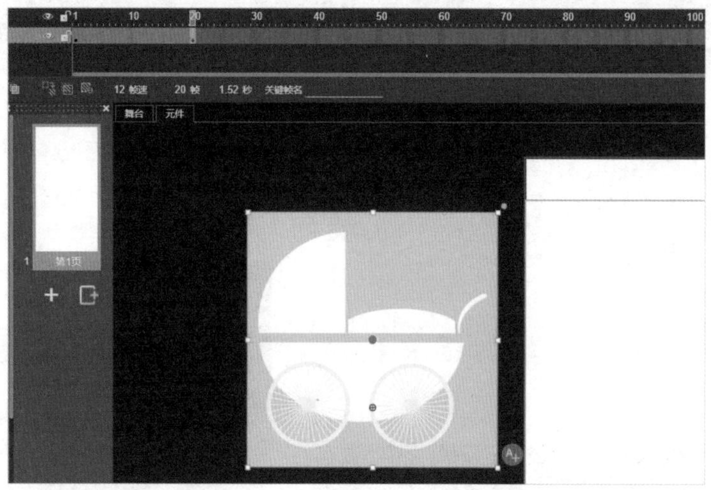

图 6-40

选择第 1 帧，按快捷键 Ctrl+C 复制，在第 21 帧的位置按快捷键 Ctrl+V 粘贴，在第 40 帧的位置单击鼠标右键，在菜单中选择“插入关键帧动画”选项，并将图片向右移出舞台，如图 6-41 所示。

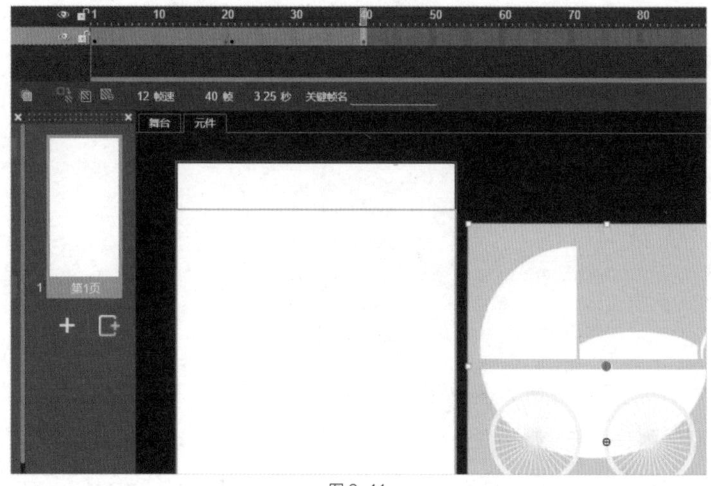

图 6-41

新建一个图层，在舞台外绘制一个图形，选中该图形，按快捷键 X，打开“编辑行为”对话框。展开“动画播放控制”列表，选择“暂停”选项，将“触发条件”设置为“出现”，设置出现即暂停行为，如图 6-42 所示。

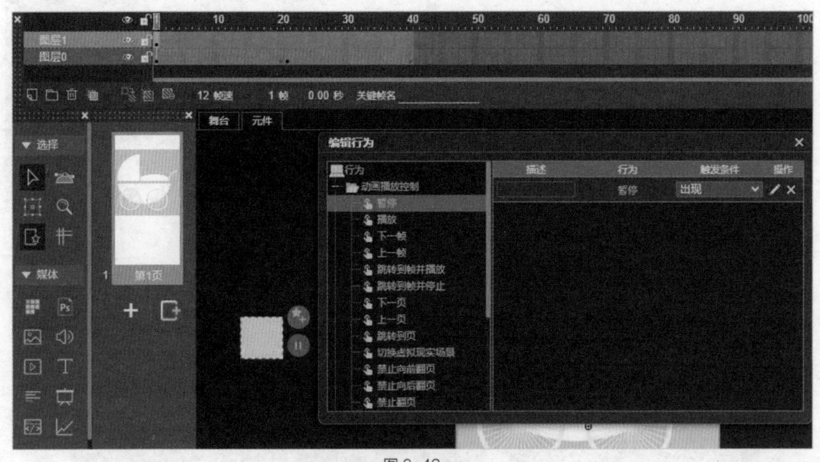

图 6-42

选中图层 1 第 1 帧后面的空白帧，按快捷键 Ctrl+F5 删除，如图 6-43 所示。

切换到“舞台”面板，选择元件，在“属性”面板中更改“元件”的名称为“小车”，如图 6-44 所示。

小提示

需要被行为调用的元素一定要命名，否则添加行为时会找不到该元素。

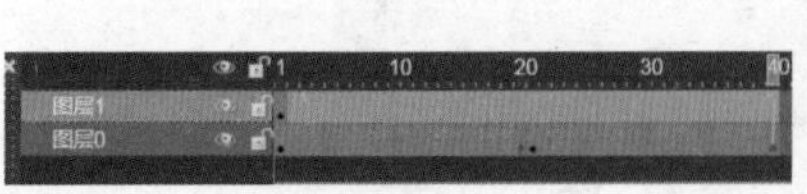

图 6-43

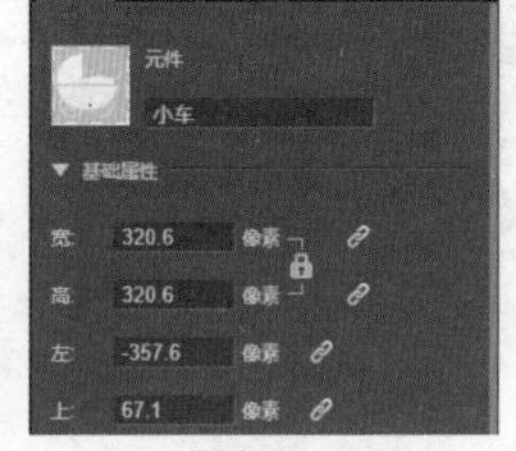

图 6-44

选择“文字”工具（快捷键 T），在舞台上放置两个文本框，分别输入“向左”“向右”文本内容，并放在合适的位置，如图 6-45 所示。

图 6-45

选中“向左”文本框，按快捷键 X，打开“编辑行为”对话框。展开“动画播放控制”列表，选择“播放元件片段”选项，将“触发条件”设为“点击”，设置点击即播放元件片段的行为，然后单击“编辑”图标，如图 6-46 所示。

在打开的“参数”对话框中，设置“元件实例名称”为“小车（元件实例）”，设置“起始帧号”为 2，“结束帧号”为 20，单击“确认”按钮，如图 6-47 所示。

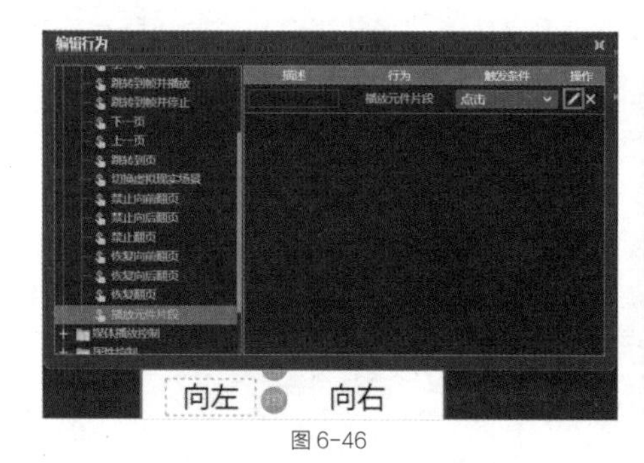

图 6-46

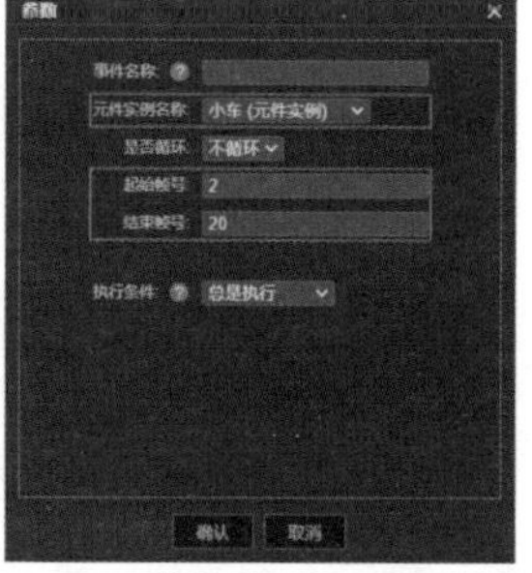

图 6-47

选中“向右”文本框，按快捷键 X，打开“编辑行为”对话框。展开“动画播放控制”列表，选择“播放元件片段”选项，将“触发条件”设置为“点击”，设置点击即播放元件片段的行为，然后单击“编辑”图标，如图 6-48 所示。

在打开的“参数”对话框中，设置“元件实例名称”为“小车（元件实例）”，设置“起始帧号”为 21，“结束帧号”为 40，单击“确认”按钮，如图 6-49 所示。

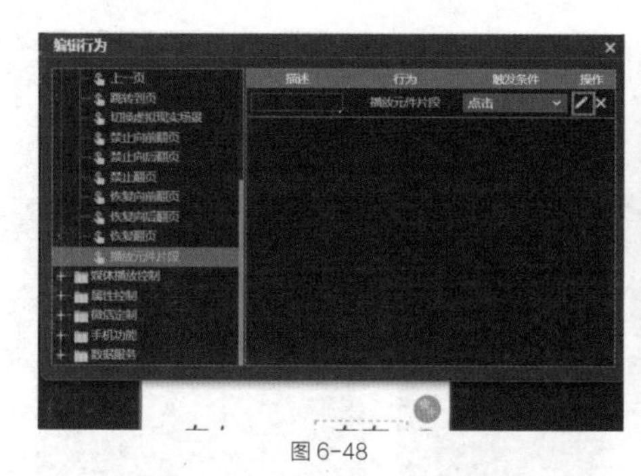

图 6-48

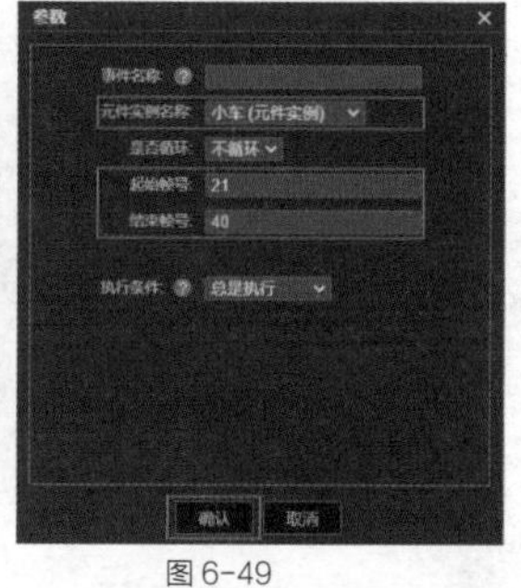

图 6-49

单击“预览”按钮，可以分别单击按钮观看对应的效果，如图 6-50 所示。

图 6-50

6.2.5　声音的控制

控制声音的行为包括“播放声音”“停止所有声音”“控制声音”等，下面将举例具体说明。

单击“媒体”工具组的“导入声音”按钮（或直接按快捷键 S 进入素材库，单击音频菜单选择音频文件），为舞台导入一段音频，并选择“文字”工具（快捷键 T），在舞台放置两个文本框，分别输入“播放声音”“停止所有声音”，如图 6-51 所示。

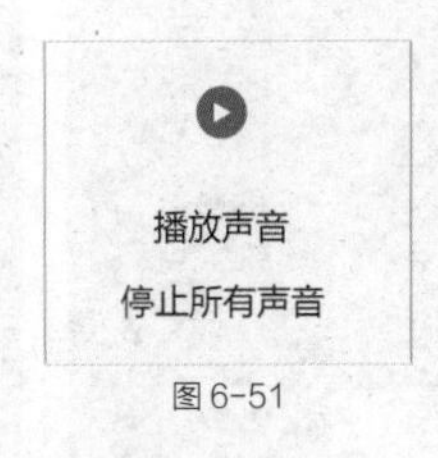

图 6-51

1. 播放声音

选中“播放声音”文本框，按快捷键 X，打开“编辑行为”对话框。展开“媒体播放控制”列表，选择“播放声音”选项，将“触发条件”设置为“点击”，设置点击即播放声音的行为，然后单击“编辑”图标，如图 6-52 所示。

在打开的“参数”对话框中，设置“声音元件”为刚导入的声音名称，设置“自动循环”为“是”，单击“确认”按钮，如图 6-53 所示。

图 6-52

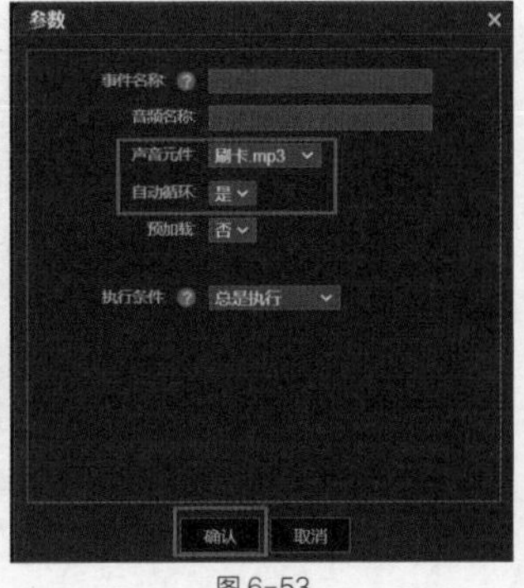

图 6-53

2. 停止所有声音

选中“停止所有声音”文本框，按快捷键 X，打开“编辑行为”对话框。展开“媒体播放控制”列表，选择“停止所有声音”选项，将“触发条件”设置为“点击”，设置点击即停止所有声音的行为，如图 6-54 所示。

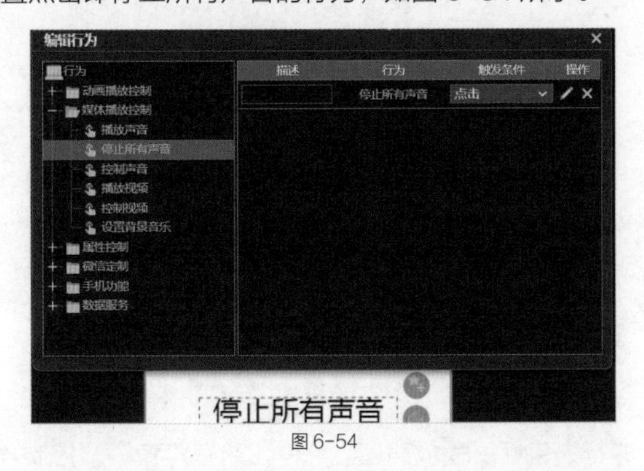

图 6-54

单击“预览”按钮，可以分别单击按钮，试听对应的声音效果。

3. 控制声音

单击“媒体”工具组的“导入声音”按钮（或直接按快捷键 S 进入素材库，单击音频菜单选择音频文件），为舞台导入一段音频，并在“属性”面板将音频的名称设为“音频 2”，如图 6-55 所示。

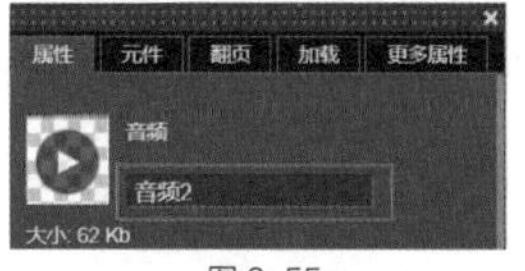

图 6-55

选择“文字”工具（快捷键 T），在舞台中放置两个文本框，分别输入“播放声音”“停止声音”文本内容，如图 6-56 所示。

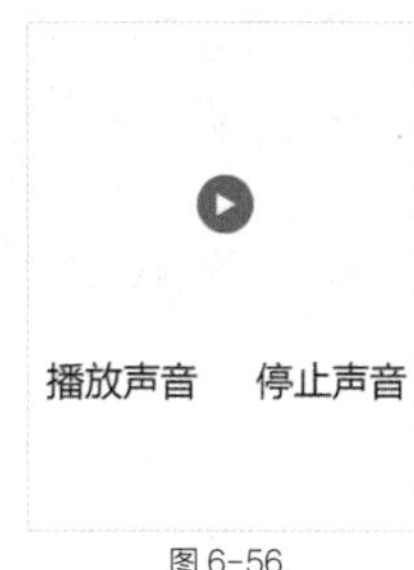

图 6-56

选中“播放声音”文本框，按快捷键 X，打开“编辑行为”对话框。展开“媒体播放控制”列表，选择“控制声音”选项，将“触发条件”设置为“点击”，设置点击即控制声音的行为，然后单击“编辑”图标，如图 6-57 所示。

在“参数”对话框中设置“音频名称”为“音频 2”，将“控制方式”设置为“播放”，将“音量”设置为 100，单击“确认”按钮，如图 6-58 所示。

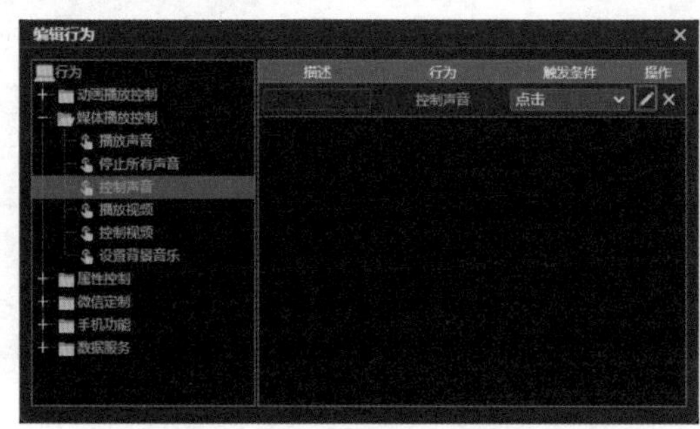

图 6-57

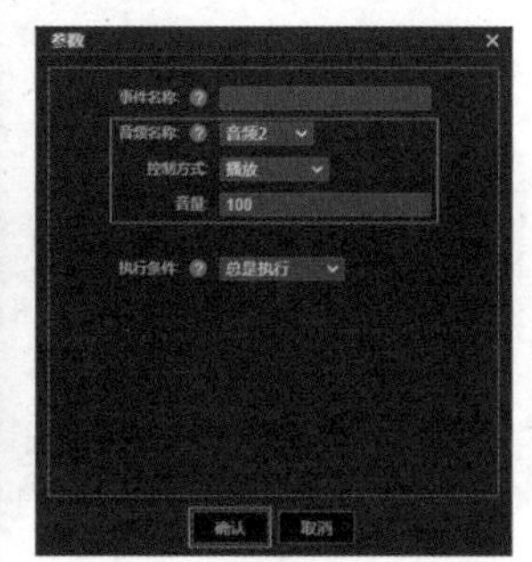

图 6-58

小技巧

如果有多个页面，想要设置每个页面都有不同的声音，可以在每 1 页的舞台上分别添加一个音频文件，然后逐页选中音频文件，在“属性”面板的“专有属性”中，打开“自动播放”“循环播放”的开关，如图 6-60 所示。

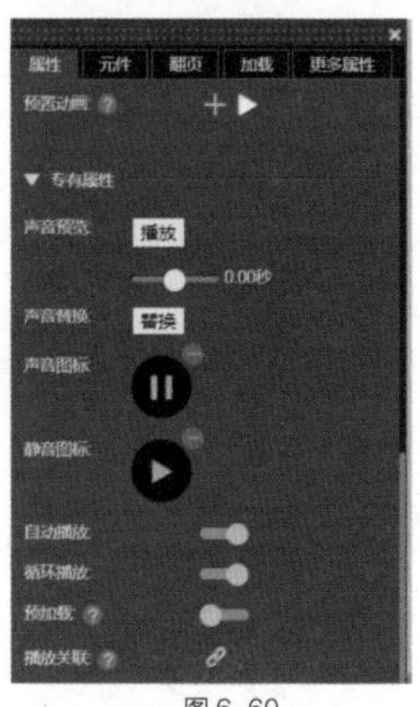

图 6-60

用上述同样的方法，选中“停止声音”文本框，按快捷键 X，打开“编辑行为”对话框。展开“媒体播放控制”列表，选择“控制声音”选项，将“触发条件”设为“点击”，设置点击即控制声音的行为。

单击“编辑”图标，打开“参数”对话框，修改“音频名称”为“音频 2”，将“控制方式”设置为“停止”，“音量”设置为 0，单击“确认”按钮，如图 6-59 所示。

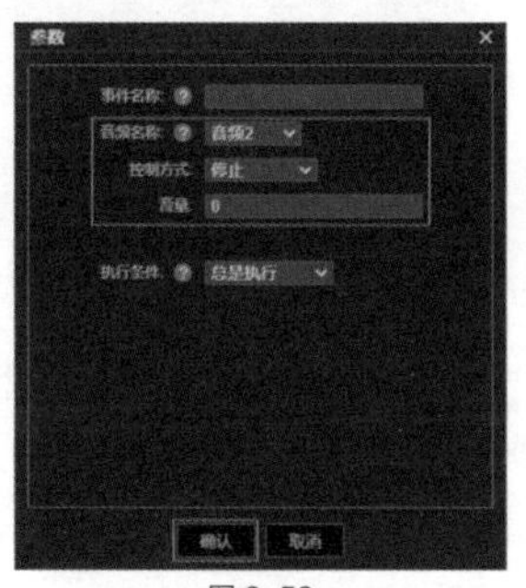

图 6-59

单击“预览”按钮，可以分别单击按钮，试听对应的声音效果。

6.2.6 视频的控制

控制视频的行为包括“控制视频”“播放视频”等，下面将举例具体说明。

新建一个文件，在“属性”面板将作品命名为“视频控制”，如图 6-61 所示。

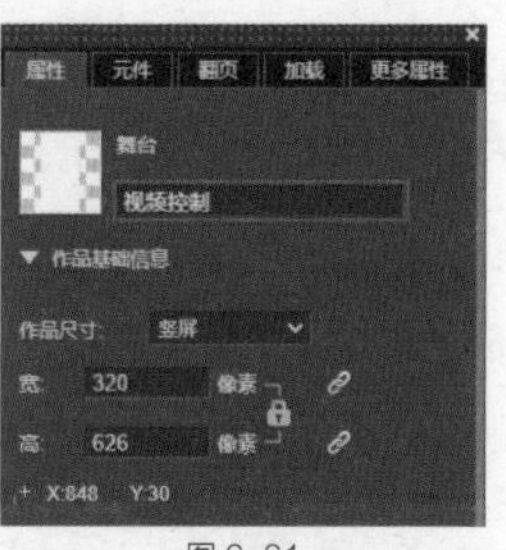

图 6-61

单击“媒体”工具组的“导入视频”按钮，为舞台导入一段视频，并在“属性”面板将视频命名为“视频”，将“专有属性”中的“同层视频”设置为“是”，如图 6-62 所示。

小提示

“同层视频”的意思是可以在视频上方叠加元素(图形、文本等)，同时显示这些元素。

选择“矩形”工具（快捷键 E），在视频上面绘制一个矩形按钮，选中该矩形，设置“填充色”为黄色，如图 6-63 所示。

图 6-62

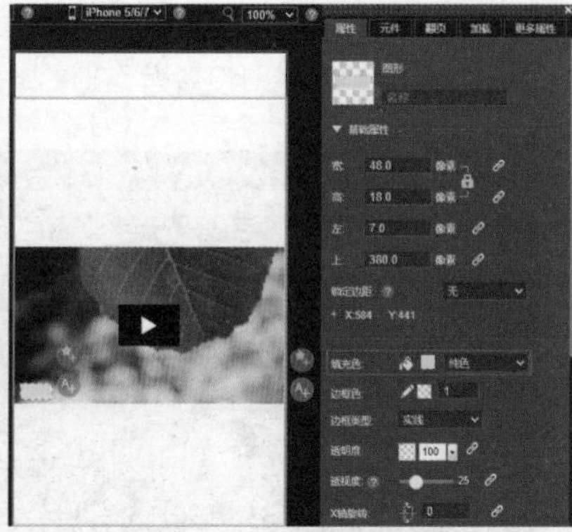

图 6-63

按快捷键 Ctrl+C 复制该矩形，然后按 4 次快捷键 Ctrl+V，复制出 4 个矩形按钮，调整矩形的位置，如图 6-64 所示。

图 6-64

1. 视频控制

选择第 1 个按钮，按快捷键 X，打开“编辑行为”对话框。展开“媒体播放控制”列表，选择“控制视频”选项，将“触发条件”设为“点击”，设置点击即控制视频的行为，如图 6-65 所示。

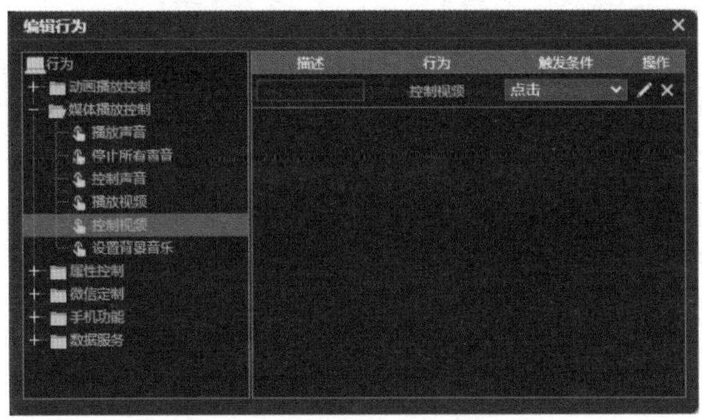

图 6-65

单击“编辑”图标，打开“参数”对话框，选择“视频名称”为刚才命名的“视频”，将“控制方式”设置为“播放”，单击“确认”按钮，如图 6-66 所示。

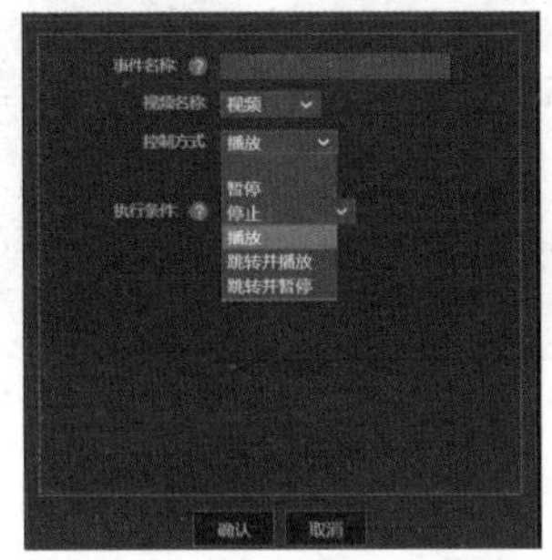

图 6-66

选取第 2 个按钮，按快捷键 X，打开“编辑行为”对话框。展开“媒体播放控制”列表，选择“控制视频”选项，将“触发条件”设为“点击”，设置点击即控制视频的行为。单击“编辑”图标，打开“参数”对话框，选择“视频名称”为刚才命名的“视频”，将“控制方式”设置为“暂停”，单击“确认”按钮，如图 6-67 所示。

选取第 3 个按钮，按快捷键 X，打开“编辑行为”对话框。展开“媒体播放控制”列表，选择“控制视频”选项，将“触发条件”设置为“点击”，设置点击即控制视频的行为。单击“编辑”图标，打开“参数”对话框，选择“视频名称”为刚才命名的“视频”，将“控制方式”设置为“停止”，单击“确认”按钮，如图 6-68 所示。

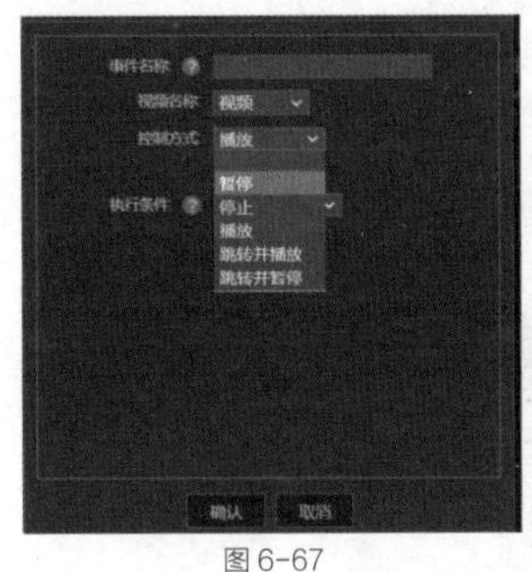

图 6-67

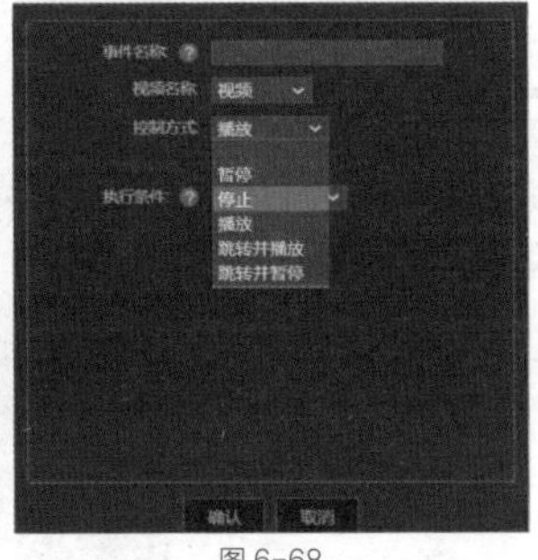

图 6-68

选取第 4 个按钮，按快捷键 X，打开“编辑行为”对话框。展开“媒体播放控制”列表，选择“控制视频”选项，将“触发条件”设置为“点击”，设置点击即控制视频的行为。单击“编辑”图标，打开“参数”对话框，选择“视频名称”为刚才命名的“视频”，将“控制方式”设置为“跳转并播放”，将“跳转位置”设为 8 秒，单击“确认”按钮，如图 6-69 所示。

选取第 5 个按钮，按快捷键 X，打开“编辑行为”对话框。展开“媒体播放控制”列表，选择“控制视频”选项，将“触发条件”设置为“点击”，设置点击即控制视频的行为。单击“编辑”图标，打开“参数”对话框，选择“视频名称”为刚才命名的“视频”，将“控制方式”设置为“跳转并暂停”，将“跳转位置”设为 16 秒，单击“确认”按钮，如图 6-70 所示。

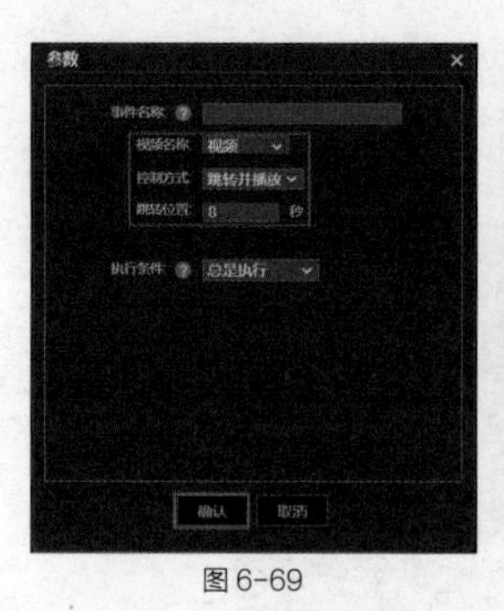

图 6-69

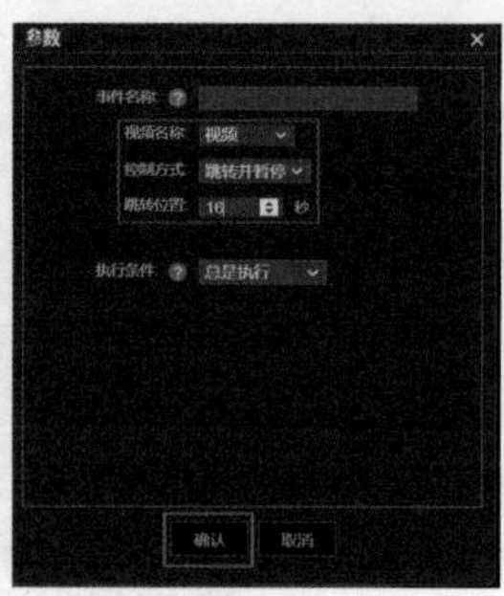

图 6-70

保存文件（快捷键 Ctrl+S），单击“预览”按钮，分别单击 5 个按钮，观看视频控制效果，如图 6-71 所示。

图 6-71

2. 播放视频

单击视频第 1 页下面的 + 图标，新建一个页面，如图 6-72 所示。

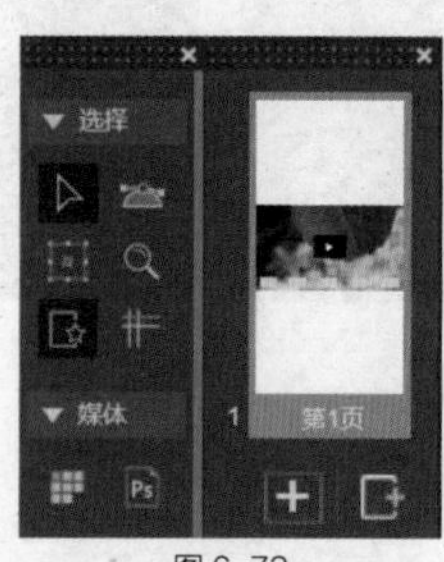

图 6-72

在新建的页面中，选择“矩形”工具（快捷键 E），绘制一大一小两个矩形，将大矩形命名为“容器”，如图 6-73 所示。

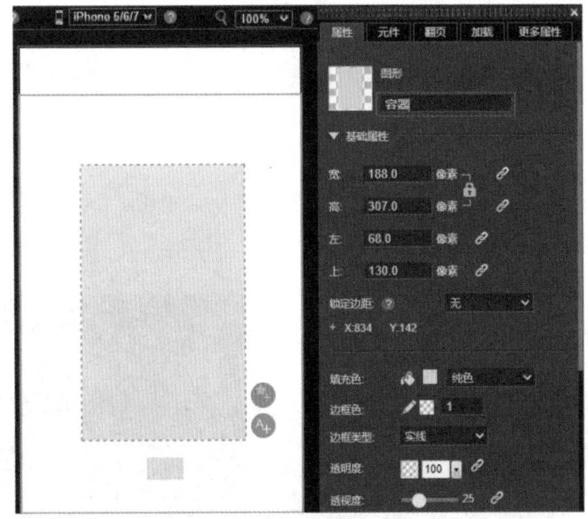

图 6-73

选择下面的小矩形，按快捷键 X，打开“编辑行为”对话框。展开“媒体播放控制”列表，选择“播放视频”选项，将“触发条件”设为“点击”，设置点击即播放视频的行为，然后单击“编辑”图标，如图 6-74 所示。

打开“参数”对话框，将“视频元件”设为“视频”，将“容器名称”输入刚才命名的“容器”，单击“确认”按钮，如图 6-75 所示。

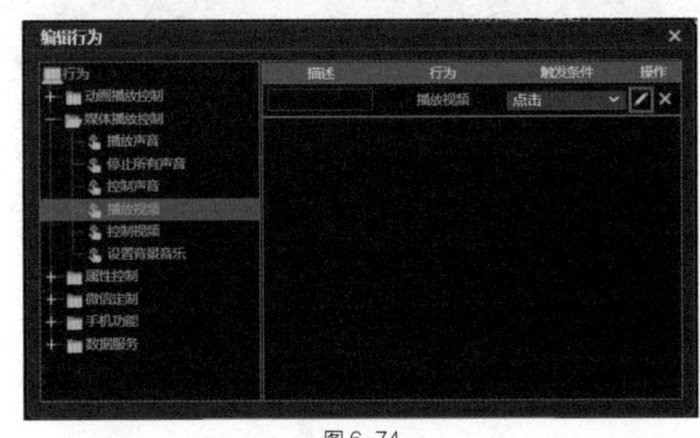

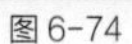

图 6-74

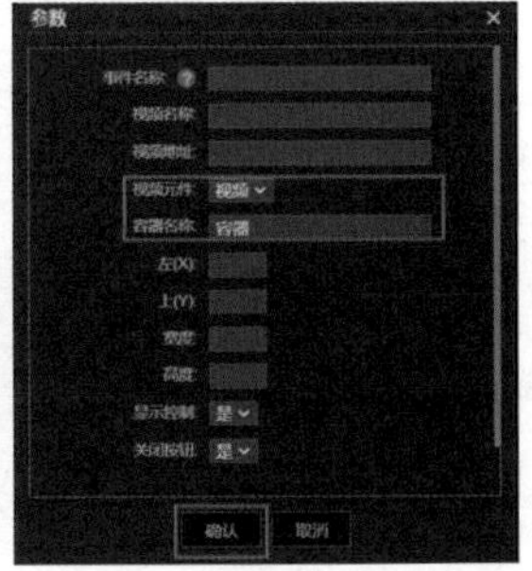

图 6-75

保存文件（快捷键 Ctrl+S），单击“预览”按钮，在第 2 页单击小矩形按钮，观看视频播放效果，如图 6-76 所示。

图 6-76

6.2.7 改变元素属性

“改变元素属性”是比较常用的行为，在实际应用中，常用于制作各类提示弹窗，以及改变元素的坐标、透明度、颜色、数值等，下面将举例具体说明。

新建一个文件，在“属性”面板中将其命名为“弹窗”，如图 6-77 所示。

选择“矩形”工具（快捷键 R），在舞台绘制一个矩形，在“属性”面板将“宽”“高”“左”“上”值设置成舞台的大小，设置“填充色”为黑色，如图 6-78 所示。

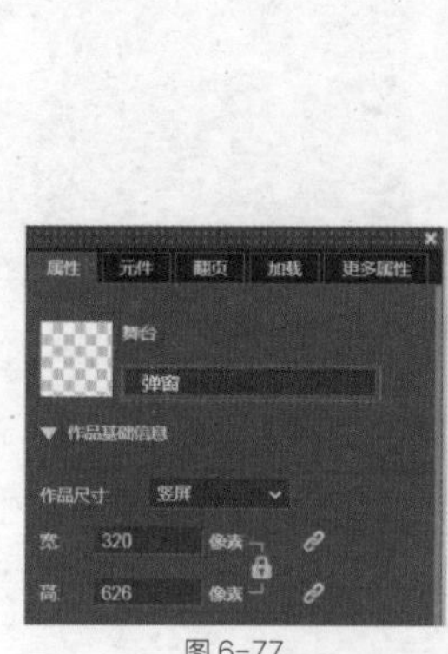

图 6-77

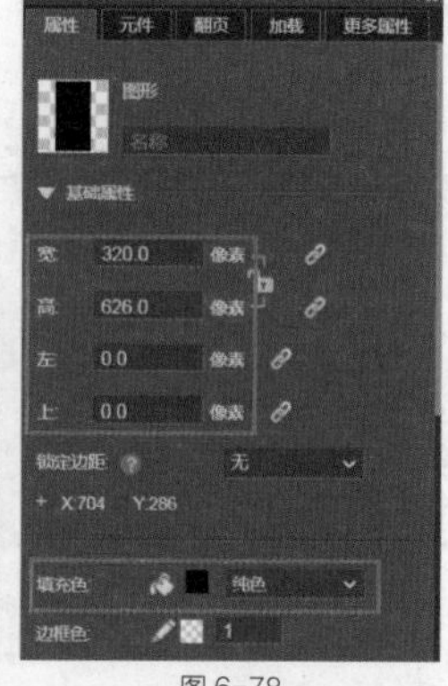

图 6-78

选择“文字”工具（快捷键 T），在舞台上放置 1 个文本框，输入“游戏说明”文本内容，设置“填充色”为白色，如图 6-79 所示。

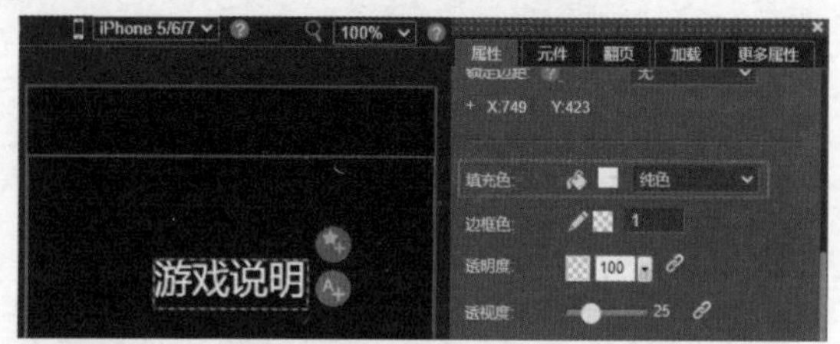

图 6-79

选择“文本段落”工具，在舞台拖曳绘制一个文本框，在其中输入游戏说明，设置字体“大小”为 16，“行高”为 120%，如图 6-80 所示。

选择“文字”工具（快捷键 T），在舞台下方放置 1 个文本框，输入“知道了”文本内容。设置“填充色”为白色，然后选择“矩形”工具（快捷键 R），绘制一个矩形，设置“填充色”为透明，“边框色”为白色，如图 6-81 所示。

图 6-80

图 6-81

将舞台上的元素全部选中，单击鼠标右键，选择“组”菜单中的“组合”选项（快捷键 Ctrl+G），如图 6-82 所示。

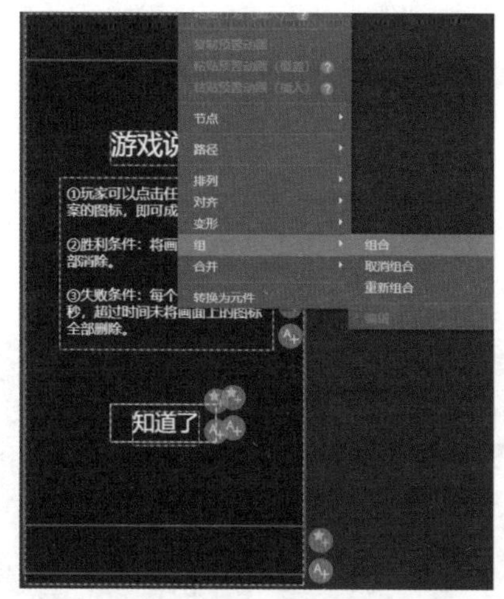

图 6-82

将该组也命名为“弹窗”，如图 6-83 所示。

将“弹窗”组移动到舞台外，用“文字”工具（快捷键 T），在舞台放置一个文本框，输入“弹出提示”文本内容。选择“弹出提示”文本框，单击鼠标右键，选择“排列”菜单中的“移至底层”选项，如图 6-84 所示。

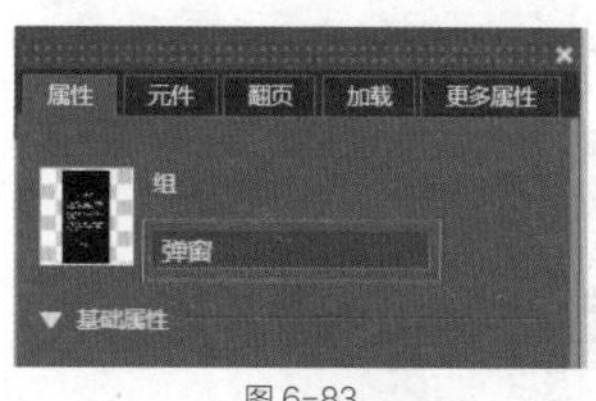

图 6-83

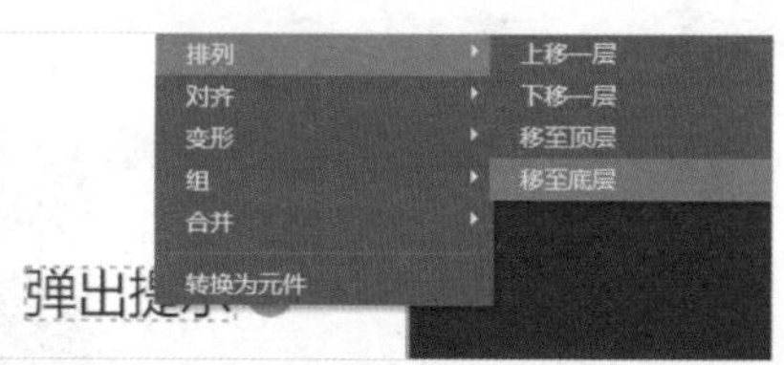

图 6-84

小提示

若不将这个文本框移至底层，则最终效果会出现文字在弹窗上方的情况。

再次选择“弹出提示”文本框，按快捷键 X，打开“编辑行为”对话框。展开“属性控制”列表，选择“改变元素属性”选项，将“触发条件”设置为“点击”，设置点击即改变元素属性的行为，然后单击“编辑”图标，如图 6-85 所示。

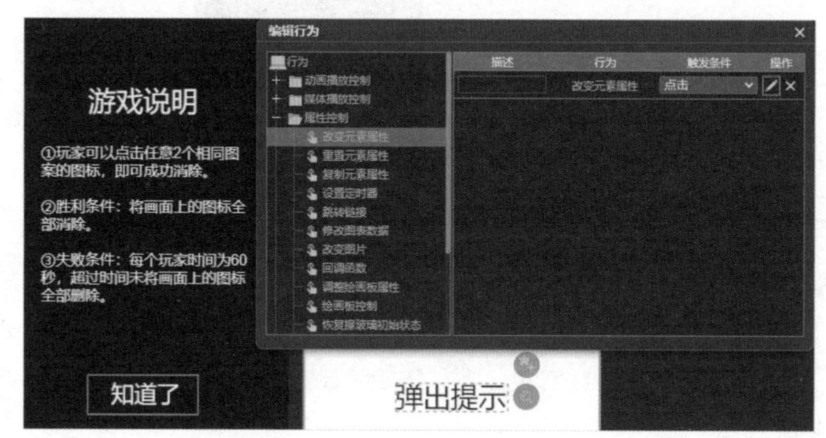

图 6-85

打开“参数”对话框，将“元素名称”设置为“弹窗”，将“元素属性”设置为“左”，“取值”设置为 0，单击“确认”按钮，如图 6-86 所示。

选择“弹窗”组，按快捷键 X，打开“编辑行为”对话框。展开“属性控制”列表，选择“改变元素属性”选项，将“触发条件”设置为“点击”，设置点击即改变元素属性的行为。然后单击“编辑”图标，打开“参数”对话框，设置“元素名称”为“弹窗”，将“元素属性”设置为“左”，将“取值”设置为 -500（数值远大于或者小于舞台宽即可将弹窗移动到舞台外），单击“确认”按钮，如图 6-87 所示。

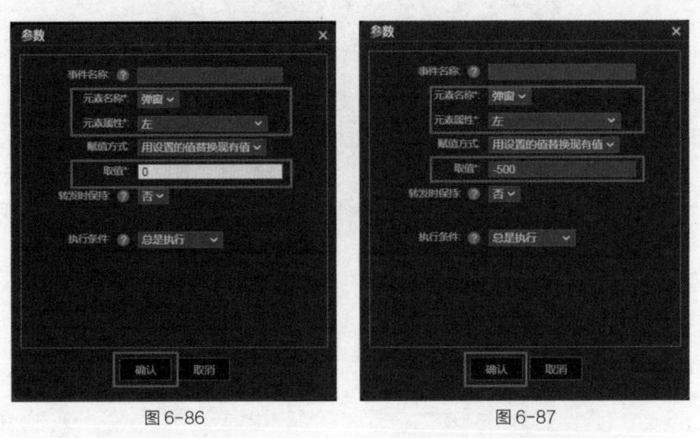

图 6-86　　图 6-87

保存文件（Ctrl+S）后，可进行预览。单击“预览”按钮，单击“弹出提示”按钮会弹出弹窗，再单击“知道了”按钮，弹窗会移动到舞台外，如图 6-88 所示。

图 6-88

6.2.8　图片的控制

图片控制的行为包括“改变图片”“定制图片”“舞台截图”等，下面将举例具体说明。

1. 改变图片

打开素材库（快捷键 S），为舞台添加两张图片，并调整图片的大小和位置，如图 6-89 所示。

图 6-89

分别将两张图片命名为“原图片”和“目标图片”，如图 6-90 所示。

选择“文字”工具（快捷键 T），在图片下方放置一个文本框，输入“改变图片”文本内容，如图 6-91 所示。

图 6-90

图 6-91

选中“改变图片”文本框，按快捷键 X，打开“编辑行为”对话框。展开“属性控制”列表，选择“改变图片”选项，将“触发条件”设置为“点击”，设置点击即改变图片的行为，然后单击“编辑”图标，如图 6-92 所示。

打开“参数”对话框，将“目标元素”设置为“目标图片”，将“源元素名称”设置为“原图片”，单击“确认”按钮，如图 6-93 所示。

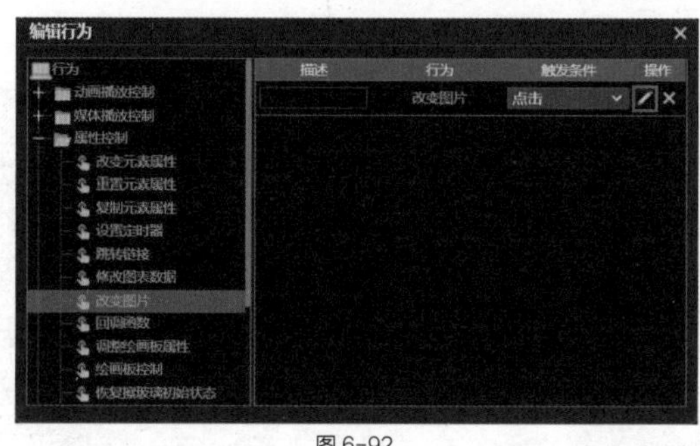

图 6-92

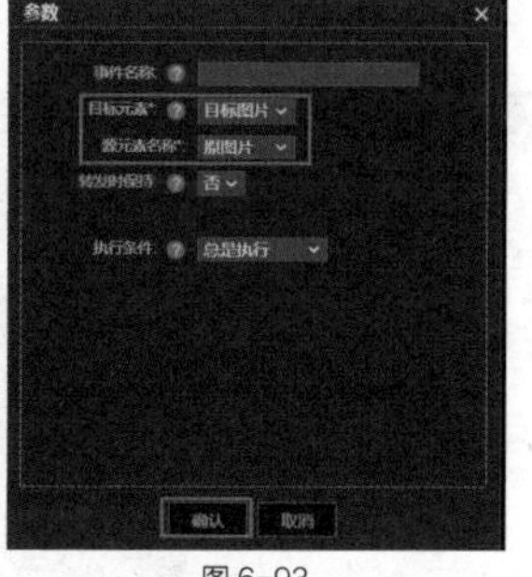

图 6-93

保存文件（Ctrl+S）后，可进行预览。单击“预览”按钮，单击“改变图片”按钮观看效果，如图 6-94 所示。

小提示

在实际应用中，也可将需被改变的图片放在舞台中心，将用于替换的图片放在舞台之外，以此形成单击改变图片的效果。

图 6-94

2. 定制图片

打开素材库（快捷键 S），为舞台添加一张图片，如图 6-95 所示。

图 6-95

选中该图片，在“属性”面板的“高级属性”中，展开“滤镜”下拉菜单，选择“模糊”选项，单击后面的 + 图标，为图片添加模糊滤镜，如图 6-96 所示。

选择“椭圆”工具（快捷键 E），按住 Shift 键，在舞台中央绘制一个圆形。选中圆形，设置名称为“原图片”，将“填充色”设为白色，如图 6-97 所示。

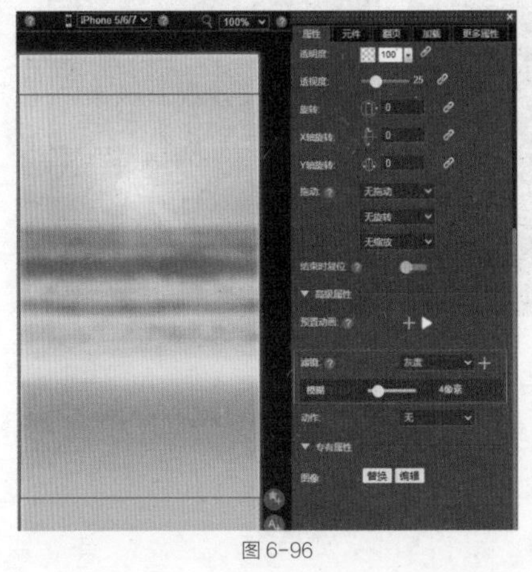

图 6-96

图 6-97

选择“文字”工具（快捷键 T），在圆形下方放置文本框，输入“更换头像”文本内容。选中该文本框，按快捷键 X，打开“编辑行为”对话框。展开“微信定制”列表，选择“定制图片”选项，将“触发条件”设置为“点击”，设置点击即定制图片的行为，然后单击“编辑”图标，如图 6-98 所示。

打开“参数”对话框，设置“目标元素”为“原图片”，单击“确认”按钮，如图 6-99 所示。

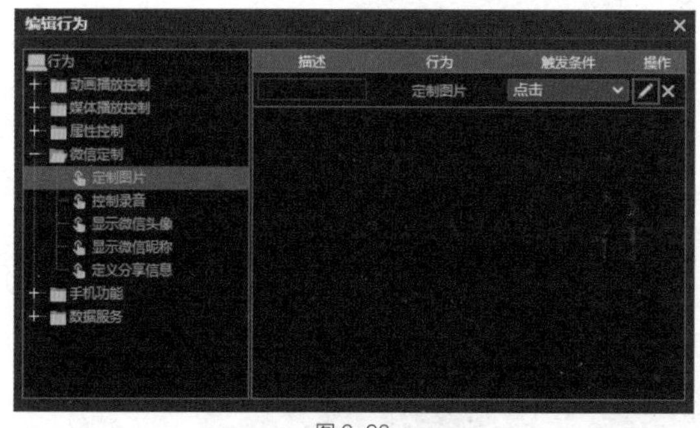

图 6-98

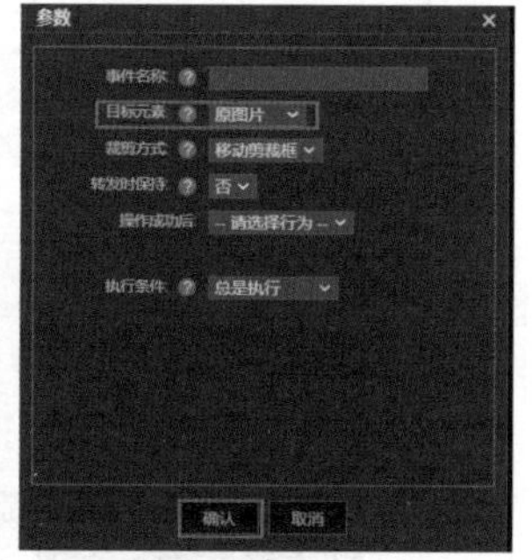

图 6-99

保存文件（Ctrl+S）后，可进行预览。单击“预览”按钮，在“预览”窗口中单击“更换头像”，在本地文件夹，选择想要设为头像的图片，单击“确定”按钮，如图 6-100 所示。

图 6-100

3. 舞台截图

打开素材库（快捷键 S），为舞台添加一张图片，并调整其大小和位置，如图 6-101 所示。

图 6-101

新建一个图层，选择“矩形”工具（快捷键 R），在新图层上绘制一个与下层图片大小位置一致的矩形。在“属性”面板中将其命名为“截图区域”，并将“透明度”设置为 0，如图 6-102 所示。

单击第 1 页下方的 + 图标，新建一个页面，如图 6-103 所示。

图 6-102

图 6-103

回到第 1 页，选中图层 0 的图片，按快捷键 Ctrl+C 复制。再单击第 2 页，在舞台上按快捷键 Ctrl+Shift+V 原位粘贴，并在“属性”面板设置其名称为“截图后”，如图 6-104 所示。

回到第 1 页，选择“文字”工具（快捷键 T），在图层 0 图片的下方放置一个文本框，输入“舞台截图”，并将其“填充色”设置为黑色，如图 6-105 所示。

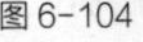

图 6-104

图 6-105

选中“舞台截图”文本框，按快捷键 X，打开“编辑行为”对话框。展开“属性控制”列表，选择“舞台截图”选项，将“触发条件”设置为“点击”，设置点击即舞台截图的行为，单击“编辑”图标，如图 6-106 所示。

打开“参数”对话框，设置“指定区域”为“截图区域”，将“目标图片”设置为“截图后”，将“操作成功后”设置为“跳转到页”，然后单击“确认”按钮，如图 6-107 所示。

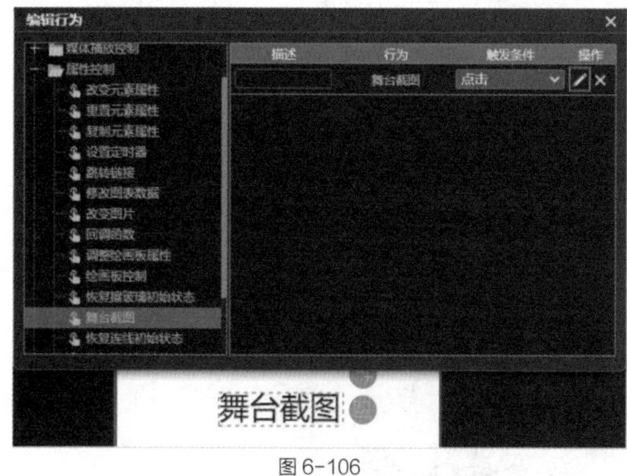

图 6-106

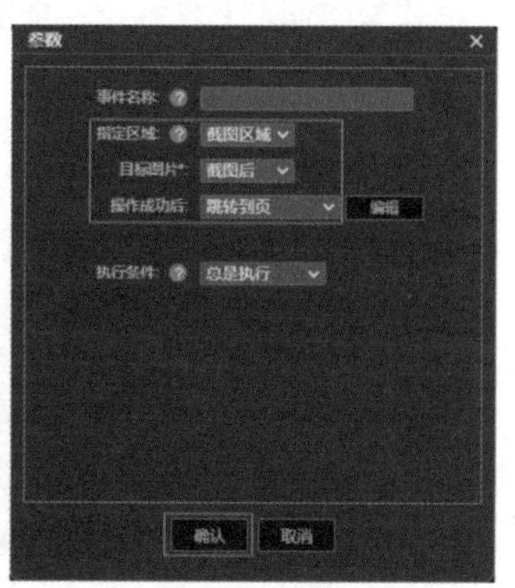

图 6-107

在新打开的“参数”对话框中，设置“页名称”为“第 2 页”，单击“确认”按钮，如图 6-108 所示。

设置完成后，回到原“参数”面板，再次单击“确认”按钮，如图 6-109 所示。

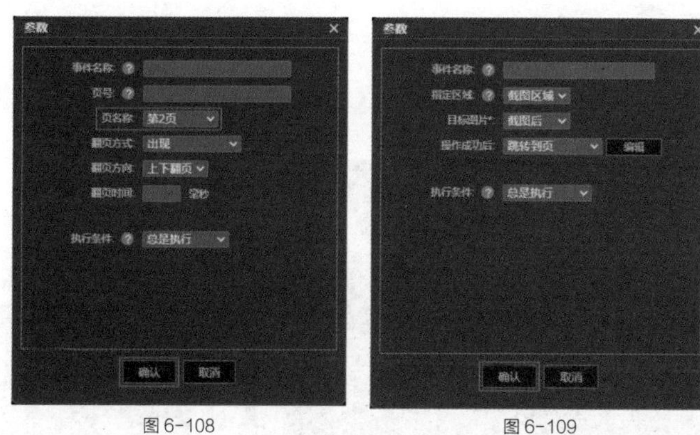

图 6-108　　图 6-109

将文件保存（快捷键 Ctrl+S），单击“舞台截图”按钮，查看效果，如图 6-110 所示。单击“内容共享”按钮，可生成二维码，使用移动设备预览。

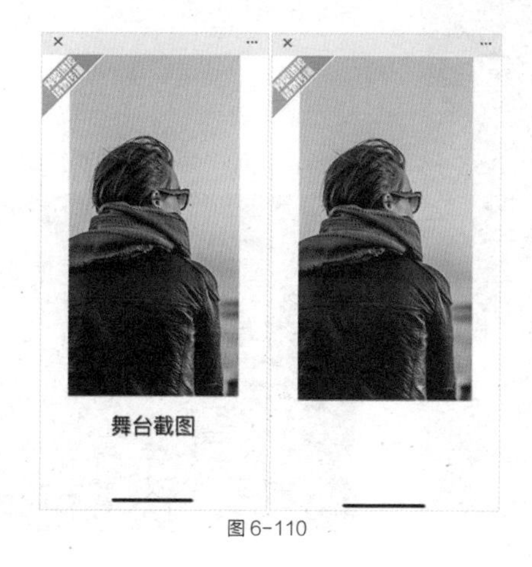

图 6-110

6.3 课堂案例：头像生成器

素材位置	素材文件 >CH06> 课堂案例：头像生成器
视频位置	视频文件 >CH06> 课堂案例：头像生成器
技术掌握	掌握图片行为的运用方法

本案例通过制作头像生成器，引导读者掌握“定制图片”“舞台截图”“改变元素属性”等图片行为的运用方法，效果如图 6-111 所示。

图 6-111

制作步骤

01 新建一个默认“宽度”320 像素、“高度”626 像素的“竖屏”文件，单击“确认”按钮，如图 6-112 所示。

02 在“属性”面板中，设置作品名为“【课堂案例】头像生成器”，如图 6-113 所示。

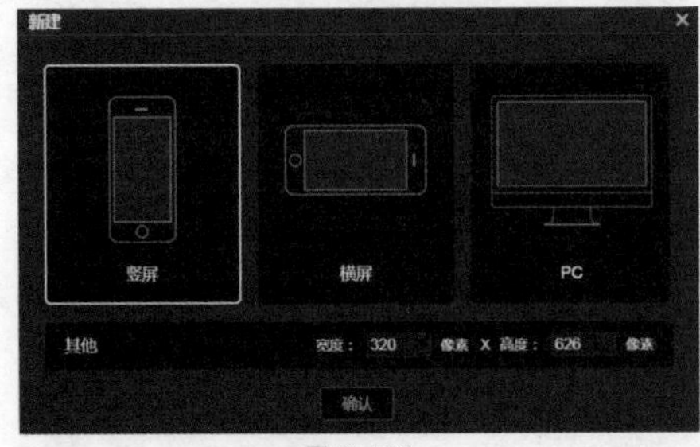

图 6-112

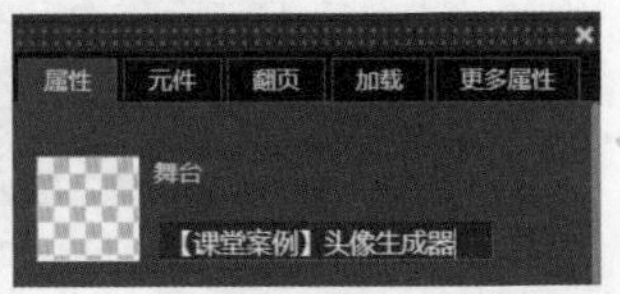

图 6-113

03 将图层 0 命名为“暂停”，然后在第一帧关键帧上面单击鼠标右键，选择“添加行为”，如图 6-114 所示。

04 打开“编辑行为”对话框，展开“动画播放控制”列表，选择“暂停”选项，如图 6-115 所示。

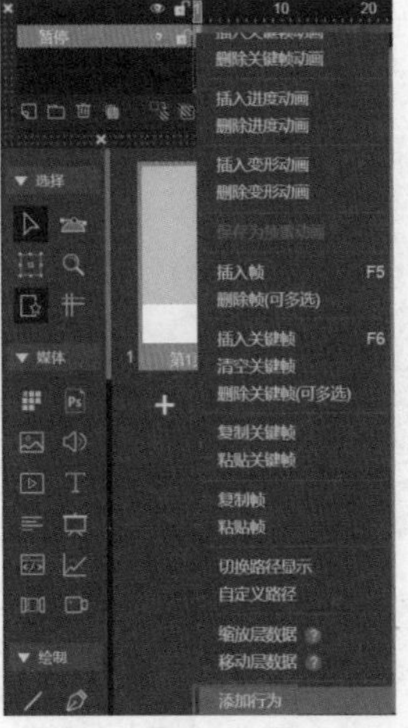

图 6-114

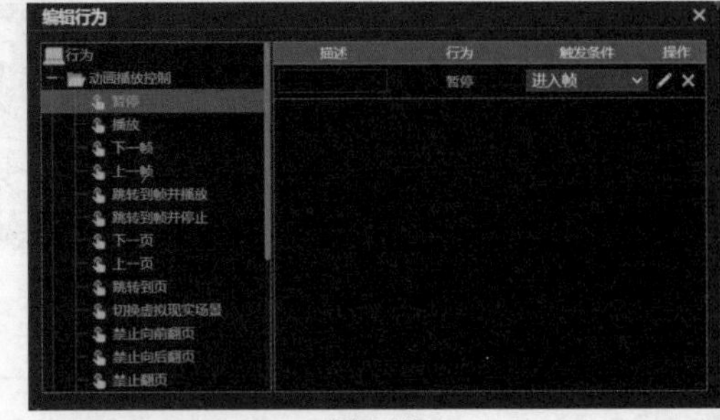

图 6-115

05 单击“新建图层”按钮，新建一个图层，并命名为“背景”，如图 6–116 所示。

06 按快捷键 S，打开“素材库”对话框。选择“6.3 背景 .jpg”素材，单击“添加”按钮，将背景素材添加到舞台，如图 6–117 所示。

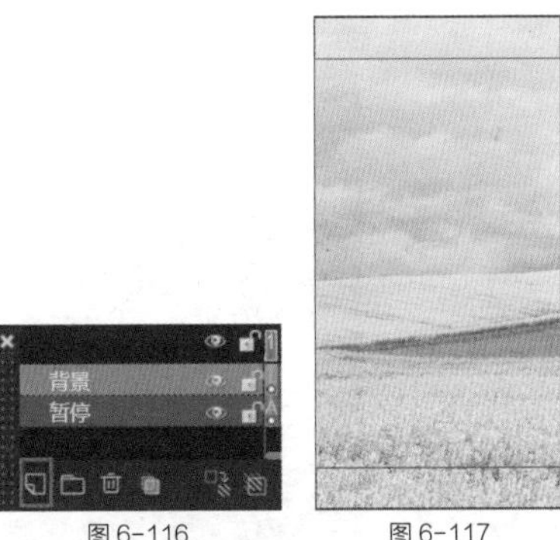

图 6–116　　图 6–117

07 单击“新建图层”按钮，在“背景”图层上面新建一个图层，并命名为“头像”，如图 6–118 所示。

08 选择“矩形”工具（快捷键 R），按住 Shift 键，在“头像”图层舞台正中央绘制一个矩形，在“属性”面板设置其“宽”“高”都为 118 像素，“填充色”为白色，并将其命名为“头像”，如图 6–119 所示。

图 6–118　　图 6–119

09 将元素“头像”移动到舞台中心线，如图 6–120 所示。

10 选中“头像”图形，按快捷键 X，打开“编辑行为”对话框。展开“微信定制”列表，选择“显示微信头像”选项，将“触发条件”设置为“出现”，设置出现即显示微信头像的行为，如图 6–121 所示。

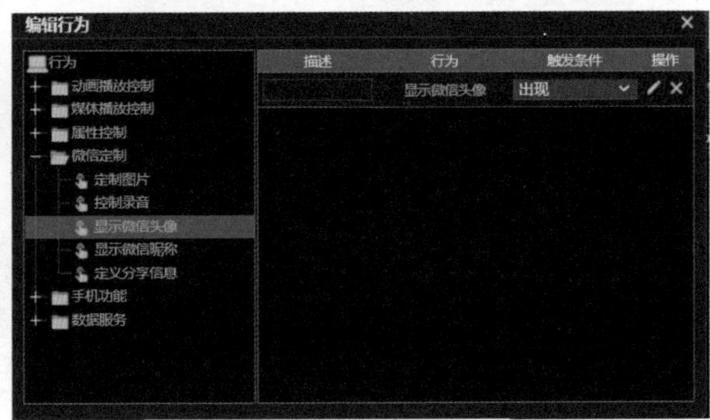

图 6–120　　图 6–121

⑪ 单击“新建图层”按钮，在“头像”图层上面新建一个图层，并命名为“样式”，如图 6–122 所示。

⑫ 选择“矩形”工具（快捷键 R），在“样式”图层绘制一个矩形，设置其“宽”为 118，“高”为 50，“填充色”为浅绿色，如图 6–123 所示。

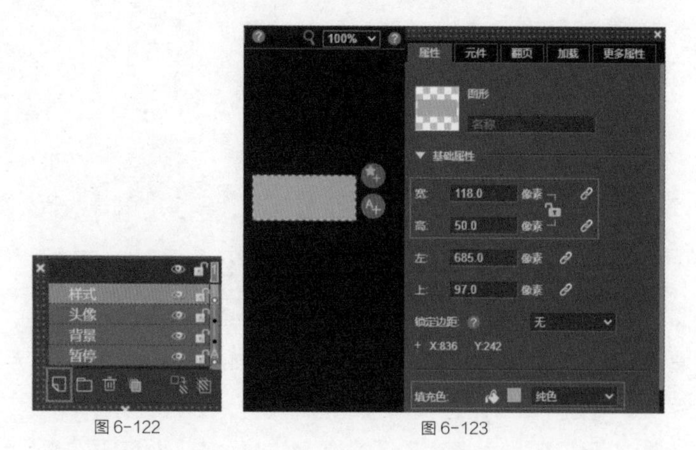

图 6–122　　图 6–123

⑬ 选择“节点”工具（快捷键 A），单击右上角的节点，按住 Ctrl 键，在顶边单击增加两个节点，如图 6–124 所示。

⑭ 分别单击增加的两个节点，通过调整滑竿调节两个节点的幅度，如图 6–125 所示。

⑮ 将图形移动到“头像”图形上方，并与之底边重合，如图 6–126 所示。

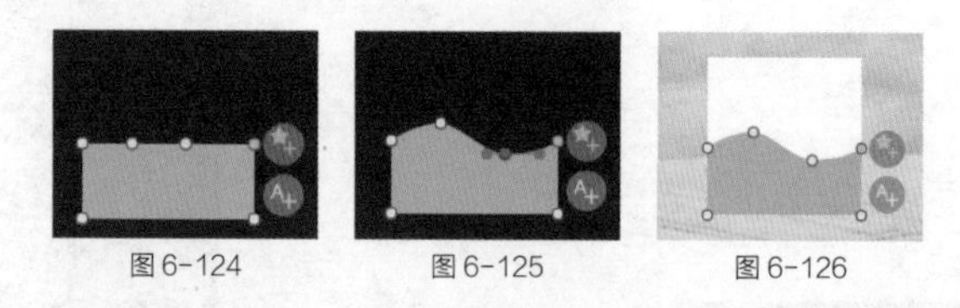

图 6–124　　图 6–125　　图 6–126

⑯ 选择“文字”工具（快捷键 T），在上方输入“我爱环保”文本内容，并在“属性”面板中设置“填充色”为白色，字体加粗，“大小”为 16，“字间距”为 3 像素，并调整其到适合的位置，如图 6–127 所示。

⑰ 选择“样式”层的两个元素，单击鼠标右键，选择“组”菜单中的“组合”选项，如图 6–128 所示。

⑱ 在“属性”面板中，将组命名为“样式”，如图 6–129 所示。

图 6–127　　图 6–128　　图 6–129

⑲ 单击“新建图层”按钮，在“样式”图层上面新建一个图层，并命名为“截图”，如图 6–130 所示。

⑳ 选择“矩形”工具（快捷键 R），在“截图”图层绘制一个矩形，将其命名为“截图层”，设置“宽”“高”都为 118，“透明度”为 0，调整其位置与“头像”元素重合，如图 6–131 所示。

图 6–130

图 6–131

㉑ 单击“新建图层”按钮，在“截图”图层上面新建一个图层，并命名为“按钮”，如图 6–132 所示。

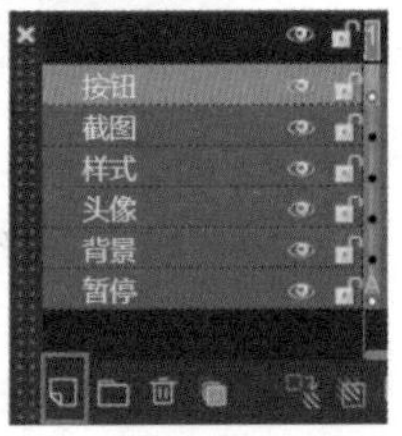

图 6–132

㉒ 选择“矩形”工具（快捷键 R），在“按钮”图层绘制一个矩形，在“属性”面板“滤镜”的下拉菜单中，选择“阴影”，单击旁边的 + 图标，设置阴影大小为 1 像素，“水平偏移”为 1 像素，“垂直偏移”为 1 像素，如图 6–133 所示。

㉓ 选择“文字”工具（快捷键 T），在上方输入“更改头像”文本内容，并在“属性”面板设置“填充色”为黑色，字体加粗，“大小”为 16，“字间距”为 3 像素，并调整其到适合的位置，如图 6–134 所示。

图 6–133

图 6–134

㉔ 选择“按钮”层的两个元素，单击鼠标右键，选择“组”菜单中的“组合”选项，如图 6–135 所示

图 6–135

㉕ 选中组，按快捷键 Ctrl+C 复制，再按快捷键 Ctrl+V 粘贴，将复制的按钮调整到合适的位置，并双击该组，进入组编辑，将文字更改为“生成头像”，如图 6–136 所示。

图 6–136

㉖ 回到舞台，单击“新建图层”按钮，在“按钮”图层上面新建一个图层，并命名为“结果”，如图 6-137 所示。

㉗ 在该图层第 2 帧，插入关键帧（快捷键 F6），按快捷键 S，打开“素材库”对话框。选择“6.3 弹窗 .jpg”素材，单击“添加”按钮，将素材添加到舞台，如图 6-138 所示。

图 6-137

㉘ 选中“按钮”图层的按钮，按快捷键 Ctrl+C 复制，再回到“结果”图层第 2 帧，按快捷键 Ctrl+V 粘贴，并双击按钮组，进入组编辑，更改文字为“再试一次”，回到舞台，将按钮位置放在舞台下方，如图 6-139 所示。

图 6-138

图 6-139

㉙ 打开素材库（快捷键 S），选择一张白色图片并添加到舞台，修改图片尺寸并移动位置，命名为“截图后”，如图 6-140 所示。

㉚ 选择“文字”工具（快捷键 T），在矩形上方输入“请长按图片保存”，并在“属性”面板设置“填充色”为白色，“大小”为 16，并调整其到适合的位置，如图 6-141 所示。

图 6-140

㉛ 选择“按钮”图层的“更改头像”按钮，按快捷键 X，打开“编辑行为”对话框。展开“微信定制”列表，选择“定制图片”选项，将“触发条件”设为“点击”，设置点击即定制图片的行为，单击“编辑”图标，如图 6-142 所示。

图 6-141

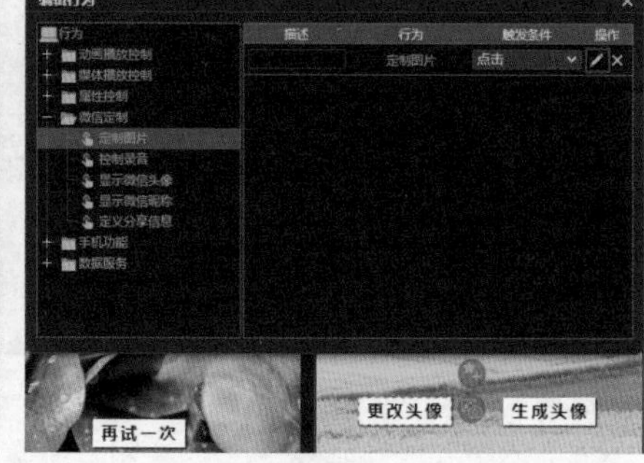

图 6-142

㉜ 打开“参数”对话框，设置“目标元素”为“头像”，单击“确认”按钮，如图 6-143 所示。

㉝ 在“按钮”图层选择“生成头像”按钮，按快捷键 X，打开“编辑行为”对话框。展开“属性控制”列表，选择“舞台截图”选项，将“触发条件”设为“点击”，如图 6–144 所示。

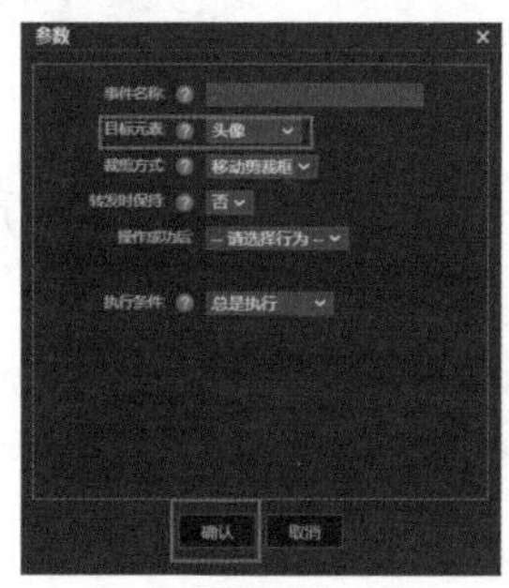

图 6–143

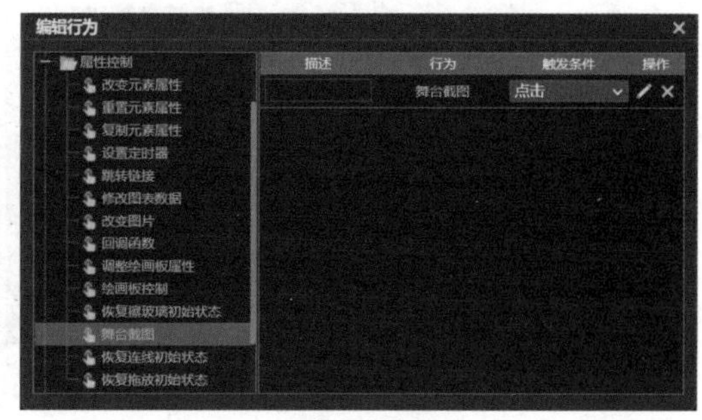

图 6–144

㉞ 单击“舞台截图”的“编辑”图标，打开“参数”对话框。设置“指定区域”为“截图层”，将“目标图片”设置为“截图后”，操作成功后选择“跳转到帧”，如图 6–145 所示。

㉟ 在弹出的窗口中，设置“帧号”为 2，“作用对象”为默认的“舞台”，单击“确认”按钮，如图 6–146 所示。

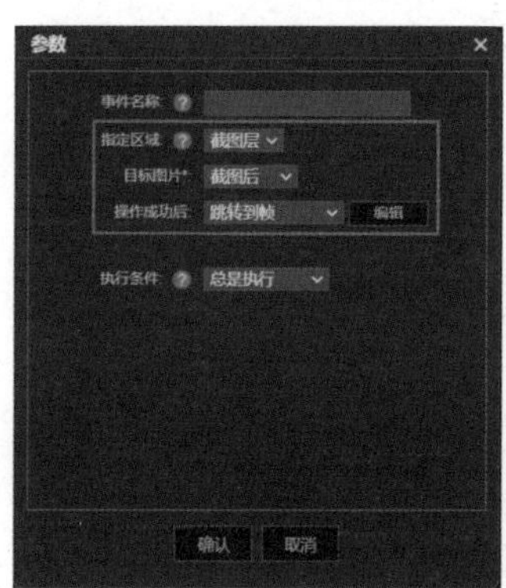

图 6–145

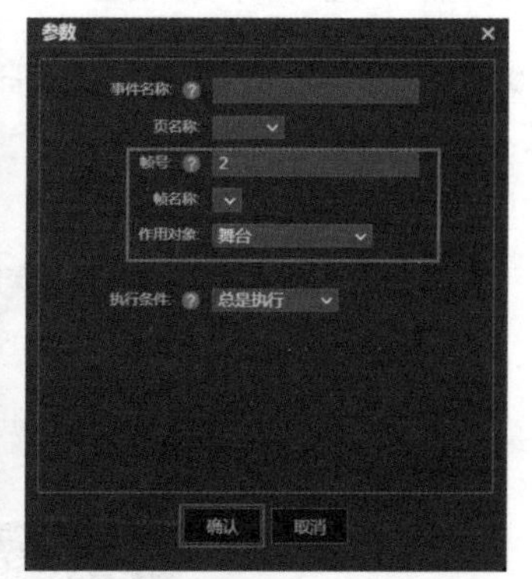

图 6–146

㊱ 在“结果”图层第 2 帧选择“再试一次”按钮，按快捷键 X，打开“编辑行为”对话框。展开“动画播放控制”列表，选择“上一帧”选项，将“触发条件”设置为“点击”，如图 6–147 所示。

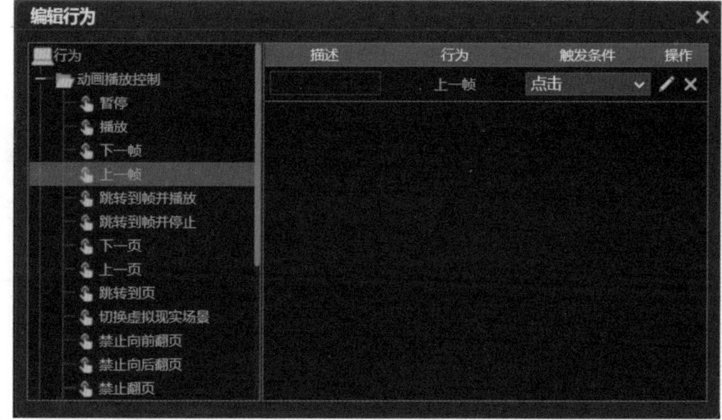

图 6–147

37 保存文件（快捷键 Ctrl+S），单击“内容共享”按钮，使用手机微信查看效果，如图 6-148 所示。

图 6-148

6.4 课后习题：问答测试

素材位置	素材文件 >CH06> 课后习题：问答测试
视频位置	视频文件 >CH06> 课后习题：问答测试
技术掌握	掌握帧的行为运用方法

本案例通过制作问答测试，引导读者掌握帧的行为运用方法，案例效果如图 6-149 所示。

图 6-149

制作思路

01 用绘图工具和文字工具制作问答测试首页，如图 6-150 所示。

02 制作问答测试内容，如图 6-151 所示。

03 制作问答测试结果，如图 6-152 所示。

图 6-150　图 6-151　图 6-152

第 7 章
关联与表单

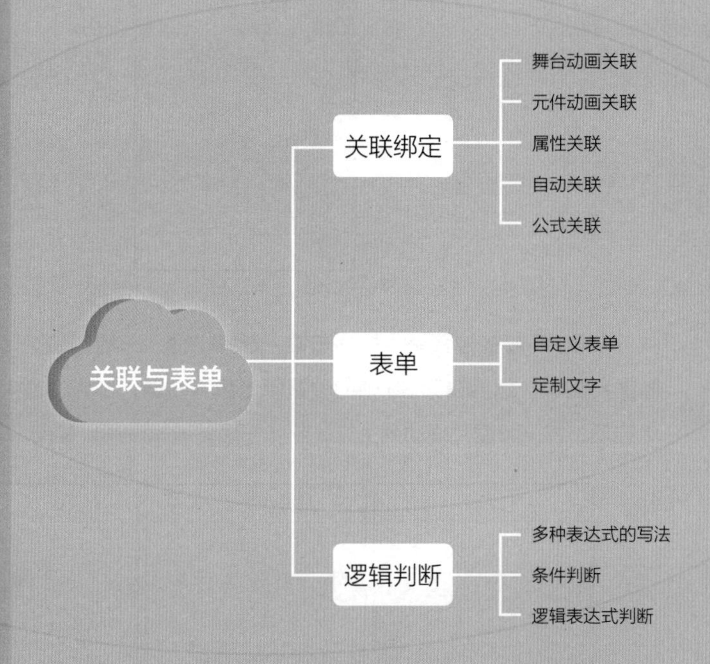
关联与表单
关联绑定
舞台动画关联
元件动画关联
属性关联
自动关联
公式关联
表单
自定义表单
定制文字
逻辑判断
多种表达式的写法
条件判断
逻辑表达式判断

7.1 关联绑定

7.1.1 舞台动画关联

关联动画是用另一个对象（关联对象）的属性（关联属性），去控制当前选中对象的属性的方式，下面举例具体说明。

打开素材库（快捷键 S），为舞台导入一张图片，如图 7-1 所示。

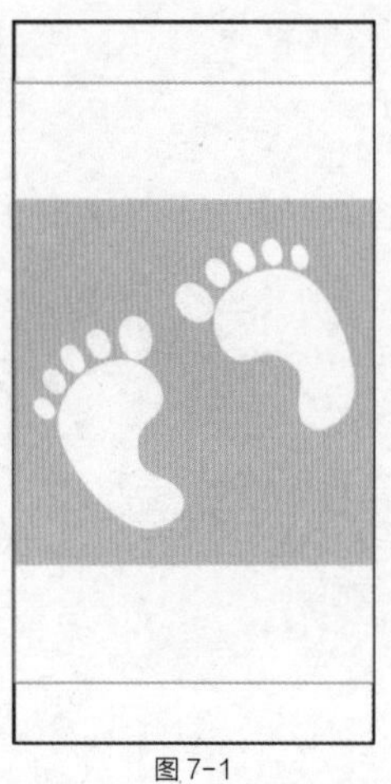

图 7-1

在第 15 帧的位置单击鼠标右键，选择“插入关键帧动画”菜单选项，将该帧图片缩小；然后在第 30 帧的位置单击鼠标右键，选择“插入关键帧动画”菜单选项，将该帧图片移动到上方，制作一段关键帧动画，如图 7-2 所示。

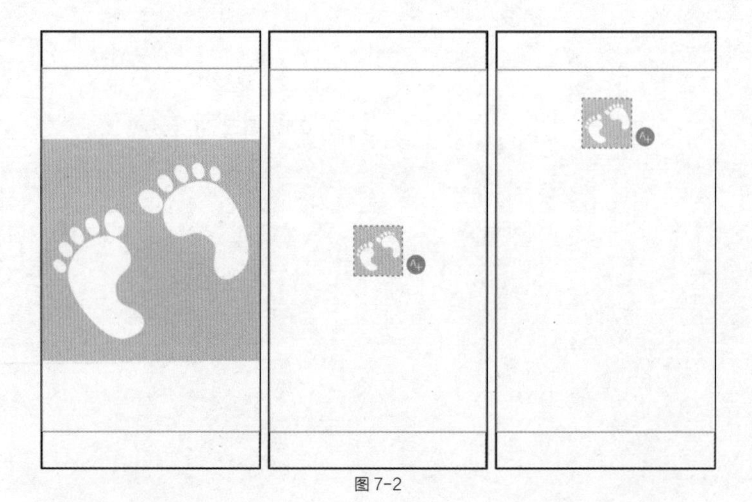

图 7-2

单击“新建图层”按钮，新建一个图层，命名为“控制”，如图 7-3 所示。

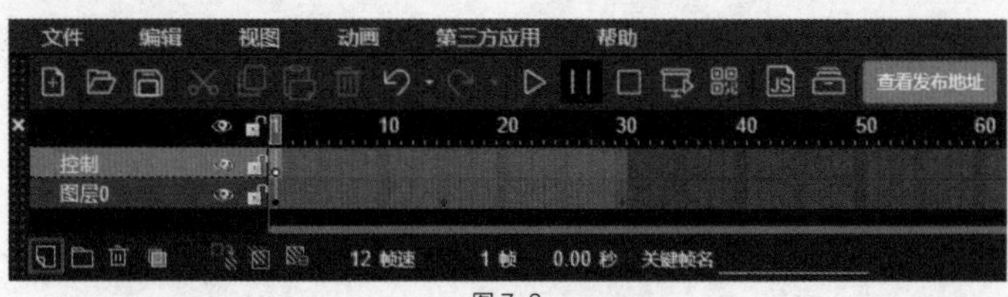

图 7-3

选择“矩形”工具（快捷键 R），在该图层绘制一个矩形，在“属性”面板中将其命名为“控制按钮”，设置“左”为 0 像素，“拖动”为“水平拖动”，如图 7-4 所示。

任意单击舞台中空白的地方，在“属性”面板中，将“动画关联”设置为“启用”，单击右边的“关联”图标，如图 7-5 所示。

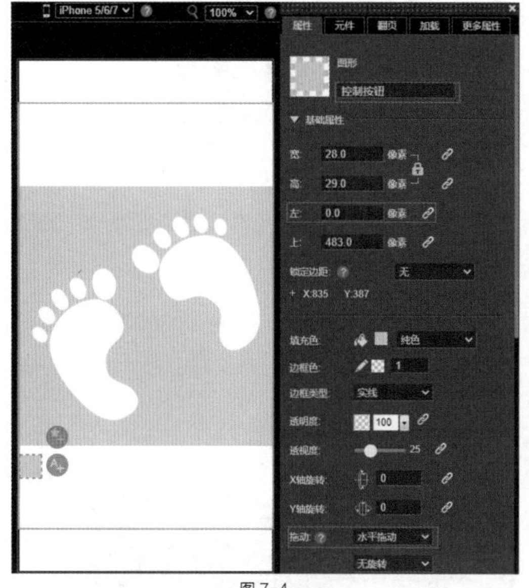

图 7-4

图 7-5

1.“切换”播放模式

将“关联对象”设置为“控制按钮”，将“关联属性”设置为“左”，设置“开始值”为 0，“结束值”为 150，“播放模式”为“切换”，如图 7-6 所示。

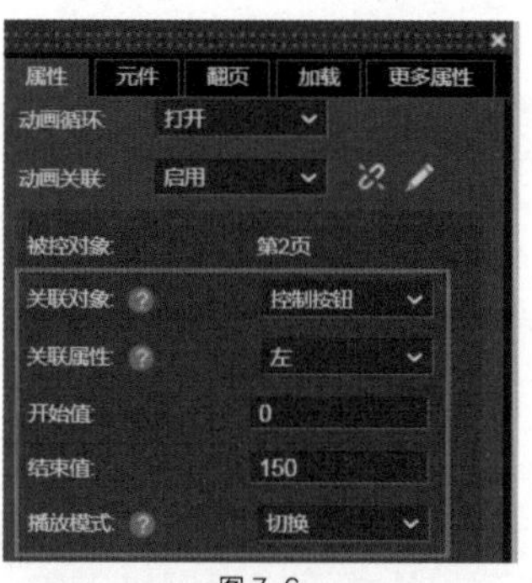

图 7-6

单击“预览”按钮，左右拖动矩形观看效果。此时，当矩形左端离舞台左边缘的距离值为 0~150 时，动画启动播放，当距离值大于 150 时，动画停止播放。

2.“同步”播放模式

将“播放模式”设置为“同步”，如图 7-7 所示。

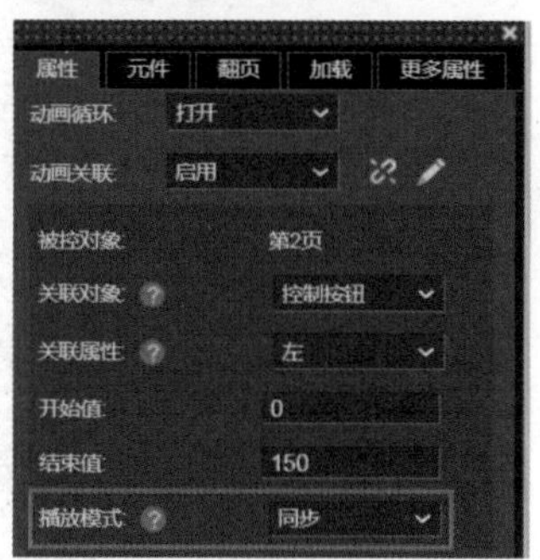

图 7-7

单击“预览”按钮，左右拖动矩形观看效果。此时，当矩形左端离舞台左边缘的距离值为 0~150 时，动画同步播放，当距离值大于 150 时，动画不再受控制。

7.1.2 元件动画关联

双击图层 0 的动画过渡帧（这个动作是全选帧），全选后时间线呈草绿色，然后按快捷键 Ctrl+C 复制，如图 7-8 所示。

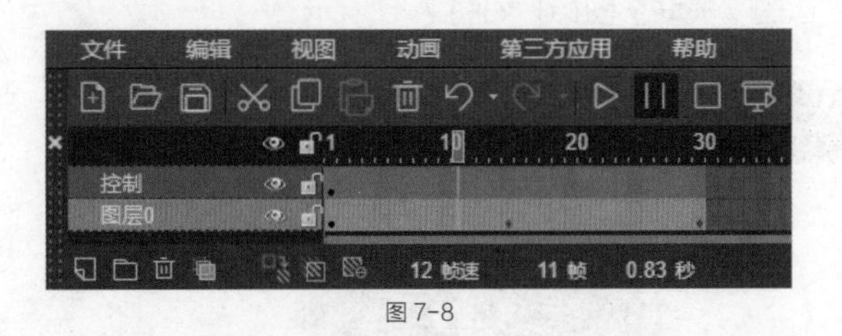

图 7-8

在“元件”面板中，单击“新建元件”按钮，这时元件库里会出现一个新的元件，双击进入元件，如图 7-9 所示。

在没有帧的地方按快捷键 Ctrl+V 粘贴，这样刚才的一整段动画就被粘贴过来了，如图 7-10 所示。单击第 1 帧，按快捷键 Ctrl+F5 删除。

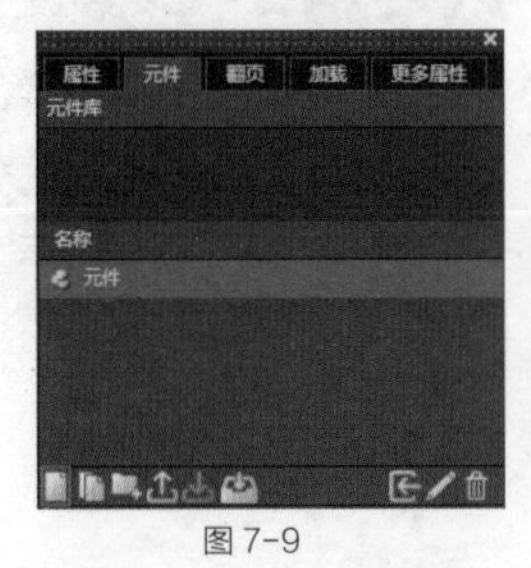

图 7-9

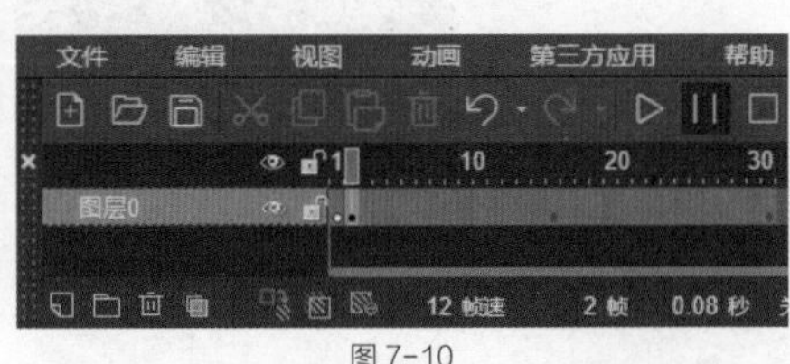

图 7-10

回到舞台，单击第一页下方的 + 图标，新建一个页面，如图 7-11 所示。

单击“元件”面板的“添加到绘画板”按钮，将新建的元件添加到第 2 页，如图 7-12 所示。

选择“矩形”工具（快捷键 R），在舞台上绘制一个矩形，命名为“元件遥控”，设置“拖动”为“垂直拖动”，即设置了可垂直拖动“元件遥控”，如图 7-13 所示。

图 7-11

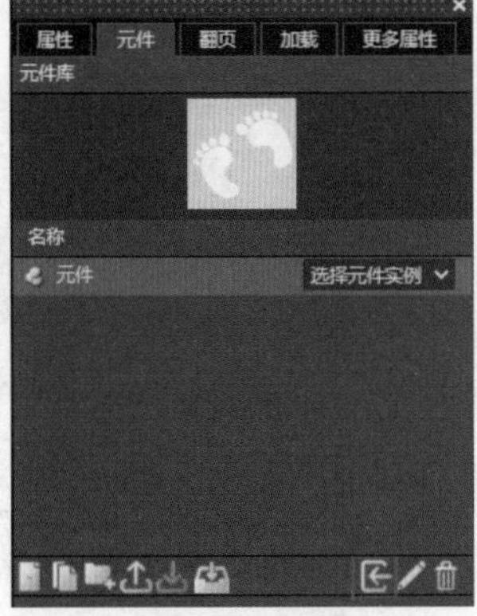

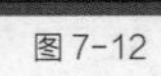

图 7-12

图 7-13

选中刚才添加到舞台上的元件，在“属性”面板中，将“动画关联”设置为“启动”，单击后面的“关联”图标，如图 7-14 所示。

图 7-14

1. “切换”播放模式

将“关联对象”设置为“元件遥控”，将“关联属性”设置为“上”，设置“开始值”为 180，“结束值”为 400，“播放模式”为“切换”，如图 7-15 所示。

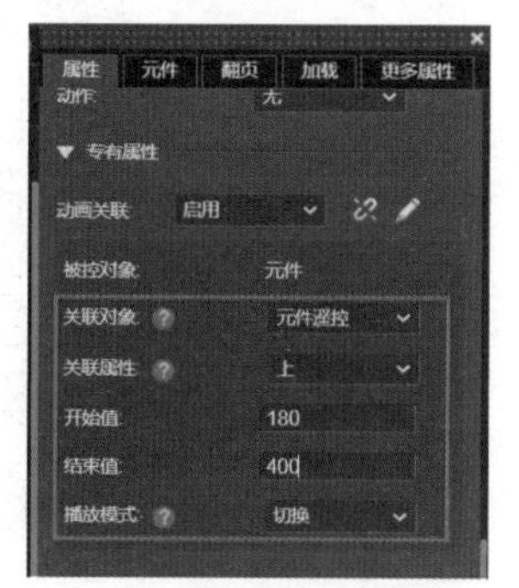

图 7-15

单击“预览”按钮，上下拖动矩形观看效果。此时，当矩形上端离舞台上边缘的距离值为 180~400 时，元件动画启动播放，当距离值小于 180 或大于 400 时，元件动画停止播放。

2. “同步”播放模式

将“播放模式”设置为“同步”，如图 7-16 所示。

图 7-16

单击“预览”按钮，上下拖动矩形观看效果。此时，当矩形上端离舞台上边缘的距离值为 180~400 时，元件动画同步播放，当距离值小于 180 或大于 400 时，元件动画不再受控制。

7.1.3　属性关联

选择“文字”工具（快捷键 T），在舞台上添加一个文本框，输入“属性关联”文本内容，在“属性”面板中，可以看出有很多类似别针的“关联”按钮，说明这些元素属性都可以进行关联，如图 7-17 所示。

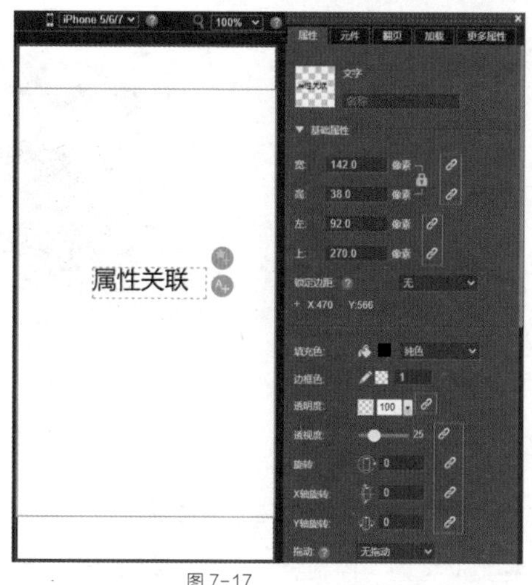

图 7-17

选择“矩形”工具（快捷键 R），在舞台上绘制一个矩形，在“属性”面板中，将其命名为“属性控制”，设置“左”为 0 像素，“拖动”为“水平拖动”，如图 7-18 所示。

选择“属性关联”文本框，在“属性”面板中，单击“透明度”的“关联”图标，设置“关联对象”为“属性控制”，将“关联属性”设置为“左”，如图 7-19 所示。

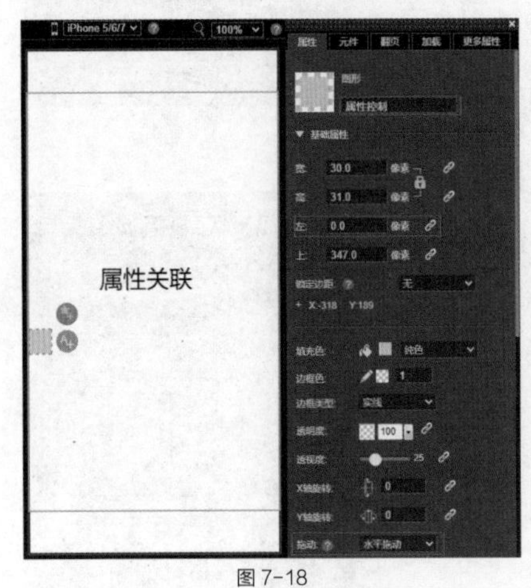

图 7-18

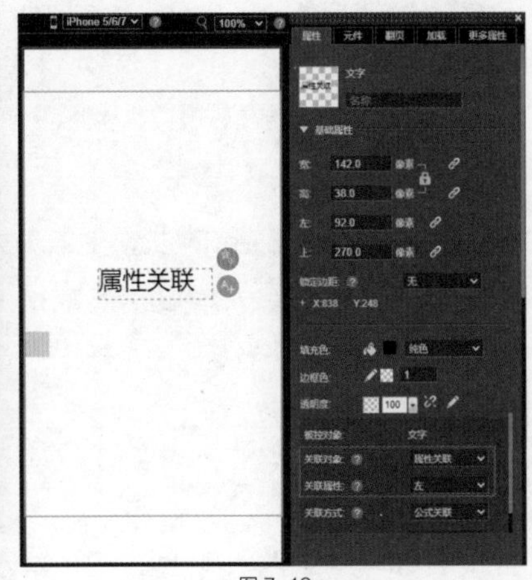

图 7-19

单击“预览”按钮，左右拖动矩形观看效果。此时，当矩形左端离舞台左边缘的距离值为 0~100 时，文字透明度会随着距离值的变化而改变，当距离值小于 0 或大于 100 时，文字透明度不会变化。

7.1.4 自动关联

打开素材库（快捷键 S），为舞台导入一张图片，如图 7-20 所示。

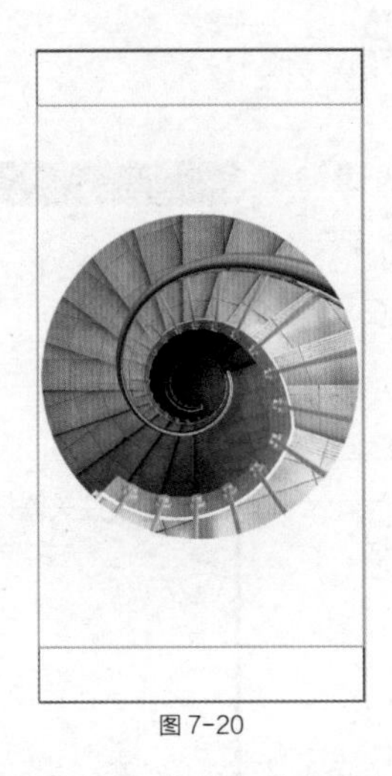

图 7-20

选择“矩形”工具（快捷键 R），在舞台绘制一个矩形，在“属性”面板中，将其命名为“控制器”，将“拖动”设置为“水平拖动”，如图 7-21 所示。

选择图片，在“属性”面板中，单击“左”的“关联”图标，设置“关联对象”为“控制器”，设置“关联属性”为“左”，将“关联方式”设置为“自动关联”，单击 3 次 + 图标，如图 7-22 所示。

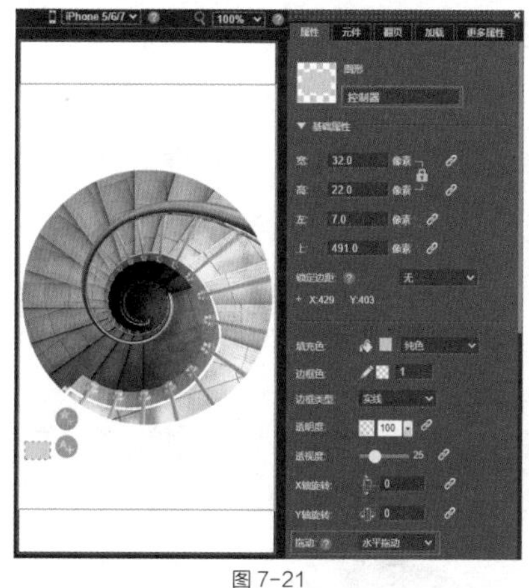

图 7-21

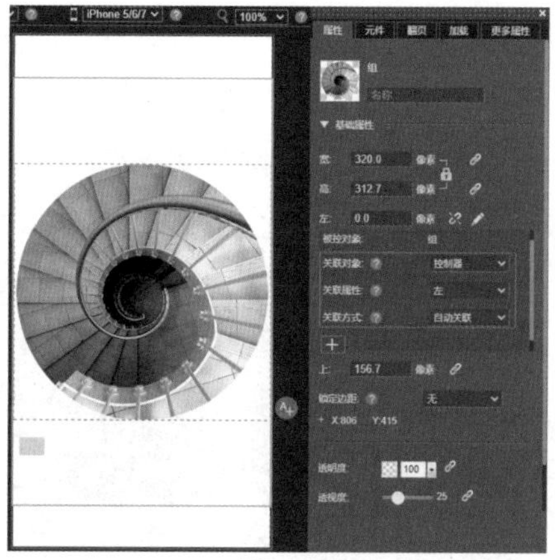

图 7-22

1. 三档控制

对新增的 3 组主控量与被控量进行设置（见图 7-23）：

① 主控量 = 20，被控量 = 320；

② 主控量 = 150，被控量 = 0；

③ 主控量 = 300，被控量 = 320。

单击“预览”按钮，左右拖动矩形观看效果。此时，当矩形的“左”值在 20~150 时，元素的位置会从右移向左；150~300 区间时，元素的位置会从左移向右；而当矩形的“左”值在 20 以下或 300 以上时，元素不受控制。

2. 两档控制

单击第一条主控量与被控量数据末端的“删除”图标，将第 1 条删掉，并将第 3 条的“主控量”设为 280，如图 7-24 所示。

单击“预览”按钮，左右拖动矩形观看效果。此时，当矩形的“左”值在 150~280 区间时，元素的位置会从左移向右，而当矩形的“左”值在 150 以下或 280 以上时，元素不受控制。

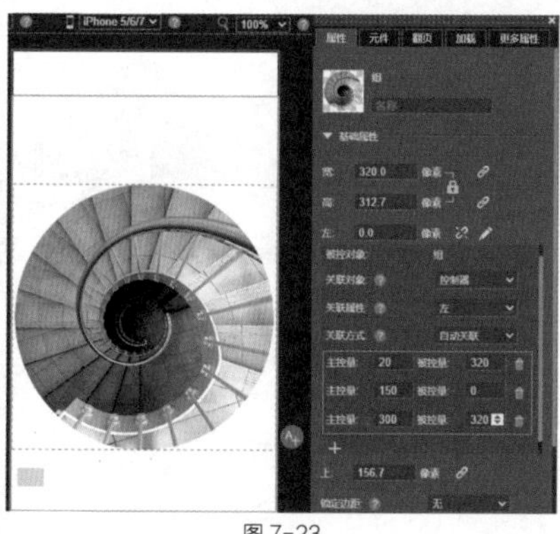

图 7-23

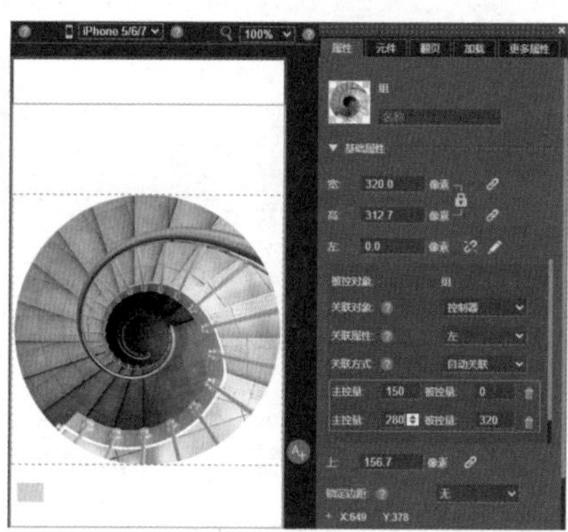

图 7-24

7.1.5 公式关联

小提示

被控量 = 关联属性 *3，即设置了被控对象文本框的内容，等于“控制器”矩形“左”值的 3 倍。

选择“文字”工具（快捷键 T），在舞台放置一个文本框（可以不输入文字）。在“属性”面板中，单击文本旁边的“关联”图标，将“关联对象”设置为“控制器”，将“关联属性”设置为“左”，将“关联方式”设置为“公式关联”，将“被控量 =”修改为“关联属性 *3”，如图 7-25 所示。

单击“预览”按钮，左右拖动矩形观看效果，此时的文字会转为数字，如图 7-26 所示。

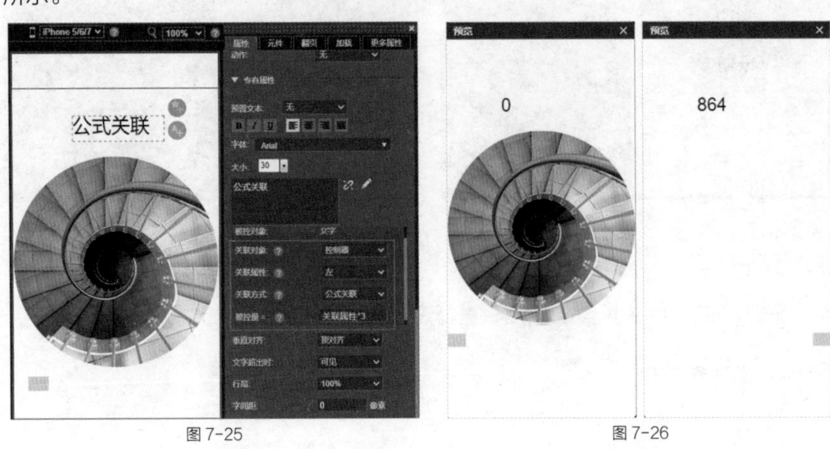

图 7-25　　图 7-26

7.2 表单

7.2.1 自定义表单

自定义表单包括输入框、单选框、多选框、列表框及提交表单等。其中，输入框类型又包括普通文本、文本域、电话号码、电子邮箱、日期、时间、数字等。

表单常用于报名填表、意见反馈、需求征集、线上预约、线上订购、会议签到、年会邀请等场景，下面举例具体讲解。

1. 输入框

选择“文字”工具（快捷键 T），建立文本框，同时更改内容，排列位置，如图 7-27 所示。

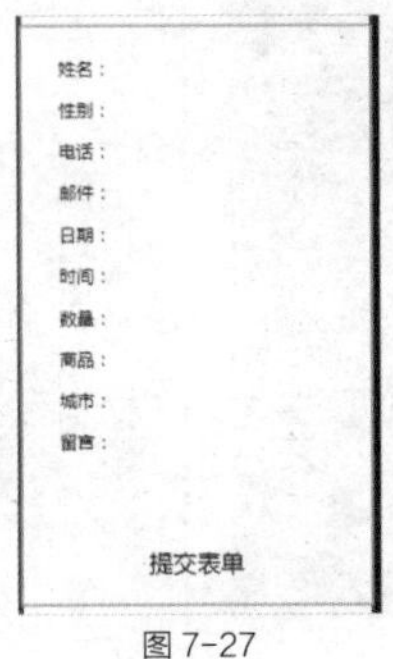

图 7-27

单击“表单”工具组的“输入框”，如图 7-28 所示。在“姓名”文本框后面放置一个输入框，重命名为“姓名”，如图 7-29 所示。

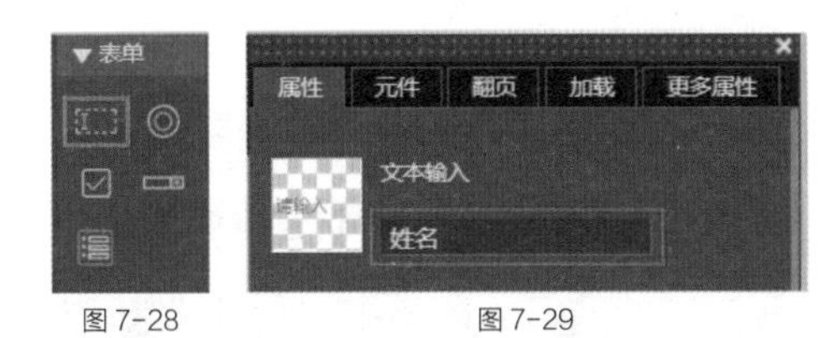

图 7-28　　　　图 7-29

设置文字左右居中，“大小”为 16，“提示文字”为“请输入姓名”，将“必填项”设置为“是”，如图 7-30 所示。

选择“姓名”后的输入框，按快捷键 Ctrl+C 复制，再按快捷键 Ctrl+V 粘贴 6 个，分别放置在相应的位置，然后全选这些输入框，单击鼠标右键，选择“对齐”菜单中的“左对齐”选项，如图 7-31 所示。

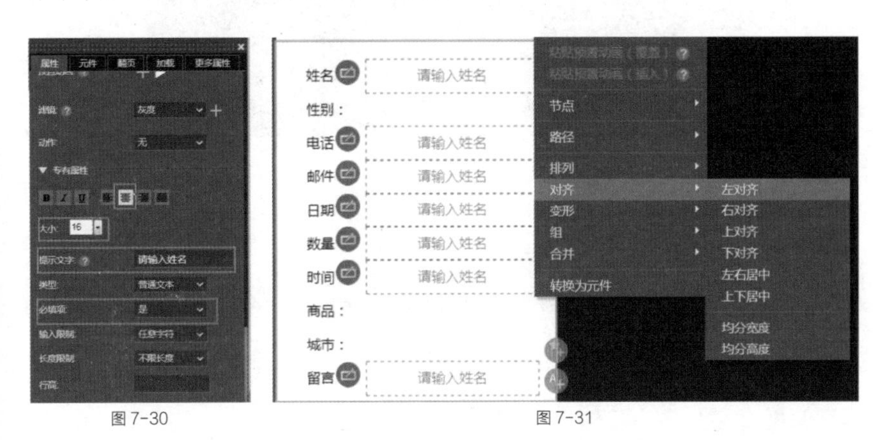

图 7-30　　　　图 7-31

将“电话”后面的输入框重命名为“电话”，修改“提示文字”为“请输入电话”，设置“类型”为“电话号码”，如图 7-32 所示。

将“邮件”后面的输入框重命名为“邮件”，修改“类型”为“电子邮箱”，如图 7-33 所示。

图 7-32

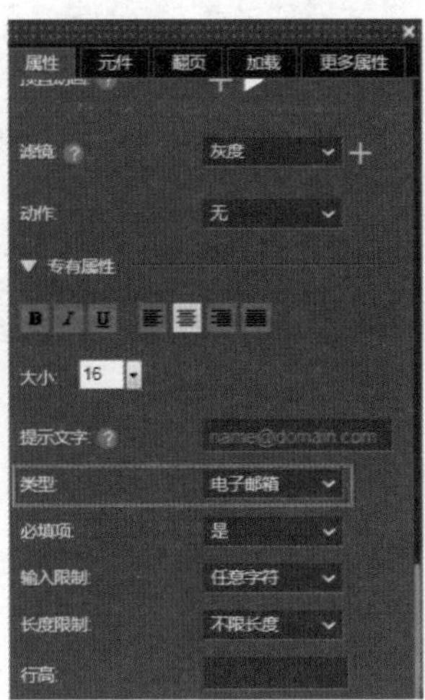

图 7-33

将“日期”后面的输入框重命名为“日期”，修改“类型”为“日期”，如图 7-34 所示。

将“时间”后面的输入框重命名为“时间”，修改“类型”为“时间”，如图 7-35 所示。

图 7-34

图 7-35

将“数量”后面的输入框重命名为“数量”，修改“提示文字”为“请输入数量”，将“类型”设置为“数字”，如图 7-36 所示。

将“留言”后面的输入框重命名为“留言”，修改“提示文字”为“请输入留言”，将“类型”设置为“文本域”，如图 7-37 所示。

调整“留言”输入框的高度，如图 7-38 所示。

图 7-36

图 7-37

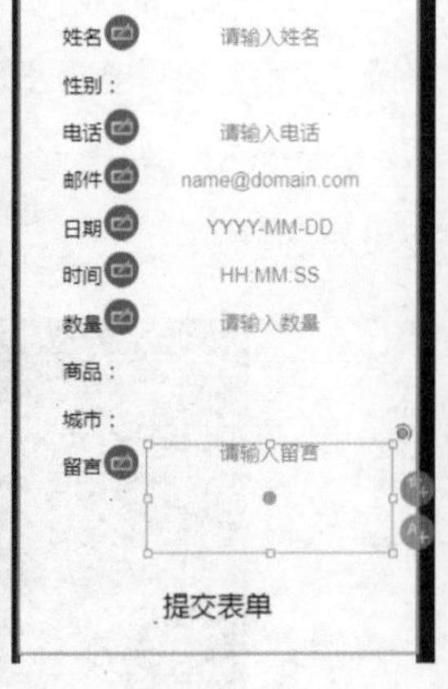

图 7-38

2. 单选框

单击“表单”工具组的“单选框”工具，如图 7-39 所示。

图 7-39

在“性别”文本框后面放置一个单选框，重命名为“性别”，设置文字左右居中，“大小”为 16，“必填项”为“是”，将“标签”隔行输入“男”“女”，如图 7-40 所示。

在舞台中调整单选框到合适的位置，如图 7-41 所示。

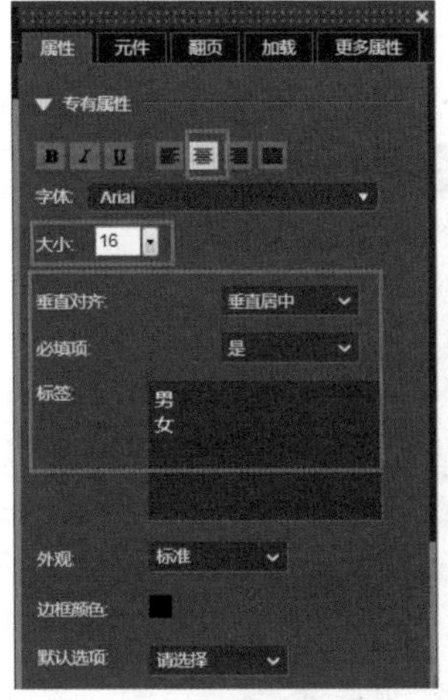

图 7-40

图 7-41

3. 多选框

单击“表单”工具组的“多选框”工具，如图 7-42 所示。

图 7-42

在“商品”文本框后面放置一个多选框，重命名为“商品”，设置文字左右居中，“大小”为 16，“必填项”为“是”，将“标签”换行输入“房间 1”“房间 2”，如图 7-43 所示。

调整好多选框在舞台的位置，如图 7-44 所示。

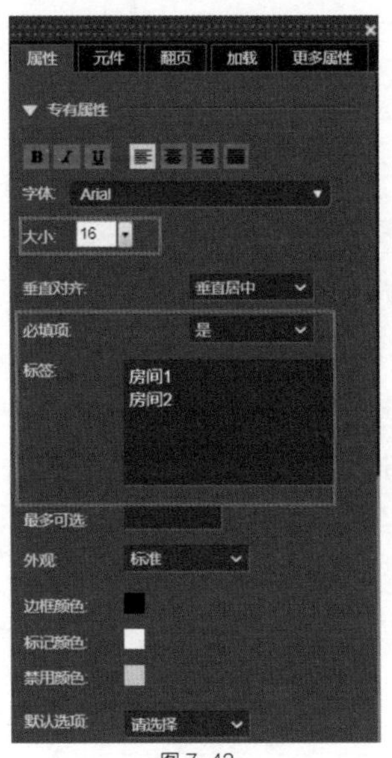

图 7-43

图 7-44

4. 列表框

单击“表单”工具组的“列表框”工具，如图 7-45 所示。

图 7-45

在“城市”文本框后面放置一个列表框，重命名为“城市”，设置文字左右居中，“大小”为 16，“提示文字”输入“请选择城市”，将“选项”换行输入“北京”“上海”“广州”，如图 7-46 所示。

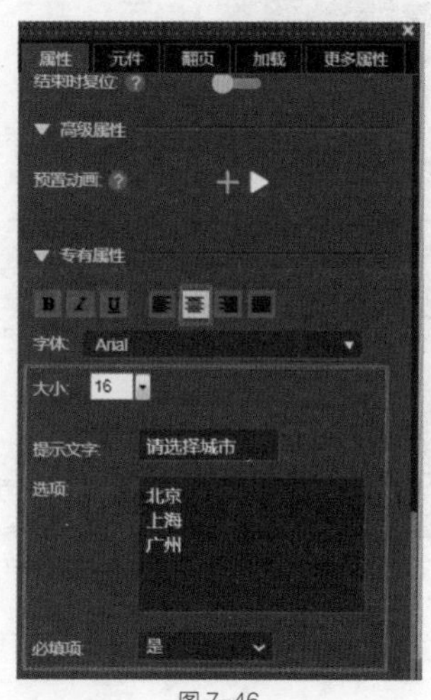

图 7-46

5. 提交表单

单击第 1 页下面的 + 图标，新建一个页面，如图 7-47 所示。

选择“文字”工具（快捷键 T），在新建的页面放置一个文本框，命名为“第 2 页”，如图 7-48 所示。

图 7-47

图 7-48

回到第 1 页，选择“提交表单”文本框，按快捷键 X，打开“编辑行为”面板，执行以下操作：展开“动画播放控制”列表，选择“禁止翻页”，将“触发条件”设置为“出现”；展开“数据服务”列表，选择“提交表单”，将“触发条件”设置为“点击”，单击“编辑”图标，如图 7-49 所示。

在“参数”对话框中把“提交对象”的所有项目都选中，设置“操作成功后”为“跳转到页”，单击后面的“编辑”按钮，如图 7-50 所示。

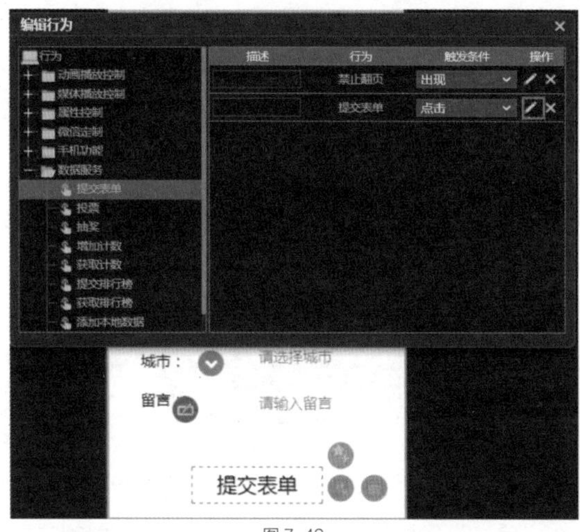

图 7-49

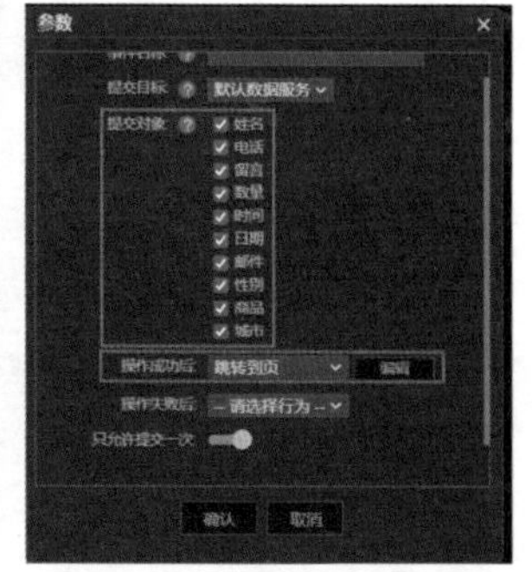

图 7-50

在弹出的窗口中，将“页名称”设置为“第 2 页”，单击“确认”按钮，如图 7-51 所示。

完成设置，确认无误后，单击“确认”按钮，如图 7-52 所示。如果打开“只允许提交一次”开关，则相同的客户端用户只能提交一次数据。

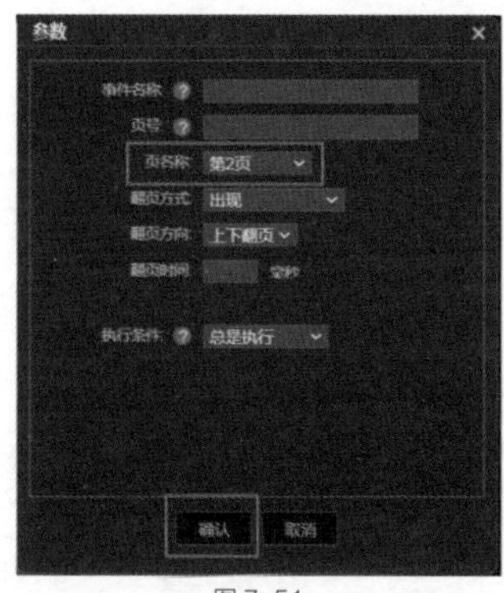

图 7-51

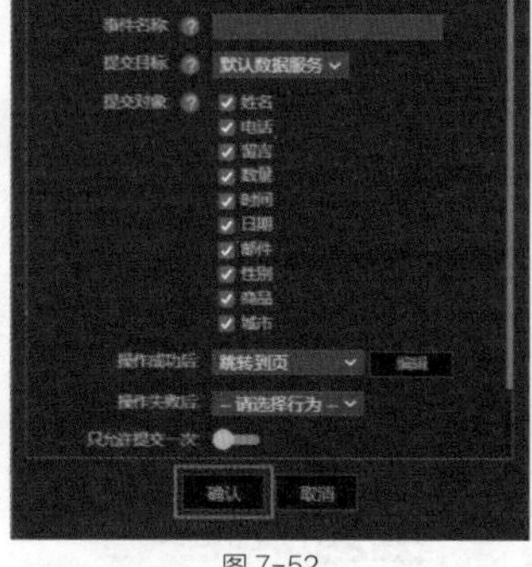

图 7-52

保存文件（快捷键 Ctrl+S），单击“预览”按钮，分别输入和选择各项内容，单击“提交表单”按钮，观看效果，如图 7-53 所示。

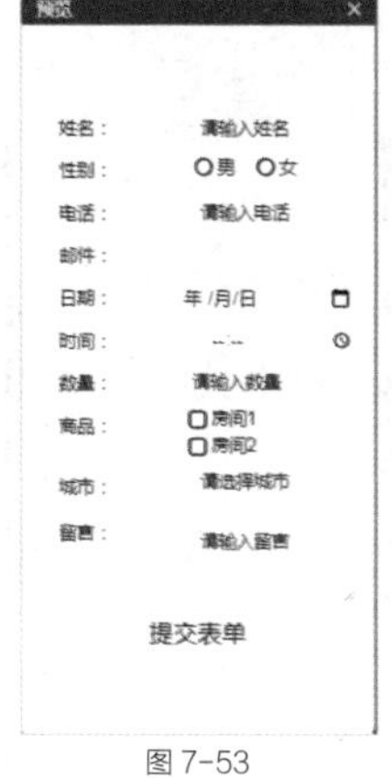

图 7-53

6. 数据管理

在工作台中，单击“我的作品”，找到该作品，如图 7-54 所示。

单击作品下面的“数据”按钮，如图 7-55 所示。

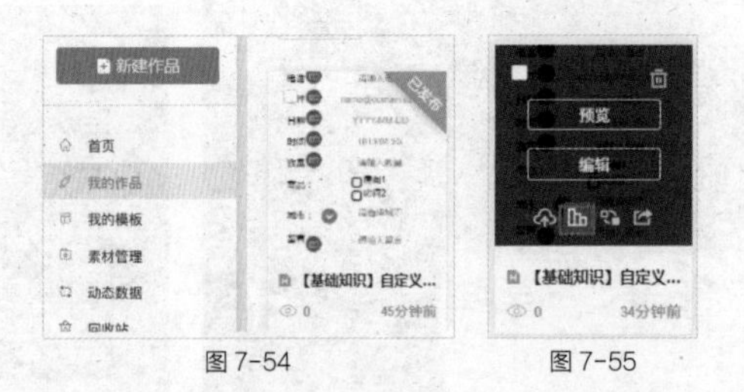

图 7-54　　图 7-55

在出现的页面中，单击“用户数据”选项卡，这时该作品提交的所有数据都会呈现出来。在该页面可以全选、单选进行删除管理，也可以单击右上角的“导出数据”按钮，将用户数据下载到本地电脑里，当进度条走完时，会在窗口左下角出现一个压缩包，里面会包含一个 .csv 格式的表格文件，如图 7-56 所示。

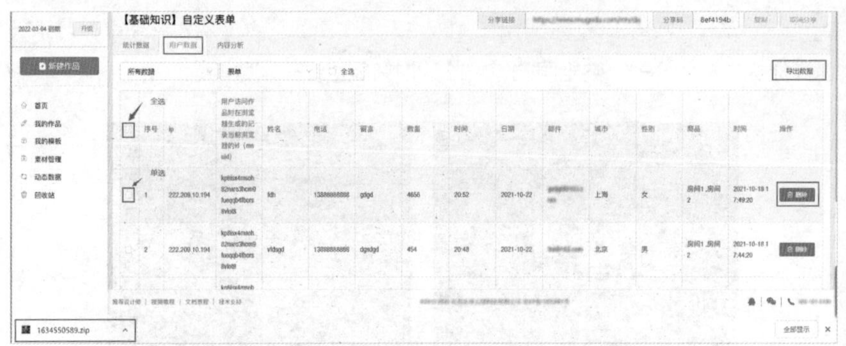

图 7-56

7.2.2 定制文字

定制文字一般用于节日贺卡等场景，下面举例具体讲解。

选择“文字”工具（快捷键 T）和“段落文本”工具，建立文本框，同时输入内容，调整字体大小并进行排列，如图 7-57 所示。

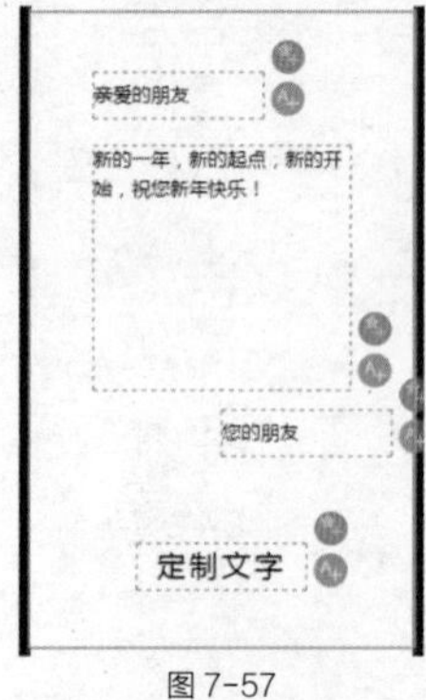

图 7-57

分别将前面的 3 个文本框命名为“收卡人”“贺卡内容”“发卡人”，选择“定制文字”的文本框，在“属性”面板将“动作”设置为“表单”，如图 7-58 所示。

单击“定制文字”文本框旁边的编辑按钮，如图 7-59 所示。

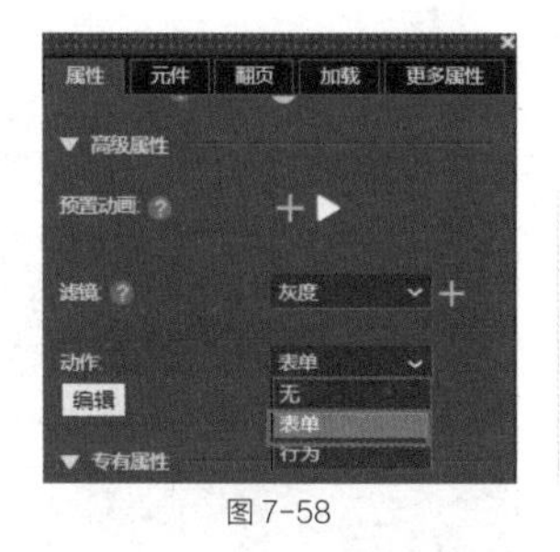

图 7-58

图 7-59

在“编辑表单”对话框中，设置“提交目标”为“微信定制入口”，“确认消息”为“定制成功！”，单击“表单项”后面的“添加表单项”按钮，如图 7-60 所示。

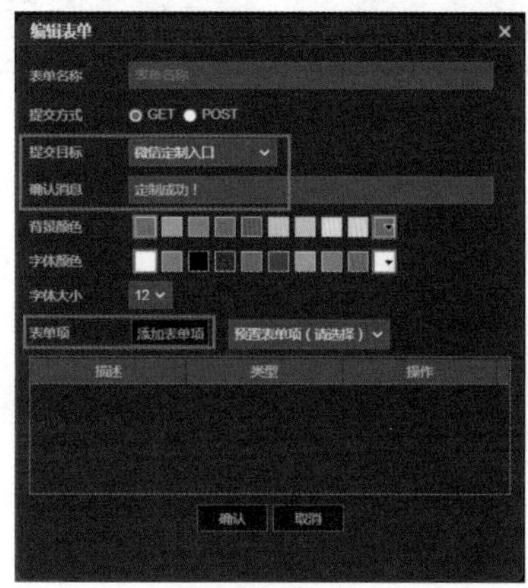

图 7-60

在“添加表单项”对话框中，为“名称”“描述”都输入“收卡人”，选中“必填项”，单击“保存”按钮，如图 7-61 所示。

单击“表单项”后面的“添加表单项”按钮，在“添加表单项”对话框中，为“名称”“描述”输入“贺卡内容”，将“类型”设置为“文本域”，选中“必填项”，单击“保存”按钮，如图 7-62 所示。

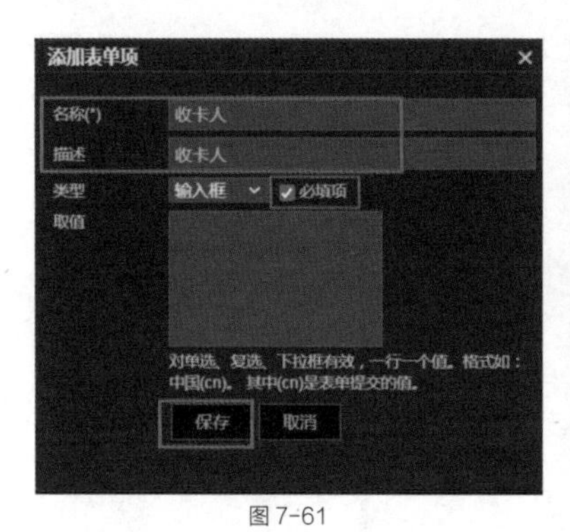

图 7-61

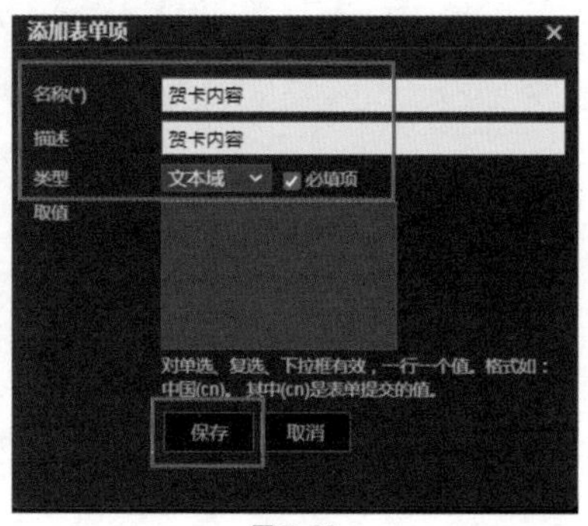

图 7-62

再次单击“表单项”后面的“添加表单项”按钮，在“添加表单项”对话框中，为“名称”“描述”输入“发卡人”，选中“必填项”，单击“保存”按钮，如图 7-63 所示。

单击“编辑表单”对话框中的“确认”按钮，如图 7-64 所示。

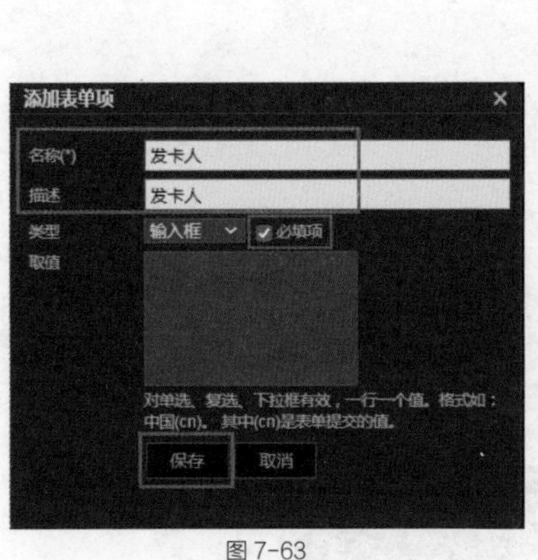

图 7-63

图 7-64

单击“共享内容”按钮，用移动设备扫描二维码，输入相应的内容，单击“定制文字”按钮，观看效果。

7.3 逻辑判断

7.3.1 多种表达式的写法

1. 取值的方法

取值的表达式包含以下几种：

{{ 元素名称 .top}} 上坐标

{{ 元素名称 .left}} 左坐标

{{ 元素名称 .height}} 元素的高

{{ 元素名称 .width}} 元素的宽

{{ 元素名称 .text}} 元素的文本内容

示例：显示属性

在舞台上绘制一个圆形、放置一个文本框、制作一个按钮，如图 7-65 所示。将圆形命名为“小球”，将文本框命名为“显示属性”。

图 7-65

选择“取值”按钮，按快捷键 X，打开“编辑行为”对话框。展开“属性控制”列表，选择“改变元素属性”选项，将“触发条件”设置为“点击”，单击“编辑”图标，如图 7-66 所示。

将“元素名称”设置为“显示属性”，将“元素属性”设置为“文本或取值”，为“取值”输入“{{ 小球 .top}}”，单击“确认”按钮，如图 7-67 所示。

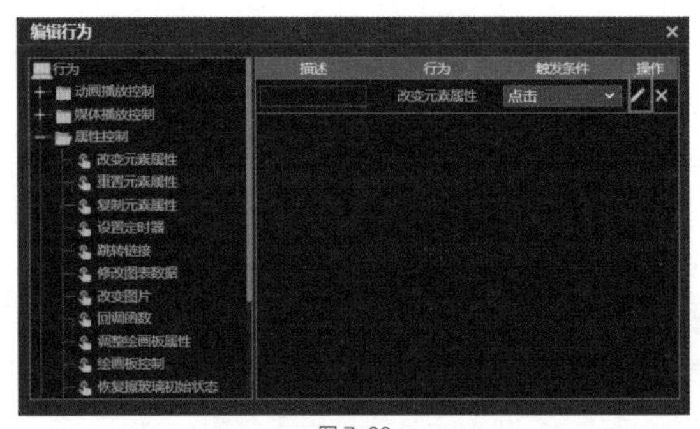

图 7-66

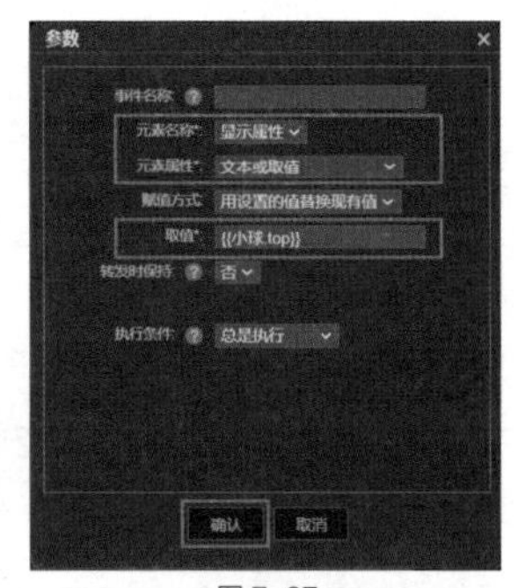

图 7-67

单击“预览”按钮，在“预览”窗口单击“取值”按钮，观看效果，如图 7-68 所示。

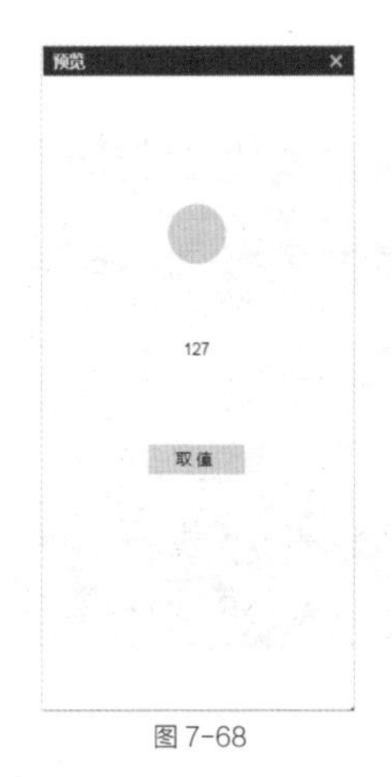

图 7-68

小提示

可尝试英文状态下，在行为编辑框“取值”项中分次输入“{{ 小球 .left}}”“{{ 小球 .height}}”“{{ 小球 .width}}”，确认后单击“预览”按钮，在预览窗口单击“取值”按钮，观看效果。

2. 基本算法符号

基本算法符号有以下几种：

+ 加　　– 减　　* 乘　　/ 除　　== 等于

‘ ’ 字符串（注意：是英文状态下的引号）

示例：一个简单的计算器

(1) 单一运算符（常量）。常量的广义概念是“不变化的量”，这里可以理解为作品运行时，不会被行为修改的量。

放置文本框和按钮，如图 7-69 所示。在“属性”面板中，将两个输入框的“类型”设置为“数字”。

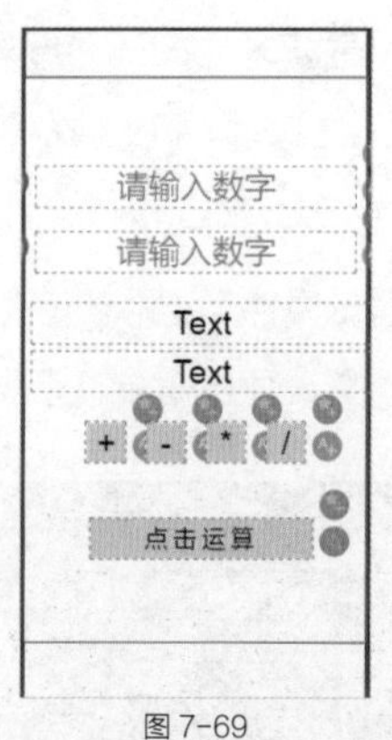

图 7-69

分别将两个输入框命名为“数值输入 1”“数值输入 2”，然后分别将两个文本框命名为“结果”“变量”，分别选中 4 个按钮，按快捷键 X，打开“编辑行为”对话框。展开“属性控制”列表，选择“改变元素属性”选项，将“触发条件”设置为“点击”，单击“编辑”图标，如图 7-70 所示。

修改按钮行为，在“参数”对话框，将“元素名称”设置为“结果”，将“元素属性”设置为“文本或取值”，为“取值”输入“{{数值输入 1}}+{{数值输入 2}}”，单击“确认”按钮，如图 7-71 所示。

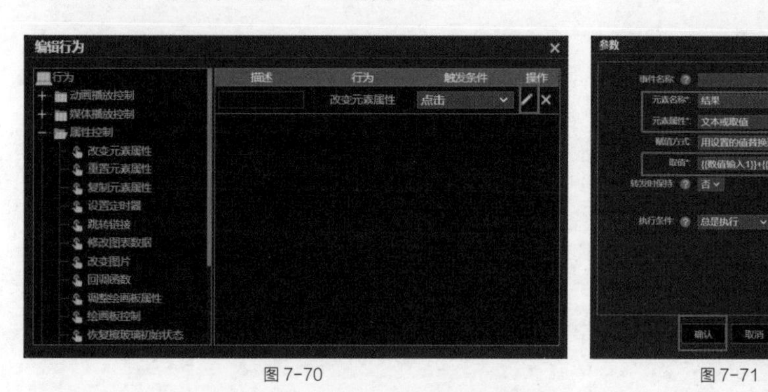

图 7-70　　图 7-71

单击“预览”按钮，分别在两个“输入框”中输入需要运算的数字，单击“点击运算”按钮，观看效果，如图 7-72 所示。

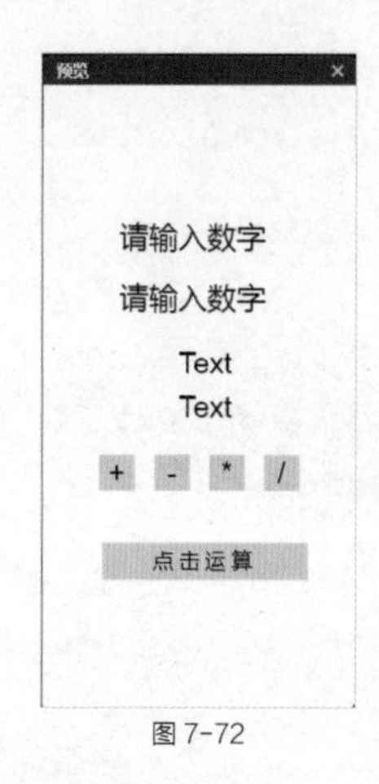

图 7-72

(2) 可变运算符(变量)。简单理解，变量就是“可以改变的量”，它可以是数值，也可以是符号。

沿用上面的计算器，修改 4 个按钮的行为，分别选中按钮，按快捷键 X，打开“编辑行为”对话框。单击“编辑”图标，将“元素名称”修改为“变量”，为“取值”分别输入“+”“-”“*”“/”，单击“确认”按钮，如图 7-73 ~ 图 7-76 所示。

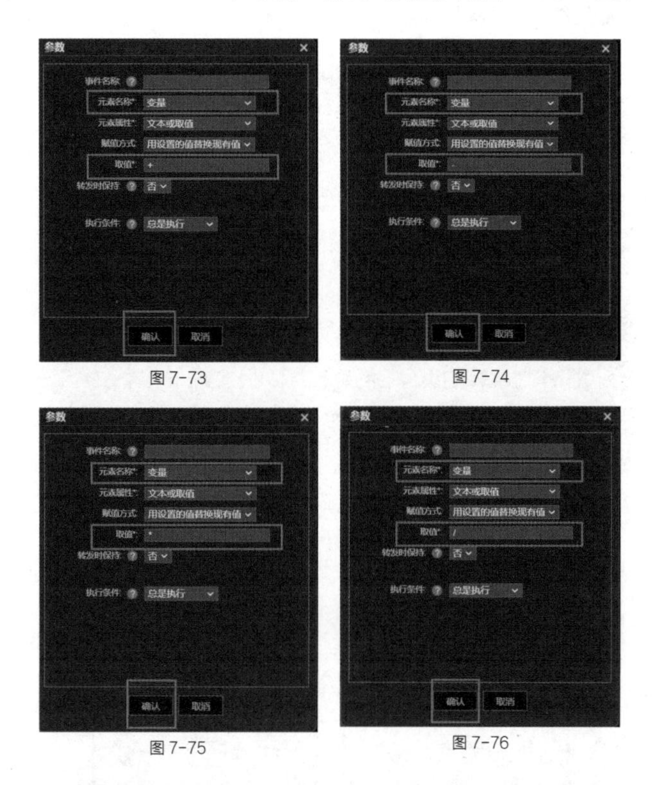

图 7-73　图 7-74

图 7-75　图 7-76

修改“点击运算”按钮的行为，在“参数”对话框中，将“取值”中的“{{ 数值输入 1}}+{{ 数值输入 2}}”修改为“{{ 数值输入 1}}{{ 变量 }}{{ 数值输入 2}}”，也就是将中间的符号 + 替换为“{{ 变量 }}”，单击“确认”按钮，如图 7-77 所示。

单击“预览”按钮，分别在两个“输入框”中输入需要运算的数字，然后分别单击 +、-、*、/ 按钮，再单击“点击运算”按钮，观看效果，如图 7-78 所示。

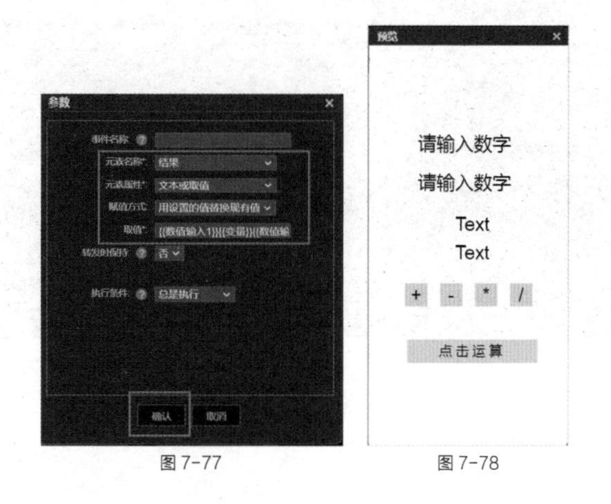

图 7-77　图 7-78

小提示

基本判断符号常用于条件判断，检查用户是否输入表单内容，限制物体的移动范围或者与满足条件符号配合进行物体间的碰撞检测等。

3. 基本判断符号

基本判断符号有以下几种：

> 大于　　< 小于　　!= 不等于　　== 等于

>= 大于等于　　<= 小于等于

示例：判断文本内容是否为空

'{{ 元素名称 .text}}'=='' 元素文本内容等于空

'{{ 元素名称 .text}}'!='' 元素文本内容不等于空

4. 满足条件符号

(1) || 或。

示例：满足条件就翻页

添加一个页面作为跳转的页面，然后在第 1 页放置一个输入框和一个“确定”按钮，将输入框命名为“输入框”，在第 2 页放置一个“返回”按钮，如图 7-79 和图 7-80 所示。

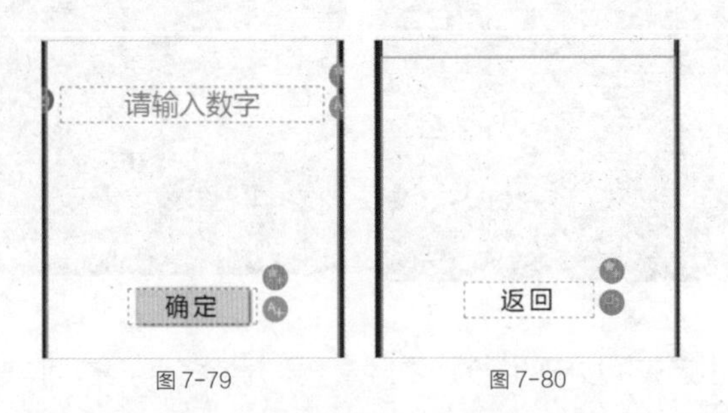

图 7-79　　图 7-80

为“返回”按钮添加行为，按快捷键 X，打开“编辑行为”对话框。展开“动画播放控制”列表，选择“上一页”选项，将“触发条件”设置为“点击”，如图 7-81 所示。

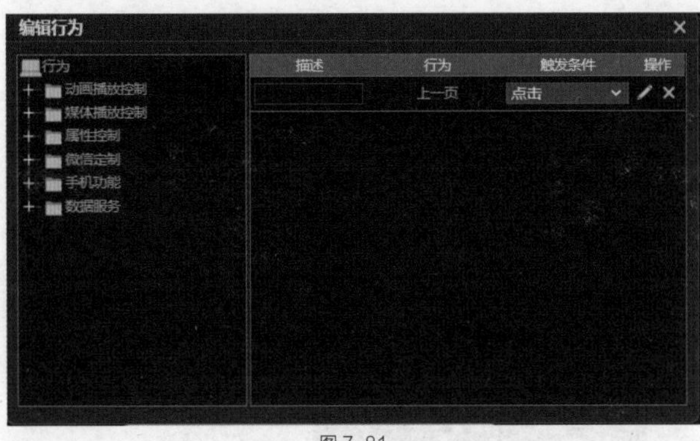

图 7-81

为“确定”按钮添加行为，按快捷键 X，打开“编辑行为”对话框。展开“动画播放控制”列表，选择“禁止翻页”选项，将“触发条件”设置为“出现”，选择“下一页”选项，将“触发条件”设置为“点击”，如图 7-82 所示。

单击“下一页”行为的“编辑”图标，打开“参数”对话框，将“执行条件”设置为“逻辑表达式”，修改内容为“'{{ 输入框 }}'=='5'||'{{ 输入框 }}'=='10'”，单击“确认”按钮，如图 7-83 所示。

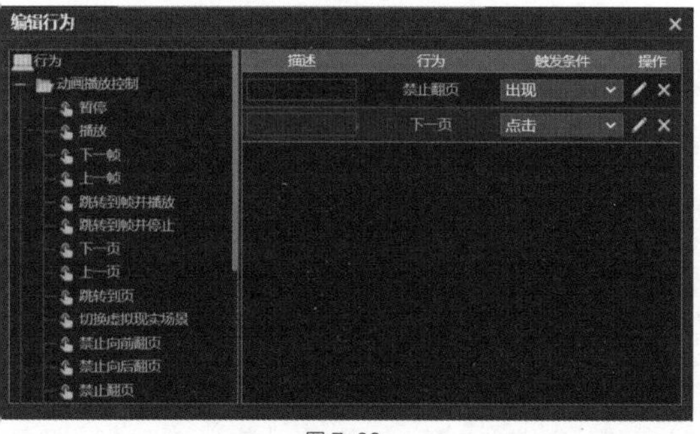

图 7-82

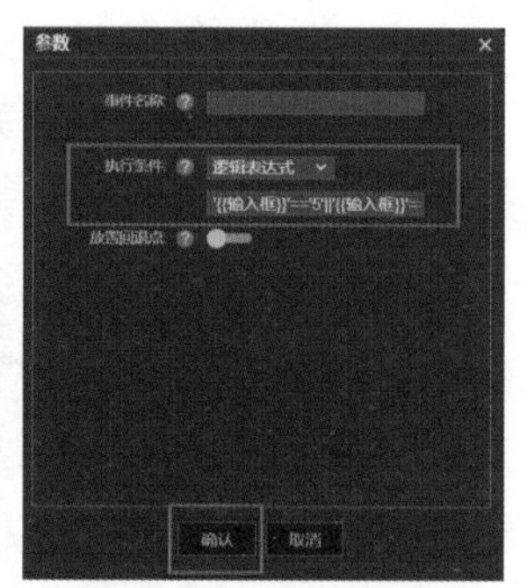

图 7-83

单击“预览”按钮，试着在输入框中输入任意内容，单击“确定”按钮，再输入 5 或 10，单击“确定”按钮，观看对比效果，如图 7-84 所示。

图 7-84

(2) && 和（同时满足）。

示例：碰撞检测

在舞台上放置一个文本框，命名为“累加器”，绘制一个圆形命名为“小球”，绘制一个矩形命名为“方框”，如图 7-85 所示。

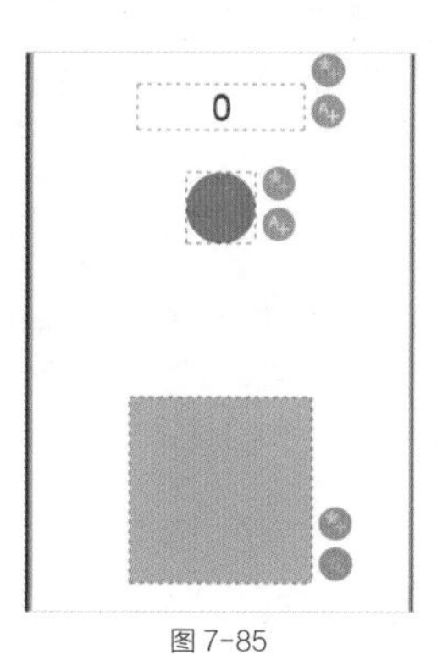

图 7-85

选择“小球”元素，在“属性”面板中，设置“拖动”为“自由拖动”，如图 7-86 所示。

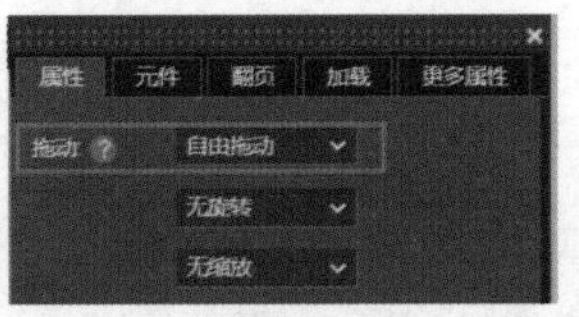

图 7-86

为“小球”元素添加行为，按快捷键 X，打开“编辑行为”对话框。展开“属性控制”列表，选择“改变元素属性”选项，将“触发条件”设置为“属性改变”，单击“编辑”图标，如图 7-87 所示。

打开“参数”对话框，将“元素名称”设置为“累加器”，将“元素属性”设置为“文本或取值”，将“赋值方式”设置为“在现有值基础上增加”，设置“取值”为 10，将“执行条件”设置为“逻辑表达式”，在英文状态下输入字符内容“{{ 小球 .left}}>{{ 方框 .left}}&&{{ 小球 .left}}<({{ 方框 .left}}+{{ 小球 .left}})&&{{ 小球 .top}}>{{ 方框 .top}}&&{{ 小球 .top}}<({{ 方框 .top}}+{{ 小球 .top}})”（如果觉得内容太多不好填写，可以新建一个 TXT 文件，写完后再复制粘贴到对话框中），单击“确认”按钮，如图 7-88 所示。

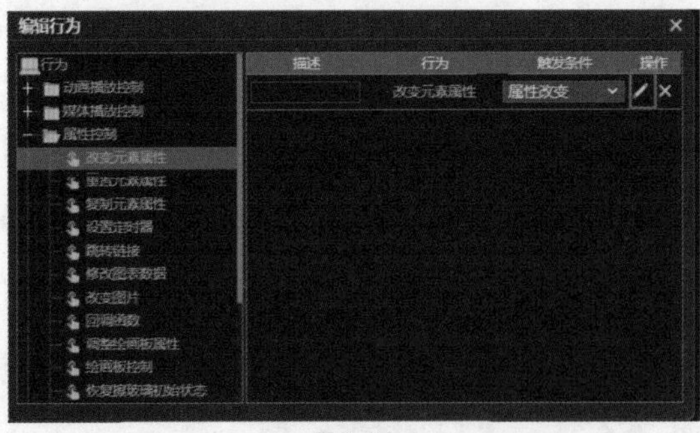

图 7-87

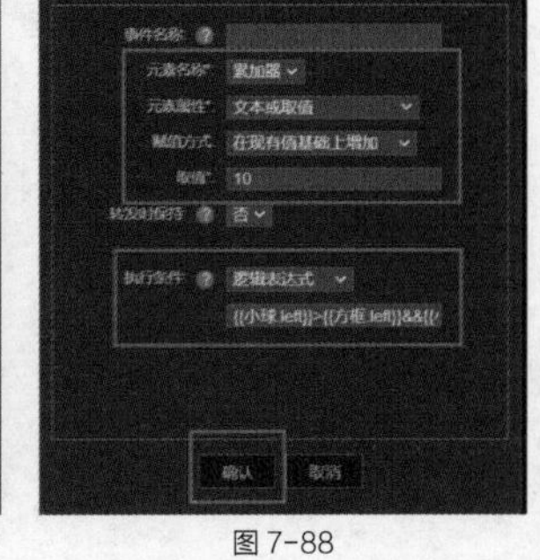

图 7-88

单击“预览”按钮，试着将“小球”元素拖入、拖出“方框”元素，观看效果，可以看到每次将“小球”拖入“方框”，文本的数值都会改变，如图 7-89 所示。

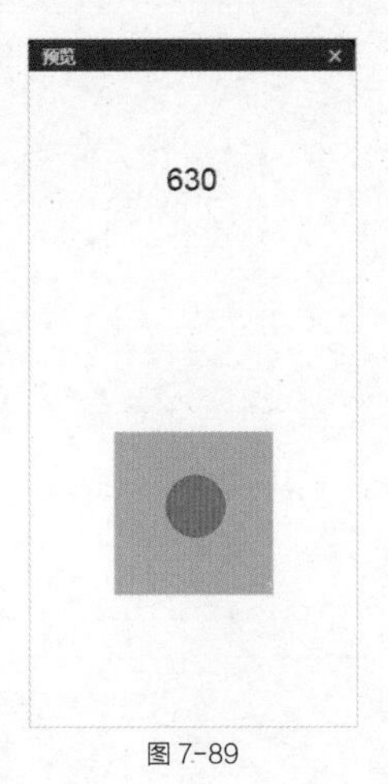

图 7-89

小提示

在游戏中经常需要进行碰撞检测。例如，判断前面是否有障碍或子弹是否击中目标，都是检测两个物体是否发生碰撞，然后再根据检测的结果做出不同的处理。

5. 保留后几位小数

(1) ~~ 取整数。

示例：文本内容取整

在舞台放置一个输入框和一个文本框，如图 7-90 所示。

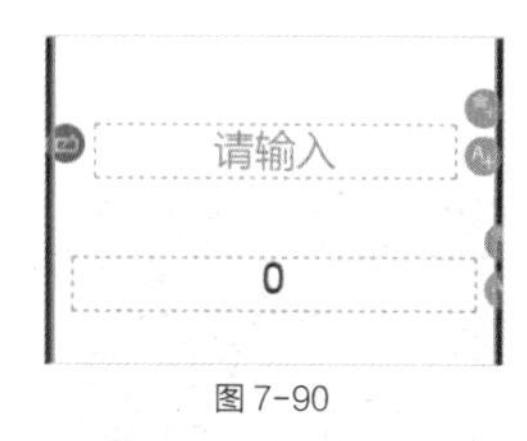

图 7-90

选择文本框，在“属性”面板中，单击“关联”按钮，在出现的关联编辑面板里，将“关联对象”设置为“文本输入 1”，将“关联属性”设置为“文本或取值”，将“关联方式”设置为“公式关联”，将“被控量 =”设置为“关联属性”，如图 7-91 所示。

单击“预览”按钮，在输入框里输入一个小数点后多于 3 位的数字，观看效果，可以看到文本内容只默认保留了小数点后 3 位，如图 7-92 所示。

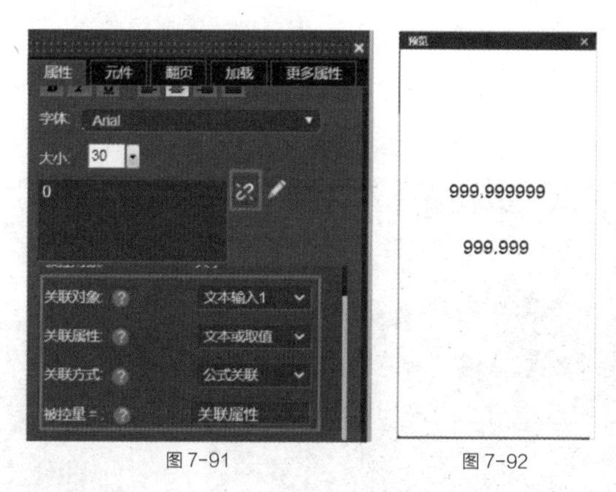

图 7-91　　图 7-92

再次选择文本框，在“属性”面板中，单击“关联编辑”按钮，在“被控量 =”的“关联属性”前面输入“~~”（文本数值取整），如图 7-93 所示。

再次单击“预览”按钮，在输入框里输入一个小数点后多于 3 位的数字，观看效果，可以看到文本内容已经变为整数，如图 7-94 所示。

图 7-93　　图 7-94

(2) 保留小数。保留小数的表达式为 {{a}}.toFixed(n)。其中，a 代表保留 n 位小数，当 n=0 时，取的是整数，a 可以是文本、输入框的值，也可以是取得的元素属性值。

示例：保留 n 位小数

选择刚才的文本框，单击“取消关联”按钮，如图 7-95 所示。然后将文本框命名为“关联文本”。

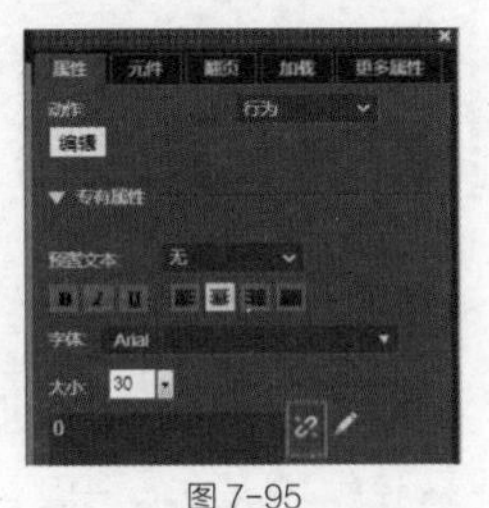

图 7-95

选择输入框添加行为，按快捷键 X，打开“编辑行为”对话框。展开“属性控制”列表，选择“改变元素属性”选项，将“触发条件”设置为“属性改变”，单击“编辑”图标，如图 7-96 所示。

打开“参数”对话框，将“元素名称”设置为“关联文本”，将“元素属性”设置为“文本或取值”，为“取值”输入“{{ 文本输入 1}}.toFixed(1)”（意思是保留一位小数），单击“确认”按钮，如图 7-97 所示。

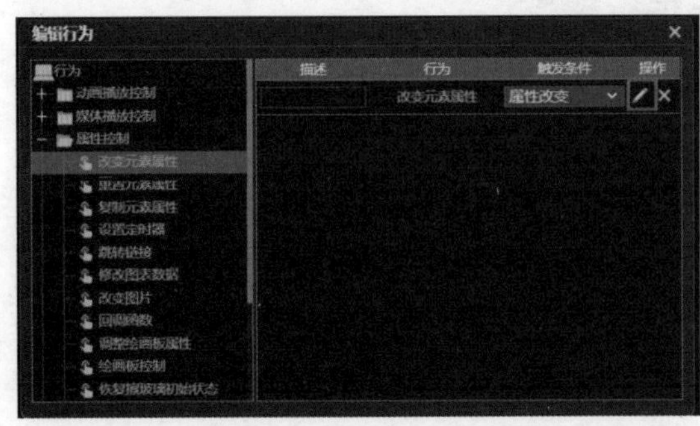

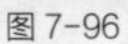

图 7-96

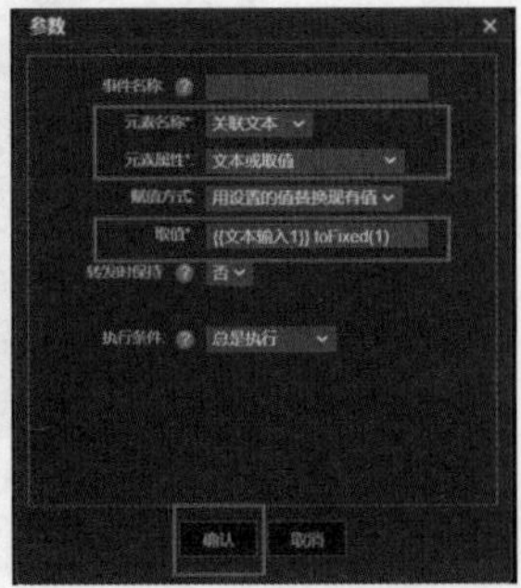

图 7-97

再次单击“预览”按钮，在输入框里输入一个小数点后多于 3 位的数字，观看效果，可以看到文本内容只保留了一位小数（四舍五入），如图 7-98 所示。

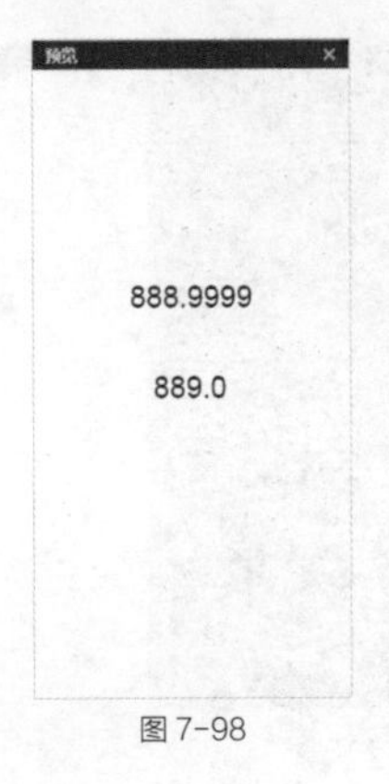

图 7-98

6. 字符串的长度

字符串长度的表达式为“'{{ 元素名称 }}'.length”。

示例：判断字符串的长度

在舞台绘制一个圆形，放置一个输入框，将圆形命名为“圆”，如图 7-99 所示。

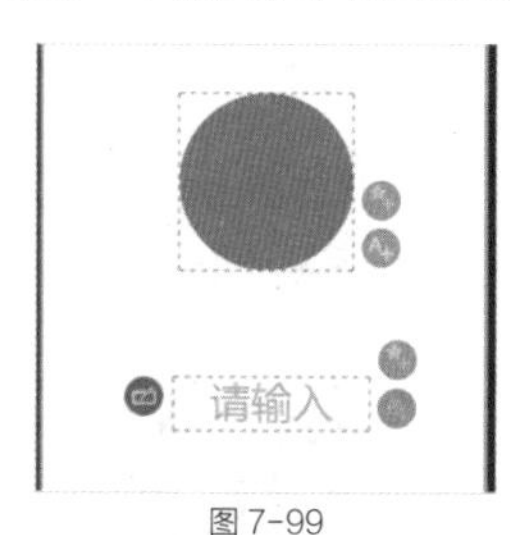

图 7-99

选择输入框添加行为，按快捷键 X，打开“编辑行为”对话框。展开“属性控制”列表，选择“改变元素属性”选项，将“触发条件”设置为“属性改变”，单击“编辑”图标，如图 7-100 所示。

打开“参数”对话框，将“元素名称”设置为“圆”，将“元素属性”设置为“填充颜色”，将“颜色”设置为绿色，将“执行条件”设置为“逻辑表达式”，输入“'{{ 文本输入 1}}'.length>3”（意思是字符串大于 3），单击“确认”按钮，如图 7-101 所示。

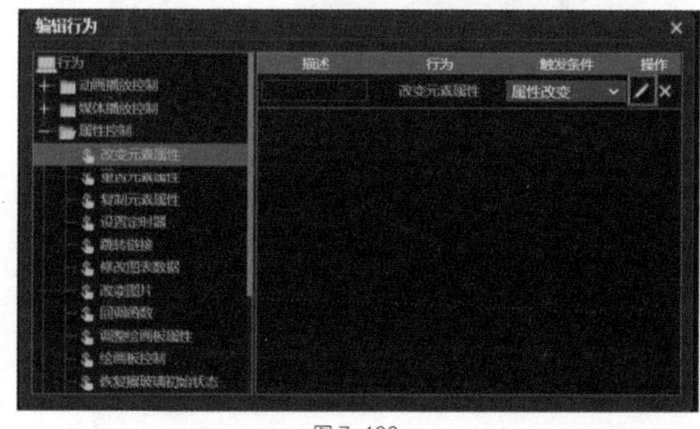

图 7-100

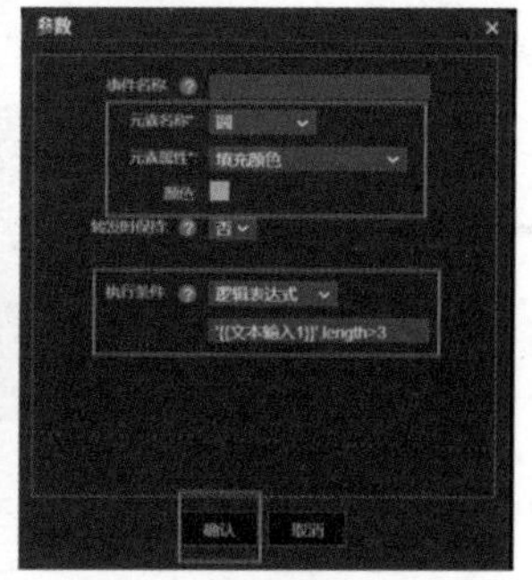

图 7-101

单击“预览”按钮，在输入框里输入一个多于 3 位的数字，观看效果，可以看到红色圆形已经变成绿色的圆形了，如图 7-102 所示。

图 7-102

小提示

逻辑表达式的应用比较广泛，运用好了还可以做很多有意思的游戏，如滑雪、乒乓球、足球比赛，射击游戏等。

7.3.2 条件判断

在条件判断里，逻辑条件分为大于、大于等于、小于、小于等于、等于、不等于。

示例：制作口令卡

添加一个新页面，如图 7-103 所示。

图 7-103

单击“表单”工具组的“输入框”工具，如图 7-104 所示。在第 1 页舞台放置一个输入框。

在“属性”面板中，设置输入框的文字加粗、居中，“大小”为 16，设置“提示文字”为“请输入口令”，如图 7-105 所示。

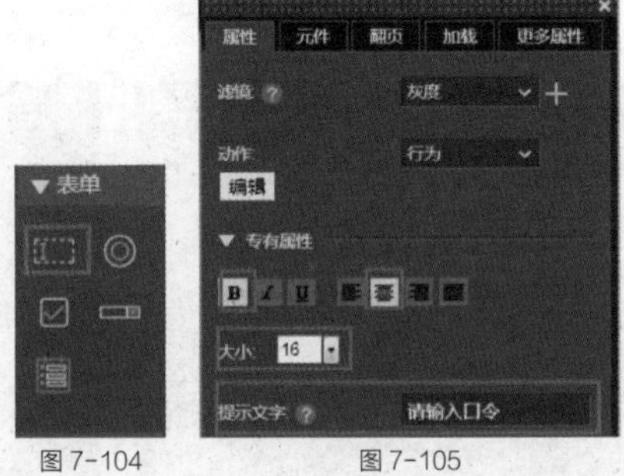

图 7-104　　图 7-105

选择输入框，按快捷键 X，打开“编辑行为”对话框。展开“属性控制”列表，选择“改变元素属性”选项，将“触发条件”设置为“属性改变”；展开“动画播放控制”列表，选择“下一页”选项，将“触发条件”设置为“属性改变”。操作方式，如图 7-106 所示。

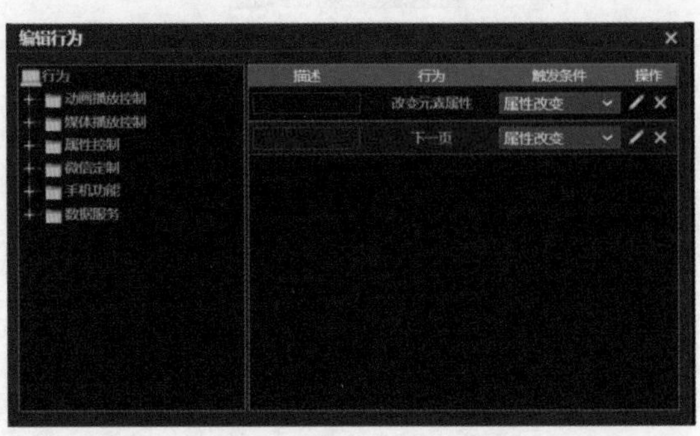

图 7-106

单击“改变元素属性”的“编辑”图标，打开“参数”对话框。将“元素名称”设置为“文本输入 1”，将“元素属性”设置为“文本或取值”，为“取值”输入“请重新输入”，将“执行条件”设置为“检查元素状态”“文本输入 1”“文本或取值”“不等于”和 10，单击“确认”按钮，如图 7-107 所示。

单击“下一页”的“编辑”图标，打开“参数”对话框。将“执行条件”设置为“检查元素状态”“文本输入 1”“文本或取值”“等于”和 10，单击“确认”按钮，如图 7-108 所示。

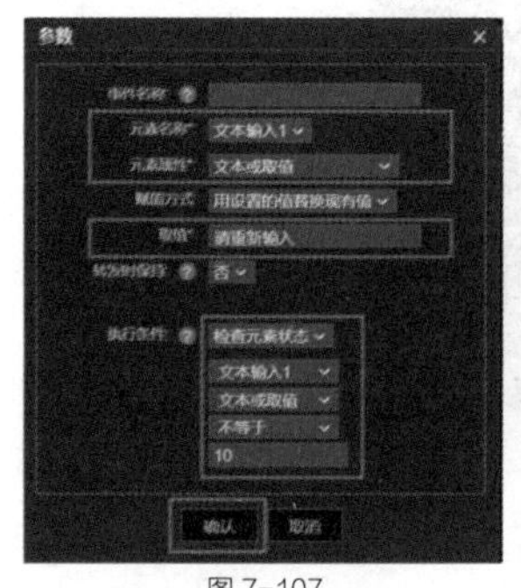

图 7-107

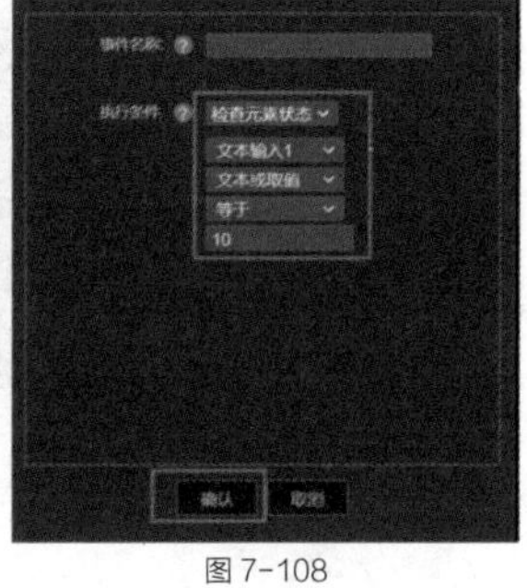

图 7-108

单击“预览”按钮，试着在输入框里输入 10 或其他内容，观看效果。

小提示

大家可以尝试选择不同的逻辑条件来执行行为。

7.3.3　逻辑表达式判断

以刚才的口令卡为例，单击“改变元素属性”的“编辑”图标，打开“参数”对话框。修改“执行条件”为“逻辑表达式”，在英文状态下输入“'{{ 文本输入 1}}'!='10'”，单击“确认”按钮，如图 7-109 所示。

单击“下一页”的“编辑”图标，打开“参数”对话框。修改“执行条件”为“逻辑表达式”，在英文状态下输入“'{{ 文本输入 1}}'=='10'”，单击“确认”按钮，如图 7-110 所示。

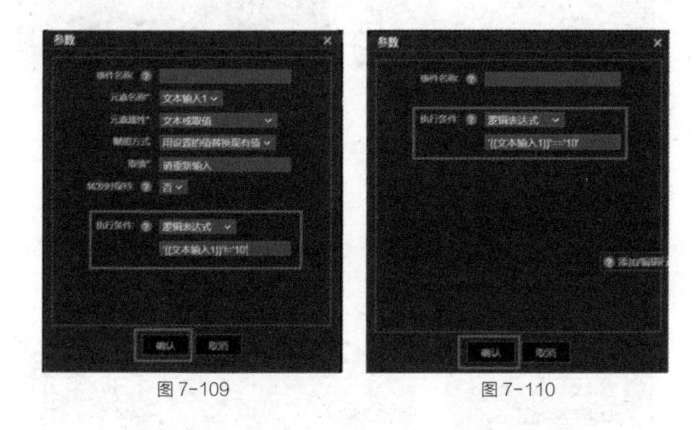

图 7-109　　图 7-110

单击“预览”按钮，试着在输入框里输入 10 或其他内容，观看效果。

小提示

在输入逻辑表达式时，给元素命名可以是中文的，但是符号一定要在英文状态下输入，否则会出错。

7.4 课堂案例：音乐播放器

素材位置	素材文件 >CH07> 课堂案例：音乐播放器
视频位置	视频文件 >CH07> 课堂案例：音乐播放器
技术掌握	掌握添加行为、关联绑定的方法

本案例通过制作音乐播放器案例，引导读者掌握添加行为、关联绑定等方法，效果如图 7-111 所示。

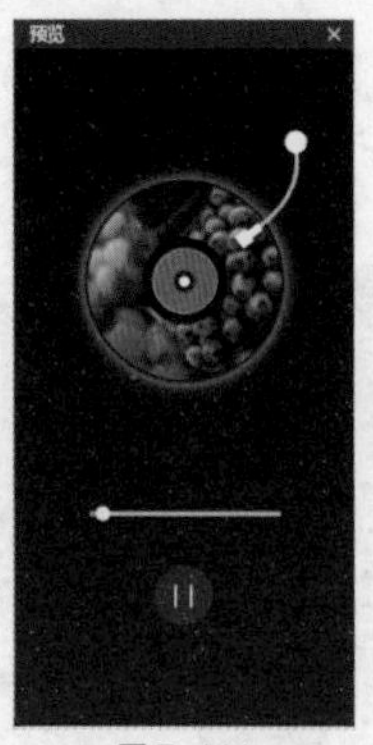

图 7-111

制作步骤

01 打开 3.5 节制作的“绘制精美 CD”课堂案例，或者以相同的方法重新绘制 CD 图形。此处以新绘制的 CD 为例，设置作品名为“【课堂案例】音乐播放器”，如图 7-112 所示。

图 7-112

02 将“背景”“唱片”“磁头”分别放在不同的图层，如图 7-113 所示。

03 将唱片的所有元素选中，单击鼠标右键，选择“组”菜单中的“组合”选项（快捷键 Ctrl+G），然后选中组，单击鼠标右键，选择“转换为元件”菜单选项，如图 7-114 所示。

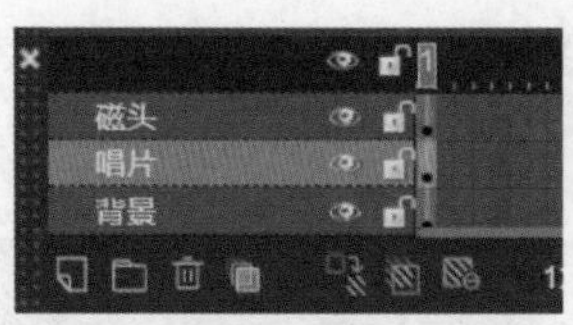

图 7-113

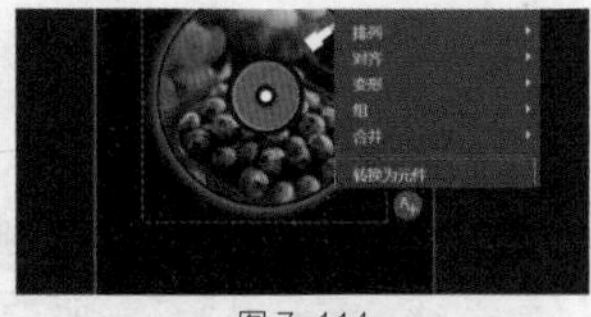
图 7-114

04 双击进入元件，在第 2 帧按快捷键 F5 插入帧，再按快捷键 F6 将其转为关键帧（这一步等于复制前面的关键帧），如图 7-115 所示。

05 在第 120 帧按快捷键 F5 插入帧，单击鼠标右键，选择“插入关键帧动画”菜单选项，如图 7-116 所示。

图 7-115

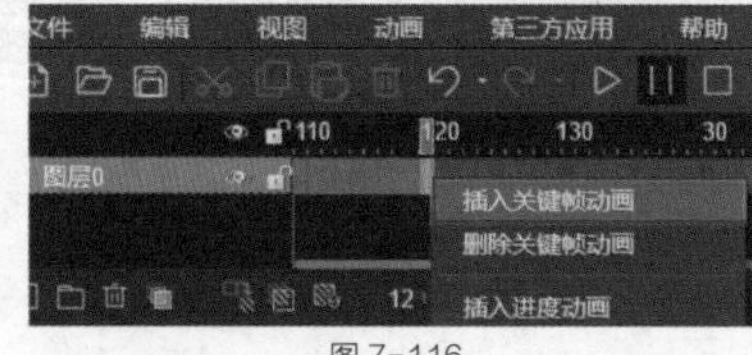

图 7-116

06 在“属性”面板，将该帧的“旋转”设置为 360，如图 7–117 所示。

图 7–117

07 选中第 1 帧，复制该帧（快捷键 Ctrl+C），选中第 121 帧，粘贴帧（快捷键 Ctrl+V），如图 7–118 所示。

图 7–118

08 选中该帧，添加行为（快捷键 X），打开“编辑行为”对话框。展开“动画播放控制”列表，选择“跳转到帧并播放”选项，将“触发条件”设置为“出现”，单击“编辑”图标，如图 7–119 所示。

09 打开“参数”对话框，“帧号”输入 2，将“作用对象”设置为“元件自身”，单击“确认”按钮，如图 7–120 所示。

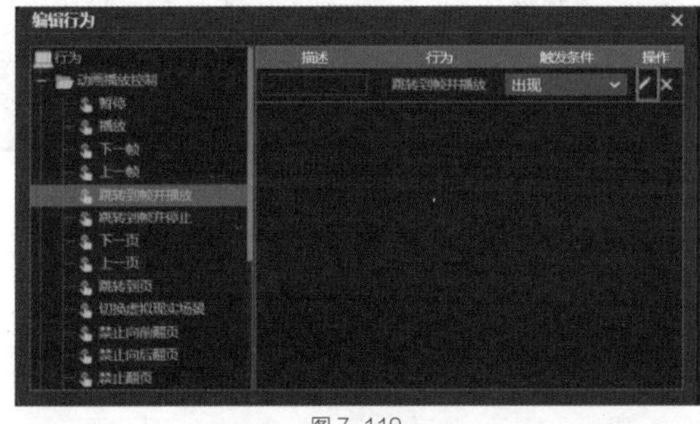
图 7–119

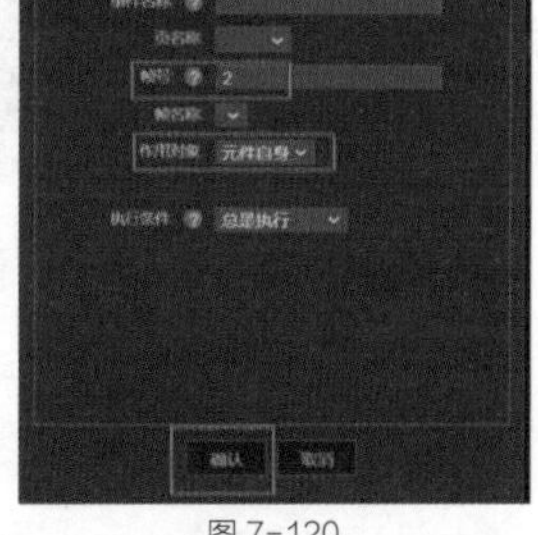
图 7–120

10 选择第 1 帧，添加行为（快捷键 X），打开“编辑行为”对话框。展开“动画播放控制”列表，选择“暂停”选项，将“触发条件”设置为“出现”，如图 7–121 所示。

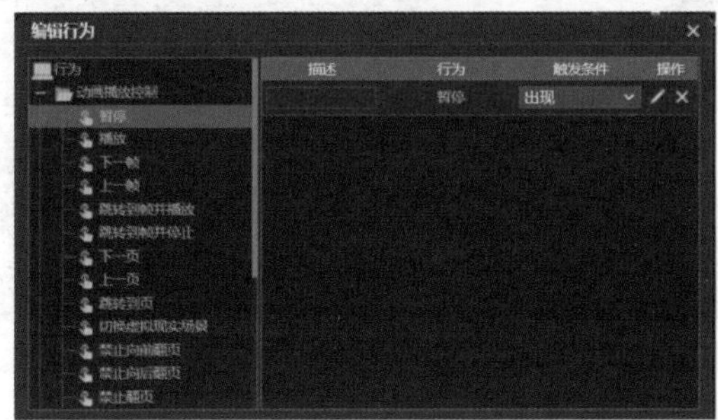
图 7–121

11 回到舞台，把刚才制作的元件命名为“唱片”，如图 7–122 所示。

图 7–122

⑫ 先将舞台背景修改为黑色，选中“磁头”组，单击鼠标右键，选择“转换为元件”菜单选项，如图 7-123 所示。

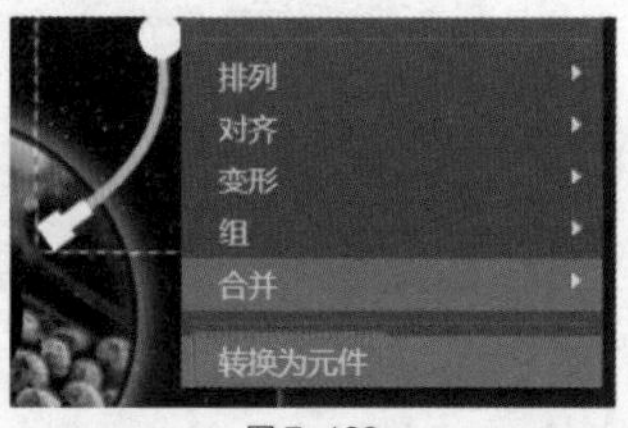

图 7-123

⑬ 双击“磁头”元件进入编辑，选中“磁头”组，选择“变形”工具（快捷键 Q），按住 Ctrl 键，将中心点移动到右上角圆形的中心，如图 7-124 所示。

⑭ 在“属性”面板，设置“旋转”为 -45，如图 7-125 所示。

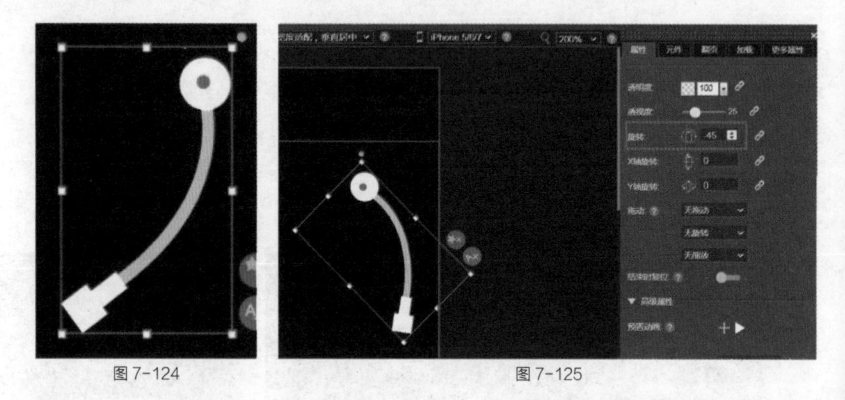

图 7-124　　图 7-125

⑮ 在第 2 帧按快捷键 F5 插入帧，再按快捷键 F6 将其转为关键帧，如图 7-126 所示。

⑯ 在第 10 帧按快捷键 F5 插入帧，单击鼠标右键，选择“插入关键帧动画”菜单选项，如图 7-127 所示。

⑰ 选中第 10 帧，在“属性”面板中，设置“旋转”为 0，如图 7-128 所示。

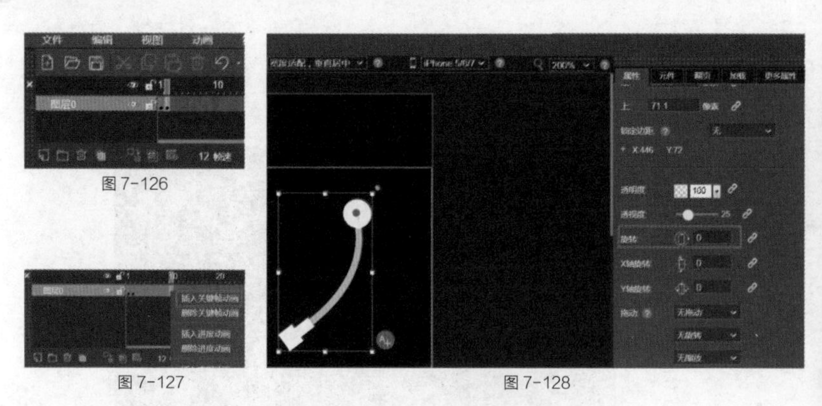

图 7-126

图 7-127　　图 7-128

⑱ 在第 11 帧，按快捷键 F5 插入帧，如图 7-129 所示。

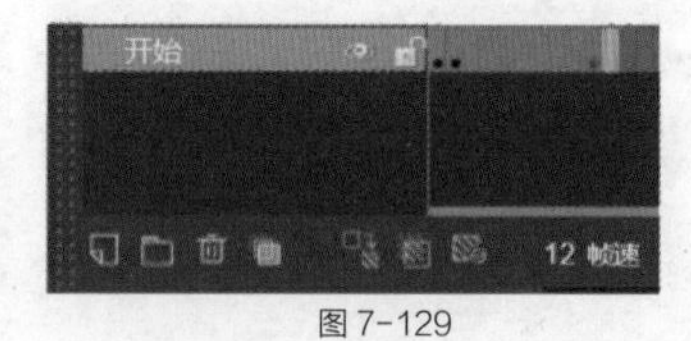

图 7-129

⑲ 选中第 1 帧，单击鼠标右键，选择“添加行为”菜单选项（快捷键 X），打开“编辑行为”对话框。展开“动画播放控制”列表，选择“暂停”选项，将“触发条件”设置为“出现”，如图 7-130 所示。

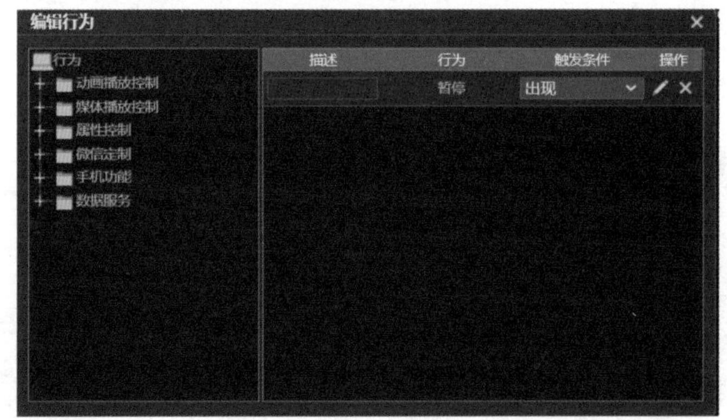

图 7-130

⑳ 将图层 0 命名为“开始”，在上面新建一个图层，命名为“结束”，如图 7-131 所示。

㉑ 双击“开始”图层的过渡帧，按快捷键 Ctrl+C 复制，在“结束”图层的第 12 帧按快捷键 Ctrl+V 粘贴，这一步的目的是复制粘贴前面制作的动画。选中第 12 帧，在“属性”面板中，设置“旋转”为 0，选中第 20 帧，在“属性”面板中，设置“旋转”为 -45，效果如图 7-132 所示。

图 7-131　　图 7-132

㉒ 在“结束”图层上方新建一个图层，命名为“暂停”，在第 11 帧按快捷键 F6 插入关键帧，选中该帧，单击鼠标右键，选择“添加行为”菜单选项，打开“编辑行为”对话框。展开“动画播放控制”列表，选择“暂停”选项，将“触发条件”设置为“进入帧”。在该图层的第 12 帧按快捷键 F6 插入关键帧，目的是防止第 11 帧的暂停行为延续到后面的帧。然后在第 21 帧按快捷键 F6 插入关键帧，选中该帧，单击鼠标右键，选择“添加行为”菜单选项，打开“编辑行为”对话框。展开“动画播放控制”列表，选择“暂停”选项，将“触发条件”设置为“进入帧”。设置后的效果，如图 7-133 所示。

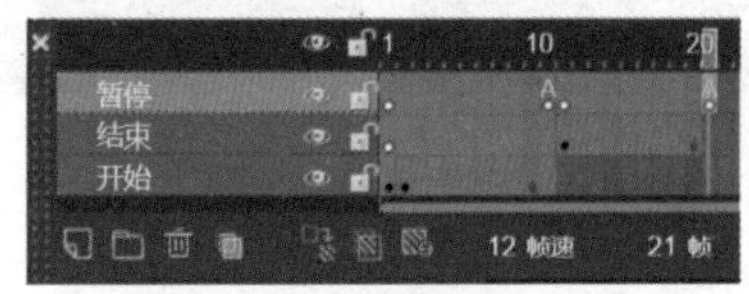

图 7-133

㉓ 回到舞台，把刚才制作的元件命名为“磁头”，如图 7-134 所示。

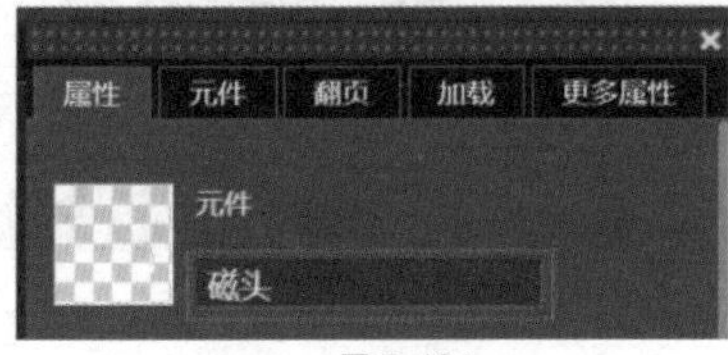

图 7-134

㉔ 新建一个图层，命名为“按钮”。选择“椭圆”工具（快捷键 E），按住 Shift 键，在该图层绘制一个圆形，在“属性”面板中，将“透明度”设置为 20。选中圆形，单击鼠标右键，选择“转换为元件”菜单选项，如图 7-135 所示。

㉕ 双击进入元件，选择“矩形”工具（快捷键 R），按住 Shift 键，绘制一个正方形。选择“节点”工具（快捷键 A），选中右下角的节点，单击鼠标右键，选择“删除选中的节点”菜单选项（或按住 Alt 单击删除该节点），如图 7-136 所示。

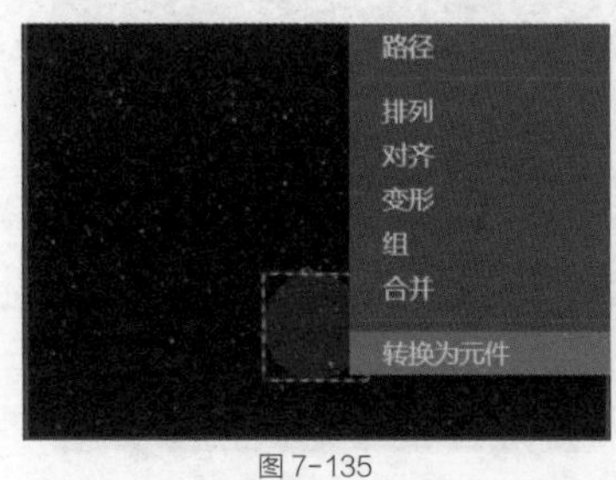

图 7-135

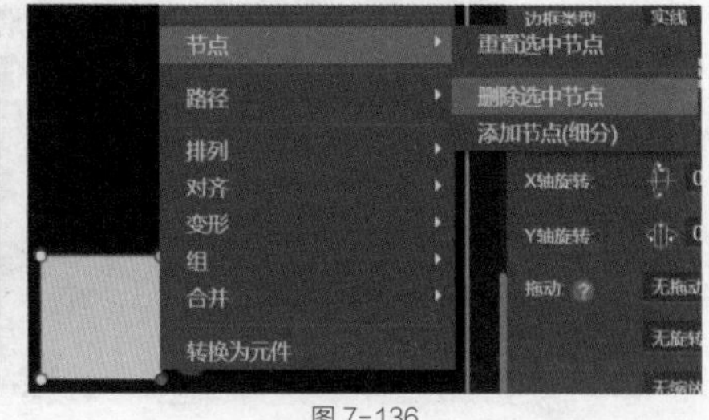

图 7-136

㉖ 选中该元素右上角的节点，将其拖曳到中间位置，如图 7-137 所示。

㉗ 将元素移动到圆形中心，调整好大小并进行对齐，然后将图案和三角形打组（快捷键 Ctrl+G），如图 7-138 所示。

图 7-137

图 7-138

㉘ 在第 2 帧按快捷键 F5 插入帧，再按快捷键 F6 将其转为关键帧，如图 7-139 所示。

㉙ 双击第 2 帧的元素，选择“圆角矩形”工具（快捷键 O），绘制一个竖条，并按快捷键 Ctrl+C 和 Ctrl+V 复制粘贴一份，调整好位置，选中两个竖条进行打组（快捷键 Ctrl+G），如图 7-140 所示。

㉚ 将原来的三角形删除，把两个竖条移动到正圆中心，调整好大小并进行对齐，如图 7-141 所示。

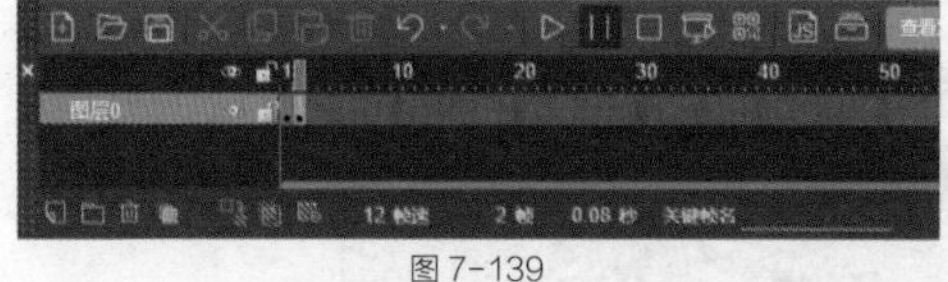
图 7-139

图 7-140

图 7-141

㉛ 新建一个图层，命名为“音乐”，打开素材库（快捷键 S），添加一个音频文件到舞台，将该音频文件命名为“音乐”，如图 7-142 所示。

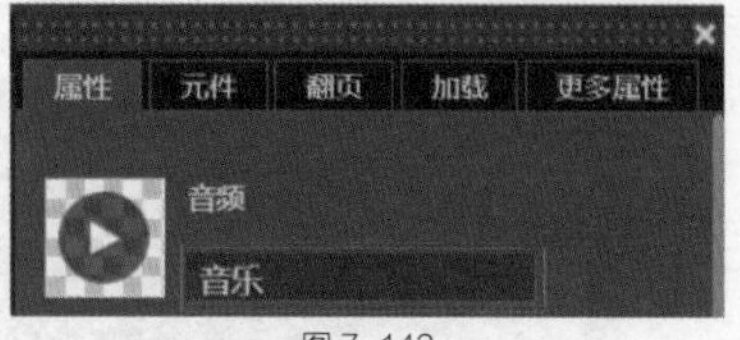

图 7-142

㉜ 选中按钮元件，双击进入编辑，选中第 1 帧的元素，添加 4 个行为，分别是“下

一帧”“播放”“跳转到帧并播放”“控制声音”，如图 7–143 所示。

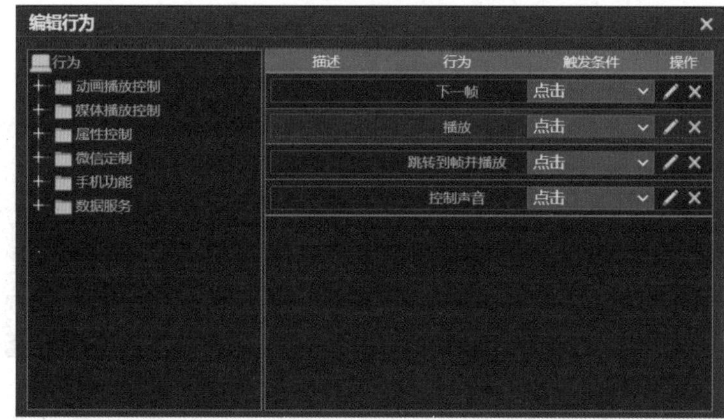

图 7–143

33 单击“播放”行为的“编辑”图标，在“参数”对话框中，设置“作用对象”为“唱片”，单击“确认”按钮，如图 7–144 所示。

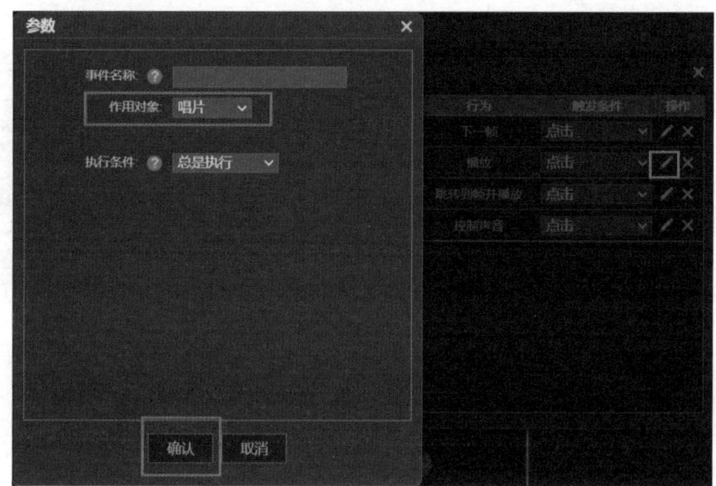

图 7–144

34 单击“跳转到帧并播放”行为的“编辑”图标，在“参数”对话框中，为“帧号”输入 2，将“作用对象”设置为“磁头”，单击“确认”按钮，如图 7–145 所示。

35 单击“控制声音”行为的“编辑”图标，在“参数”对话框中，将“音频名称”设置为“音乐”，将“播放方式”设为“播放”，为“音量”输入 100，单击“确认”按钮，如图 7–146 所示。

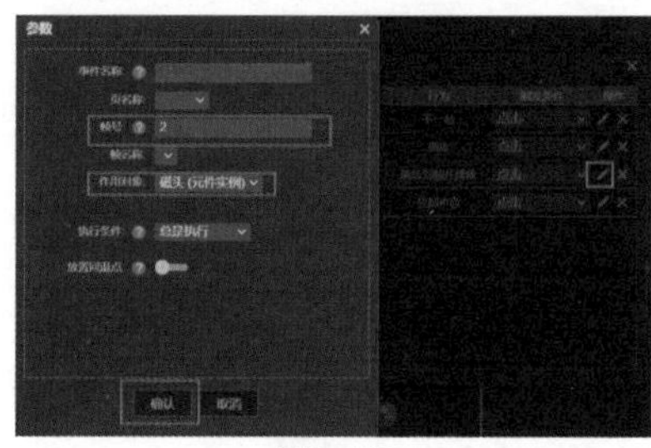

图 7–145

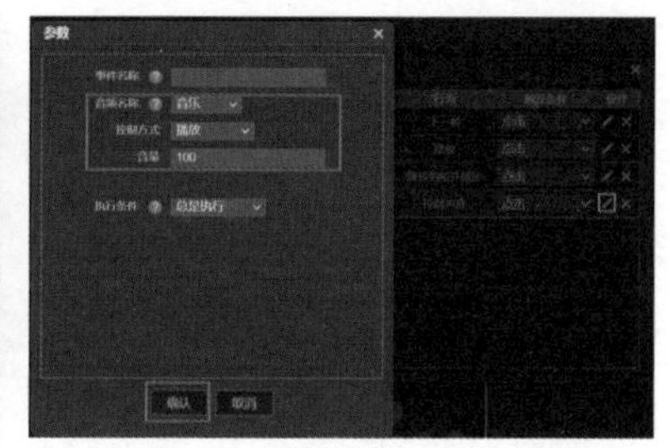

图 7–146

36 选中第 2 帧的元素，添加 4 个行为，分别是“上一帧”“暂停”“跳转到帧并播放”“控制声音”，如图 7-147 所示。

37 单击“暂停”行为的“编辑”图标，在“参数”对话框中，设置“作用对象”为“唱片”，单击“确认”按钮，如图 7-148 所示。

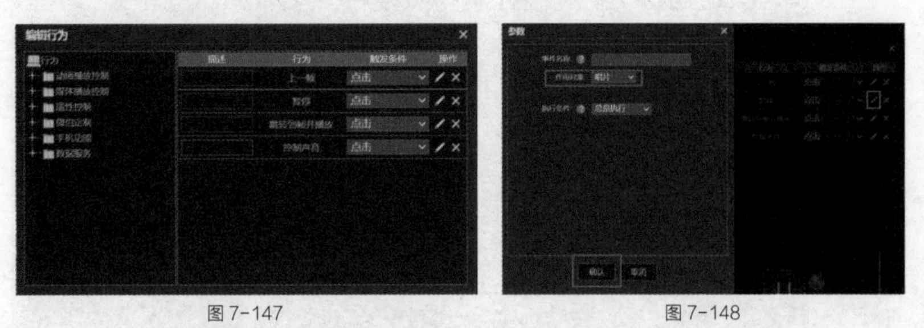

图 7-147　　图 7-148

38 单击“跳转到帧并播放”行为的“编辑”图标，在“参数”对话框中，设置“帧号”为 12，将“作用对象”设为“磁头”，单击“确认”按钮，如图 7-149 所示。

39 单击“控制声音”行为的“编辑”图标，在“参数”对话框中，设置“音频名称”为“音乐”，“播放方式”设置为“暂停”，为“音量”输入 0，单击“确认”按钮，如图 7-150 所示。

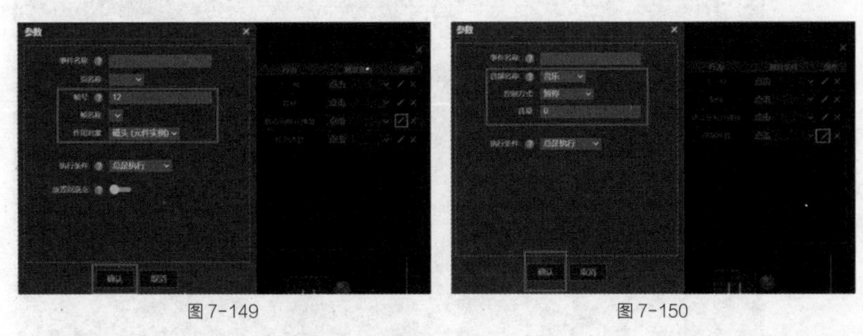

图 7-149　　图 7-150

40 将图层 0 命名为“按钮”，新建一个图层，命名为“暂停”，在第 1 帧的空白关键帧上单击鼠标右键，选择“添加行为”菜单选项，打开“编辑行为”对话框。展开“动画播放控制”列表，选择“暂停”选项，将“触发条件”设置为“进入帧”，如图 7-151 所示。

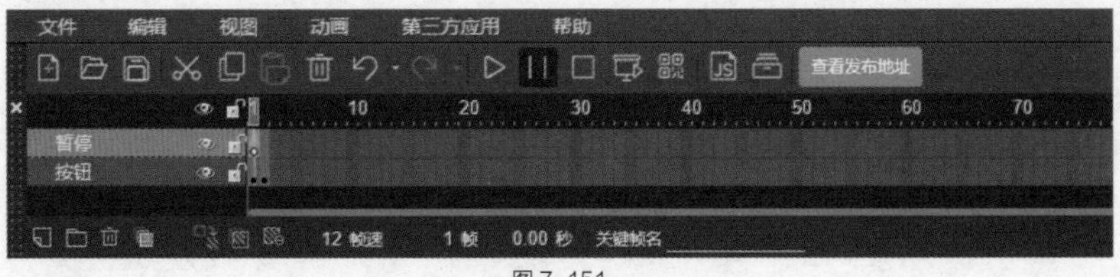

图 7-151

41 在舞台新建一个图层，命名为“进度条”，选择“矩形”工具（快捷键 R），绘制一个矩形，将其“宽”设为 180，“高”设为 4，“填充色”为白色。选中该矩形，按快捷键 Ctrl+C 和 Ctrl+Shift+V，原地复制粘贴一份，将复制后的矩形“填充色”设为橙色，如图 7-152 所示。

42 选中该矩形，单击“属性”面板“宽”的“关联”按钮，将“关联对象”设置为“音乐”，将“关联属性”设置为“（声音）播放百分比（0~100）”，将“关联方式”设置为“自动关联”，单击 2 次下面的 + 图标，为主控量与被控量输入参数，如图 7-153 所示。

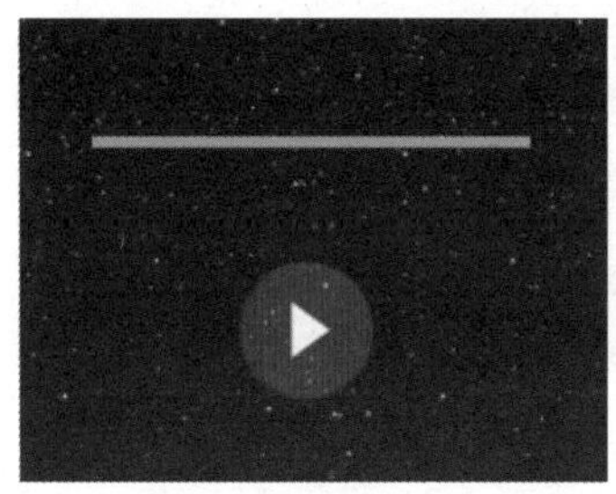

图 7-152

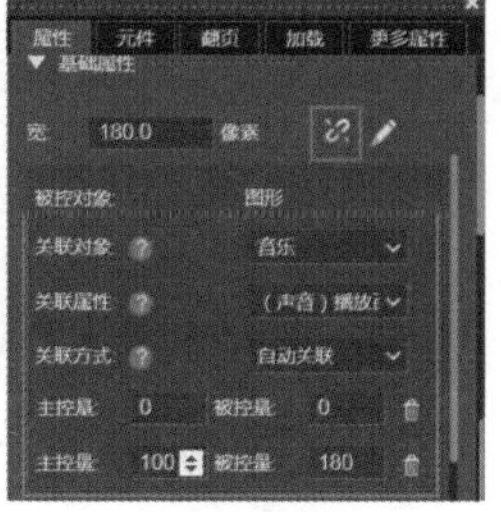

图 7-153

43 新建一个图层，选择“椭圆”工具（快捷键 E），按住 Shift 键，绘制一个小圆形，命名为“控制头”。调整其大小并放置在进度条的最左边，观察得知“左”为 70 像素。再将“控制头”放置在进度条的最右边，观察得知“左”为 240 像素。将“控制头”放回到进度条的最左边，在“属性”面板中，将“拖动”设置为“水平拖动”。设置后的效果，如图 7-154 所示。

44 选中“控制头”，在“属性”面板中，单击“宽”的“关联”按钮，将“关联对象”设置为“音乐”，将“关联属性”设置为“（声音）播放百分比（0~100）”，将“关联方式”设置为“自动关联”，单击 2 次下面的 + 图标，为主控量与被控量输入参数，如图 7-155 所示。

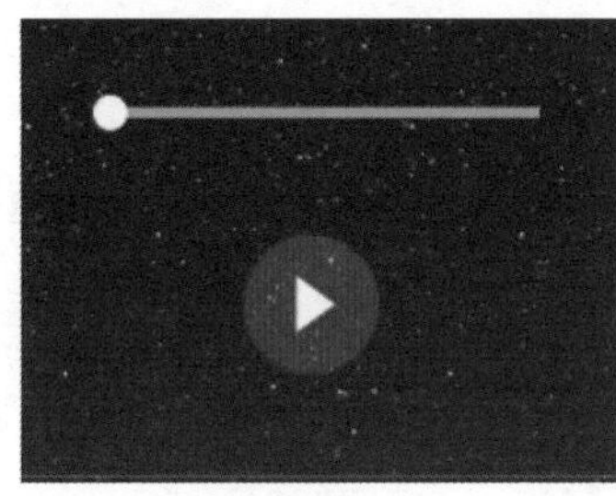

图 7-154

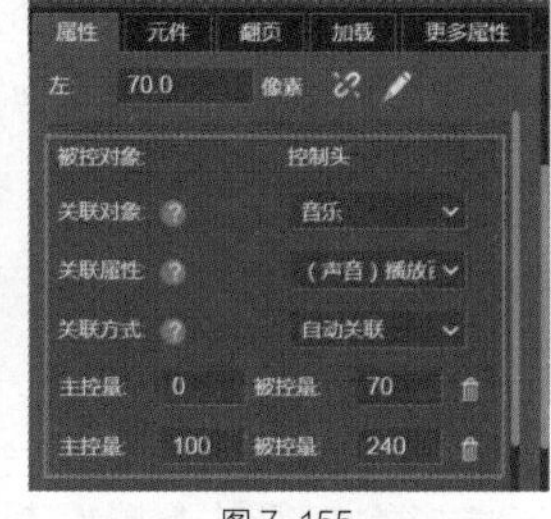

图 7-155

45 选中“控制头”，为其添加 3 个行为，按快捷键 X，打开“编辑行为”面板。执行以下操作（见图 7-156）：

- 展开“属性控制”列表，选择“改变元素属性”选项，将“触发条件”设置为“属性改变”；
- 展开“媒体播放控制”列表，选择“控制声音”选项，将“触发条件”设置为“属性改变”；
- 展开“属性控制”列表，选择“改变元素属性”选项，将“触发条件”设置为“属性改变”。

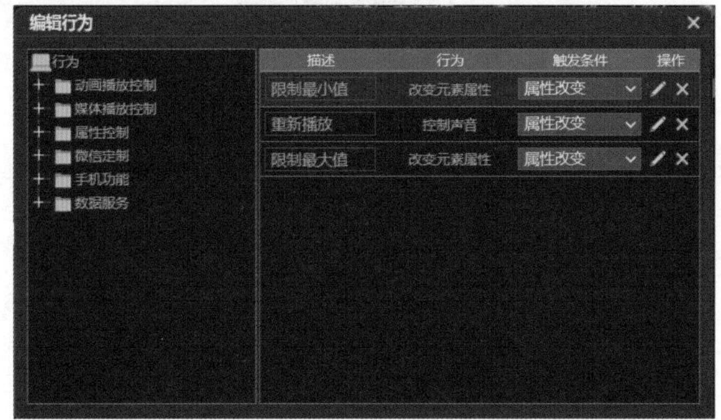

图 7-156

46 单击第 1 个“改变元素属性”的“编辑”图标，打开“参数”对话框。设置“元素名称”为“控制头”，将“元素属性”设置为“左”，为“取值”输入 70，将“执行条件”设置为“检查元素状态”，在下方分别设置“控制头”“左”“小于等于”和 70，单击“确认”按钮，如图 7-157 所示。

47 单击“控制声音”的“编辑”图标，打开“参数”对话框。设置“音频名称”为“音乐”，将“播放方式”设置为“播放”，为“音量”输入 100，将“执行条件”设置为“检查元素状态”，在下方分别设置“控制头”“左”“等于”和 70，单击“确认”按钮，如图 7-158 所示。

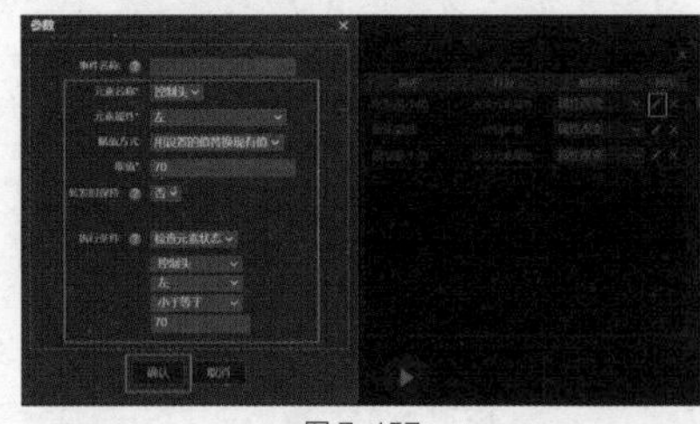

图 7-157

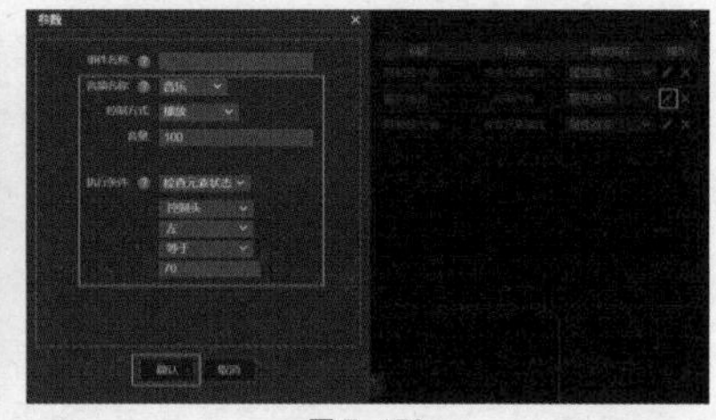

图 7-158

48 单击第 3 个“改变元素属性”的“编辑”图标，打开“参数”对话框。设置“元素名称”为“控制头”，将“元素属性”设置为“左”，为“取值”输入 70，将“执行条件”设置为“检查元素状态”，在下方分别设置“控制头”“左”“大于等于”和 240，单击“确认”按钮，如图 7-159 所示。

49 选择音频文件图标“音乐”，在“属性”面板中，找到“专有属性”下的“播放关联”。单击“关联”按钮，将“关联对象”设置为“控制头”，将“关联属性”设置为“左”，将“开始值”设置为 70，将“结束值”设置为 240，如图 7-160 所示。

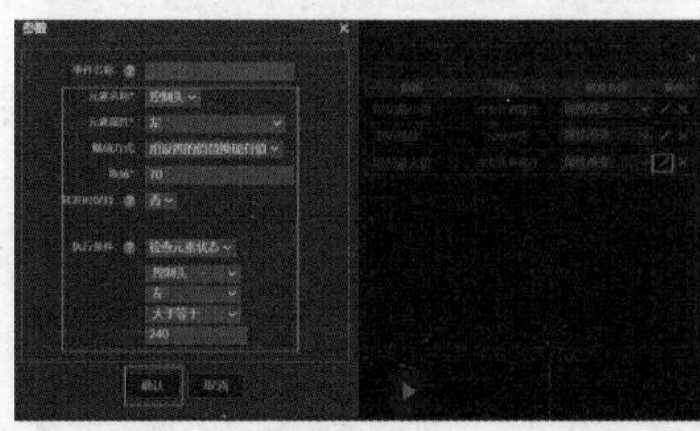

图 7-159

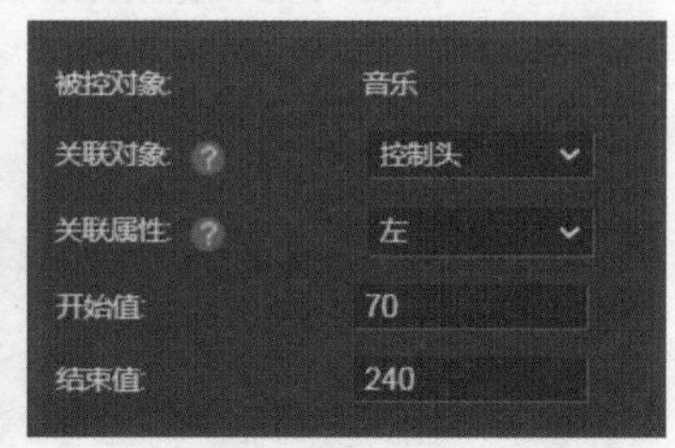

图 7-160

50 保存文件（Ctrl+S），单击“预览”按钮，单击“播放”按钮，拖动“控制头”观看效果，如图 7-161 所示。

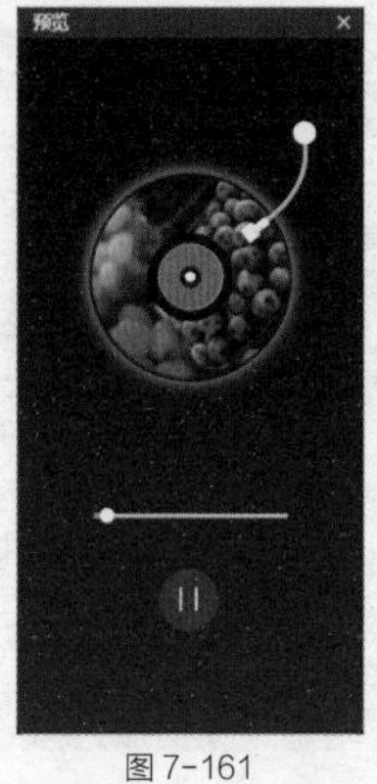

图 7-161

7.5 课后习题：滑动解锁

素材位置	素材文件 >CH07> 课后习题：滑动解锁
视频位置	视频文件 >CH07> 课后习题：滑动解锁
技术掌握	掌握添加行为、添加逻辑表达式的方法

本案例通过制作滑动解锁，引导读者掌握添加行为、添加逻辑表达式的方法，效果如图 7-162 所示。

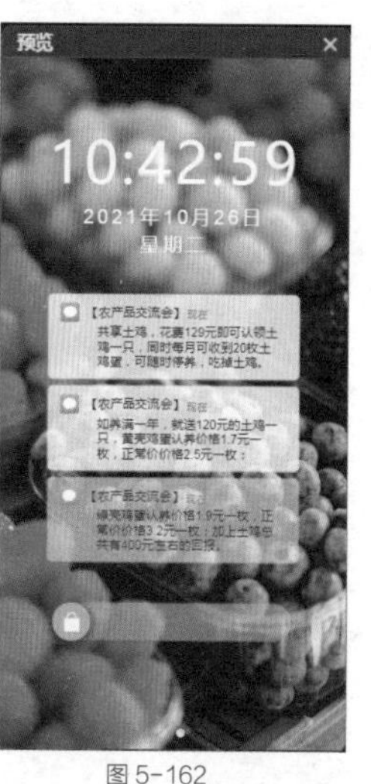

图 5-162

制作思路

01 用绘图工具绘制解锁条和按钮，并为解锁条制作光束滑动的遮罩动画，如图 7-163 所示。

02 选择“按钮”元素，在“属性”面板，将“拖动”设置为“水平拖动”，然后为它添加行为，如图 7-164 所示。

03 分别单击 3 个行的“编辑”图标，设置详细的行为参数，如图 7-165 ~ 图 7-167 所示。

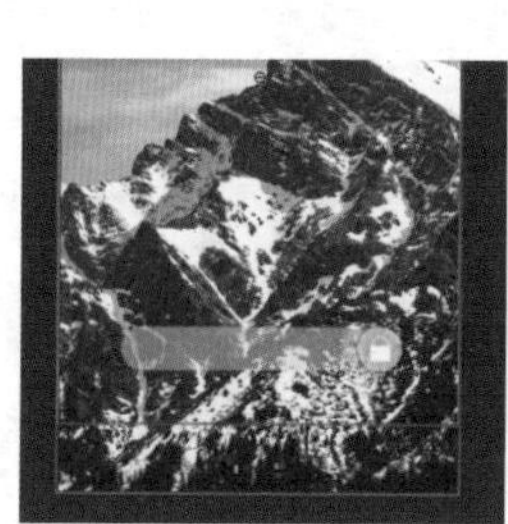
图 7-163

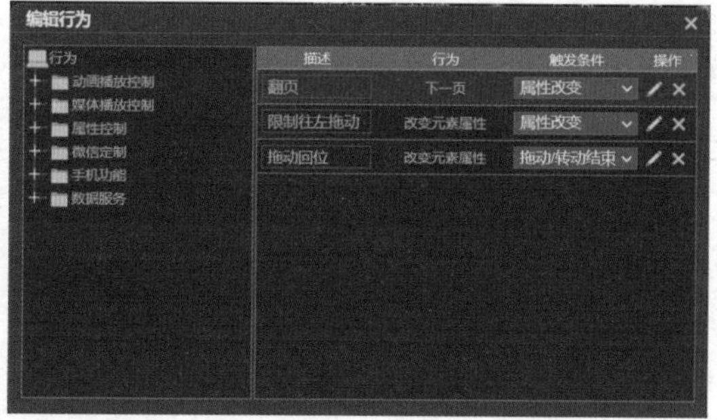

图 7-164

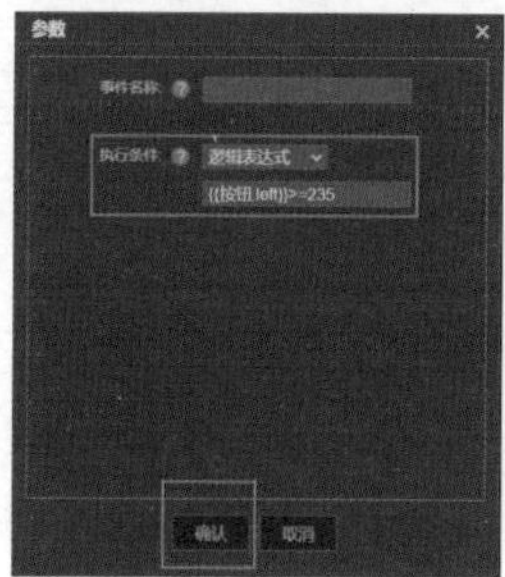

图 7-165

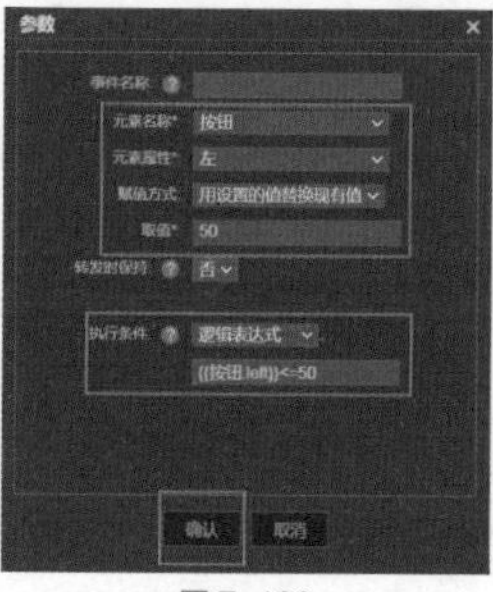

图 7-166

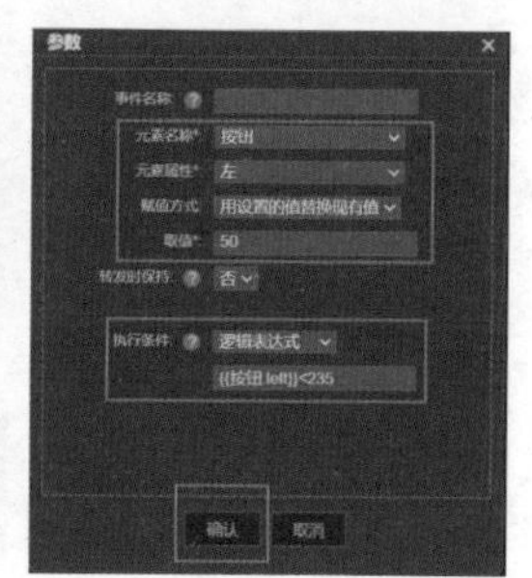

图 7-167

第 8 章 综合案例

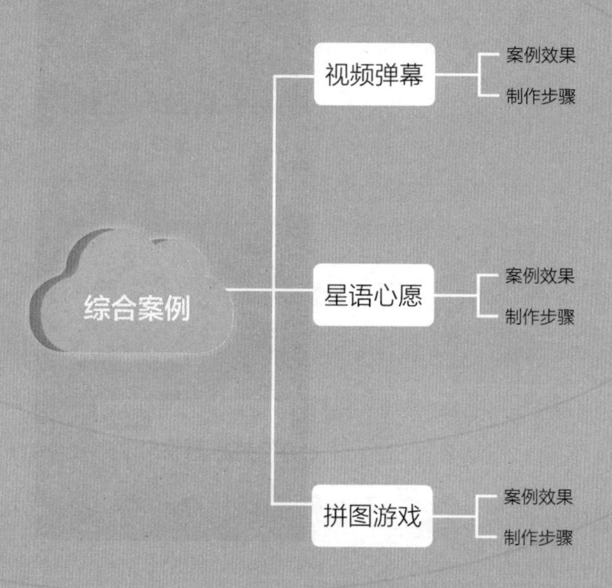
综合案例
视频弹幕
案例效果
制作步骤
星语心愿
案例效果
制作步骤
拼图游戏
案例效果
制作步骤

8.1 视频弹幕

素材位置	素材文件 >CH08> 综合案例：视频弹幕
视频位置	视频文件 >CH08> 综合案例：视频弹幕
技术掌握	掌握循环累加器的运用

8.1.1 案例效果

本案例通过制作视频弹幕，引导读者掌握循环累加器的运用方法，案例效果如图 8-1 所示。

图 8-1

8.1.2 制作步骤

1. 添加视频及设置

01 新建一个默认“宽度”320 像素、“高度”626 像素的“竖屏”文件，单击“确认”按钮，如图 8-2 所示。

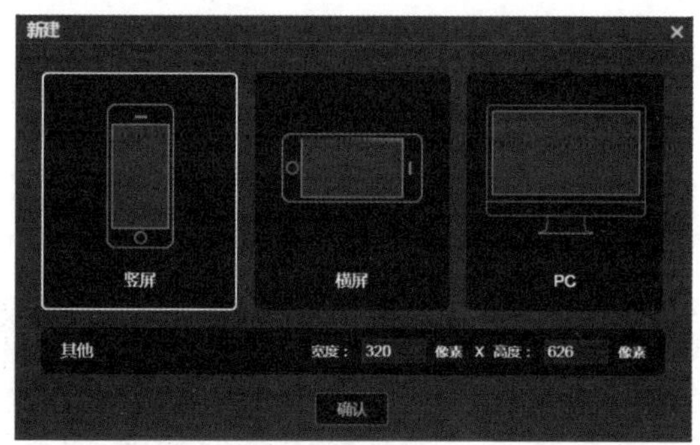

图 8-2

02 将文件命名为“【综合案例】视频弹幕”，将图层 0 命名为“视频”，设置舞台“填充色”为黑色，打开素材库（快捷键 S），添加一个视频到舞台。在“属性”面板中，设置“隐藏播放按钮”“自动播放”“循环播放”“同层视频”为“是”，设置“隐藏控件”为“否”，设置“视频播放时”为“暂停背景音乐”，设置“点击后”为“切换播放暂停状态”，如图 8-3 所示。

图 8-3

2. 建立弹幕元件

在“元件”面板中，单击“新建元件”按钮，新建一个元件，命名为“弹幕”，如图 8-4 所示。

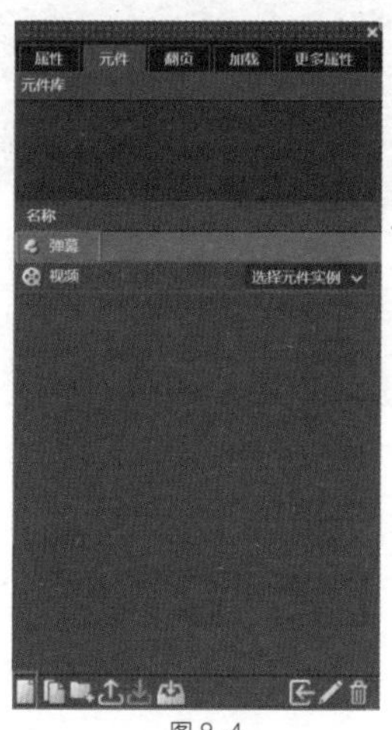

图 8-4

3. 添加弹幕文本

01 双击该元件进行编辑，新建图层，同时命名，如图 8-5 所示。

02 在舞台右边新建 6 个文本，设置文字“大小”为 14，同时设置文本内容，调整颜色和文本框的宽度，使其左右居中，均分高度，如图 8-6 所示。

图 8-5

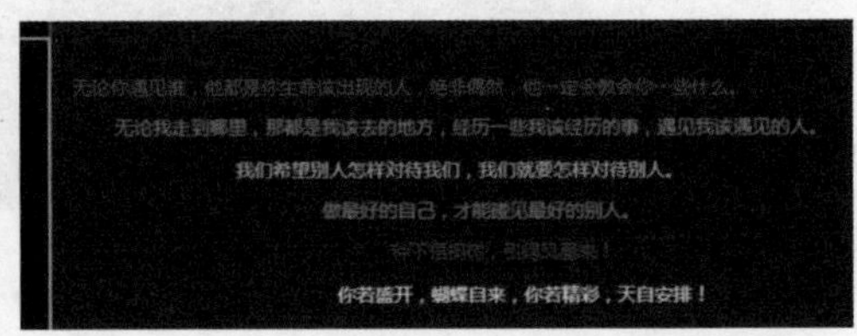

图 8-6

4. 制作弹幕关键帧动画

01 分别将 6 个文本命名为“弹幕 1”“弹幕 2”“弹幕 3”“弹幕 4”“弹幕 5”“弹幕 6”（文本命名很重要，直接关系到后面行为的调用）。为每个弹幕层添加关键帧动画，将文本从舞台右边移动到舞台左边（帧数随意，想慢点就增加帧，想快点就减少帧），如图 8-7 所示。

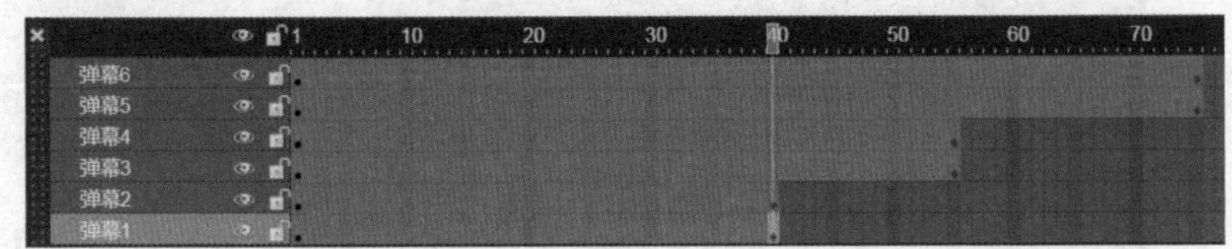

图 8-7

02 回到舞台，新建一个图层，命名为“弹幕元件”。在元件库里选择刚才建立的元件，单击“添加到绘图板”按钮，或者直接拖曳元件到“弹幕元件”图层舞台，将该元件命名为“弹幕”，如图 8-8 所示。

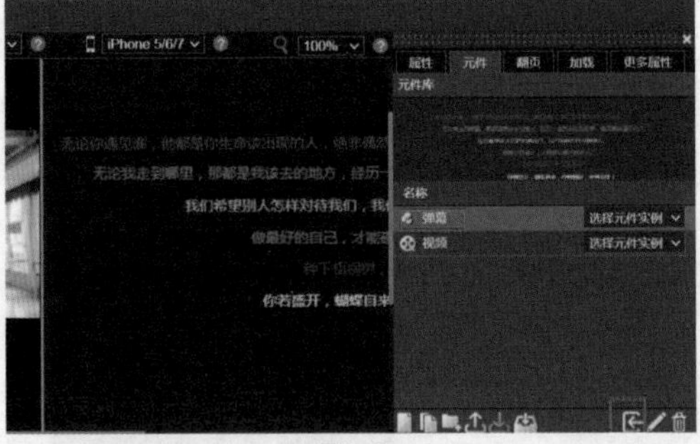

图 8-8

5. 绘制弹幕输入框背景

新建一个图层，命名为“弹幕输入”。选择“矩形”工具（快捷键 R），绘制一个矩形框，设置“填充色”为白色，如图 8-9 所示。

图 8-9

6. 添加弹幕输入框

增加一个输入框，将文字内容修改为“请输入弹幕内容”，设置文字“大小”为 16，将文字颜色修改为黑色，左右居中，如图 8-10 所示。

图 8-10

7. 制作弹幕提交按钮

选择“圆角矩形”工具(快捷键 O)和“文字”工具(快捷键 T)，制作一个“提交”按钮。全选文字和图形，单击鼠标右键，选择“组”菜单中的“组合”选项(快捷键 Ctrl+G)，调整大小和位置，如图 8-11 所示。

图 8-11

8. 建立弹幕开关按钮元件

01 单击“新建元件”按钮，新建一个元件，命名为“弹幕开关”，如图 8-12 所示。

图 8-12

02 双击新建的元件进行编辑，选择“椭圆”工具(快捷键 E)，按住 Shift 键，绘制一个圆形，将其“填充色”设置为透明，“边框色”设置为白色，大小为 1。选择“文字”工具(快捷键 T)，建立文本框，输入“弹”，调整大小使其处于刚才绘制的圆形里并居中。全选文本框和圆形，单击鼠标右键，选择“组”菜单中的“组合”选项(快捷键 Ctrl+G)，完成后效果如图 8-13 所示。

03 在第 2 帧按快捷键 F5 插入帧，按快捷键 F6 将其转为关键帧，这个步骤是复制前面那一帧，然后选择“直线”工具(快捷键 N)，绘制一根斜线。全选线条和“弹”组，单击鼠标右键，选择“组”菜单中的“组合”选项(快捷键 Ctrl+G)，完成后效果如图 8-14 所示。

04 回到舞台，新建一个图层，命名为“弹幕开关”。在元件库里选择刚才建立的元件，单击“添加到绘图板”按钮，或者直接拖曳元件到“弹幕元件”图层舞台，调整大小和位置，效果如图 8-15 所示。

图 8-13

图 8-14

图 8-15

9. 添加弹幕控制累加器文本

新建一个图层，命名为“逻辑控制”，同时在该图层舞台外放置一个文本框，命名为“累加器”，修改内容为0。选取该文本，添加7个行为，按快捷键X，打开“编辑行为”对话框。展开“属性控制”列表，选择“改变元素属性”选项，将“触发条件”设置为“属性改变”，如图8-16所示。

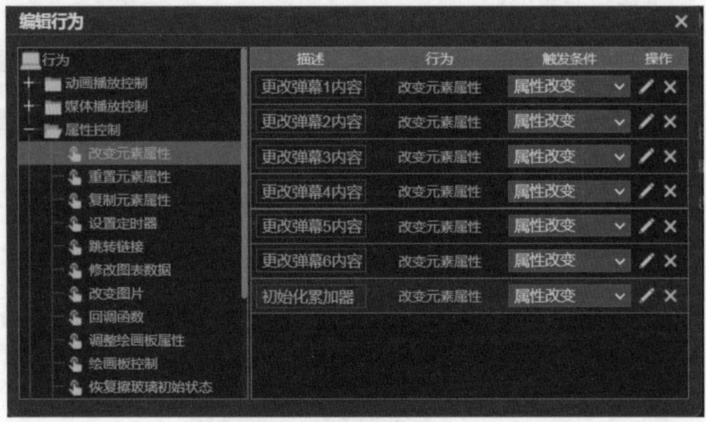

图 8-16

10. 改变弹幕内容文本或取值

01 单击第1个“改变元素属性”的“编辑”图标，打开“参数”对话框。设置“元素名称”为“元件实例/弹幕1”，“元素属性”为“文本或取值”，“取值方式”为“用设置的值替换现有值”，为“取值”输入“{{ 文本输入 1.text}}”，将“执行条件”设置为“检查元素状态”，并依次设置下方为“累加器”“文本或取值”“等于”和1，单击“确认”按钮，如图8-17所示。

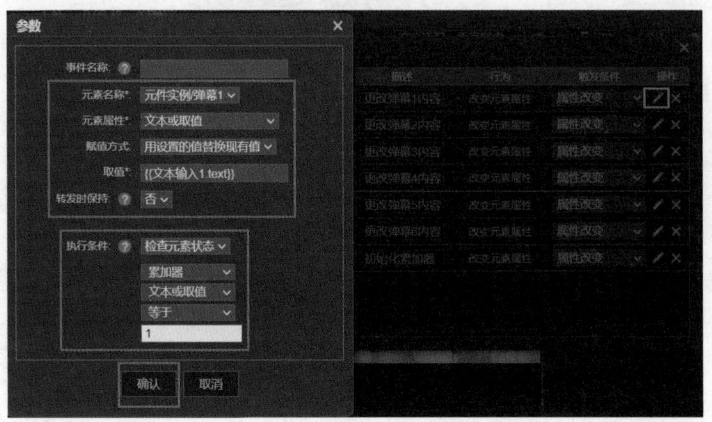

图 8-17

02 单击第2个“改变元素属性”的“编辑”图标，打开“参数”对话框。设置“元素名称”为“元件实例/弹幕2”，“元素属性”为“文本或取值”，“取值方式”为“用设置的值替换现有值”，为“取值”输入“{{ 文本输入 1.text}}”，将“执行条件”设置为“检查元素状态”，并依次设置下方为“累加器”“文本或取值”“等于”和2，单击“确认”按钮，如图8-18所示。

03 单击第 3 个“改变元素属性”的“编辑”图标，打开“参数”对话框。设置“元素名称”为“元件实例 / 弹幕 3”，“元素属性”为“文本或取值”，“取值方式”为“用设置的值替换现有值”，为“取值”输入“{{ 文本输入 1.text}}”，将“执行条件”设置为“检查元素状态”，并依次设置下方为“累加器”“文本或取值”“等于”和 3，单击“确认”按钮，如图 8–19 所示。

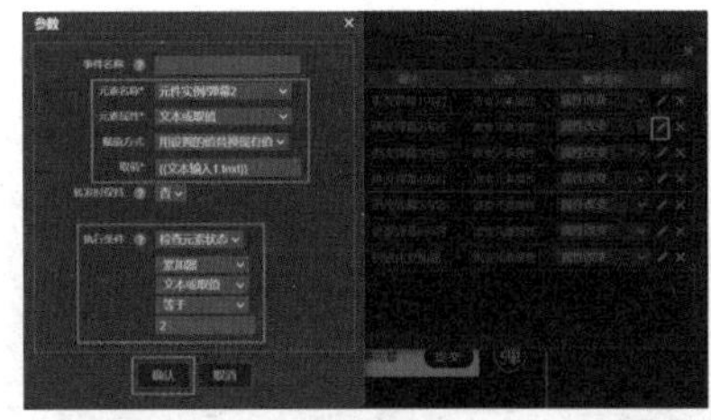
图 8–18

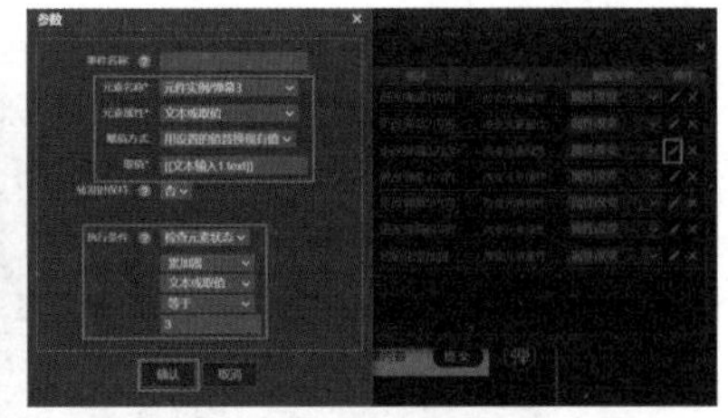
图 8–19

04 单击第 4 个“改变元素属性”的“编辑”图标，打开“参数”对话框。设置“元素名称”为“元件实例 / 弹幕 4”，“元素属性”为“文本或取值”，“赋值方式”为“用设置的值替换现有值”，为“取值”输入“{{ 文本输入 1.text}}”，将“执行条件”设置为“检查元素状态”，并依次设置下方为“累加器”“文本或取值”“等于”和 4，单击“确认”按钮，如图 8–20 所示。

05 单击第 5 个“改变元素属性”的“编辑”图标，打开“参数”对话框。设置“元素名称”为“元件实例 / 弹幕 5”，“元素属性”为“文本或取值”，“取值方式”为“用设置的值替换现有值”，为“取值”输入“{{ 文本输入 1.text}}”，将“执行条件”设置为“检查元素状态”，并依次设置下方为“累加器”“文本或取值”“等于”和 5，单击“确认”按钮，如图 8–21 所示。

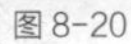
图 8–20

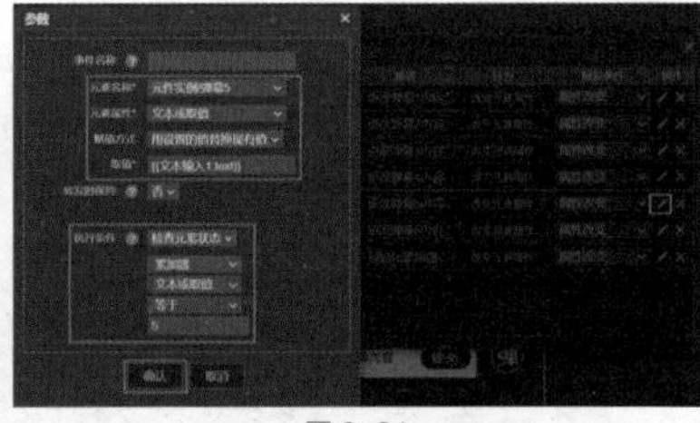
图 8–21

06 单击第 6 个“改变元素属性”的“编辑”图标，打开“参数”对话框。设置“元素名称”为“元件实例 / 弹幕 6”，“元素属性”为“文本或取值”，“取值方式”为“用设置的值替换现有值”，为“取值”输入“{{ 文本输入 1.text}}”，将“执行条件”设置为“检查元素状态”，并依次设置下方为“累加器”“文本或取值”“等于”和 6，单击“确认”按钮，如图 8–22 所示。

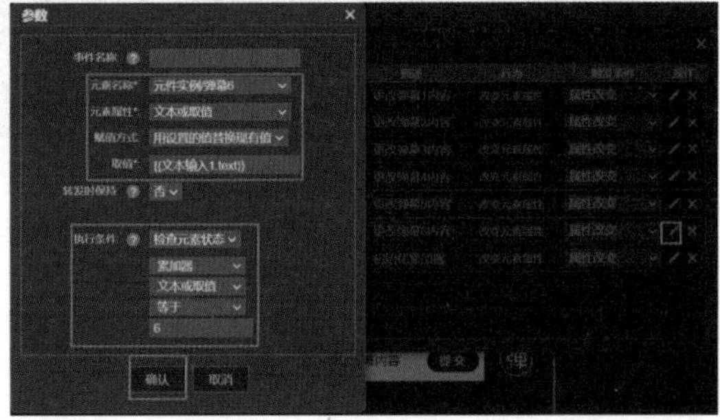
图 8–22

11. 初始化提交数

单击第 7 个“改变元素属性”的“编辑”图标，打开“参数”对话框。设置“元素名称”为“累加器”，“元素属性”为“文本或取值”，“取值方式”为“用设置的值替换现有值”，为“取值”输入 1，设置“执行条件”为“检查元素状态”，并依次设置下方为“累加器”“文本或取值”“等于”和 7，单击“确认”按钮，如图 8-23 所示。

图 8-23

12. 添加提交累加次数行为

01 选取“提交”按钮为其添加行为，按快捷键 X，打开“编辑行为”对话框。展开“属性控制”列表，选择“改变元素属性”选项，将“触发条件”设置为“点击”，单击“编辑”图标，如图 8-24 所示。

02 打开“参数”对话框，设置“元素名称”为“累加器”，“元素属性”为“文本或取值”，“赋值方式”为“在现有值基础上增加”，为“取值”输入 1，单击“确认”按钮，如图 8-25 所示。

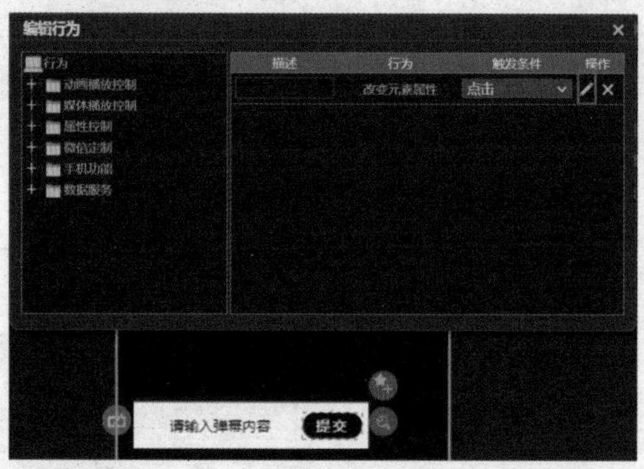

图 8-24

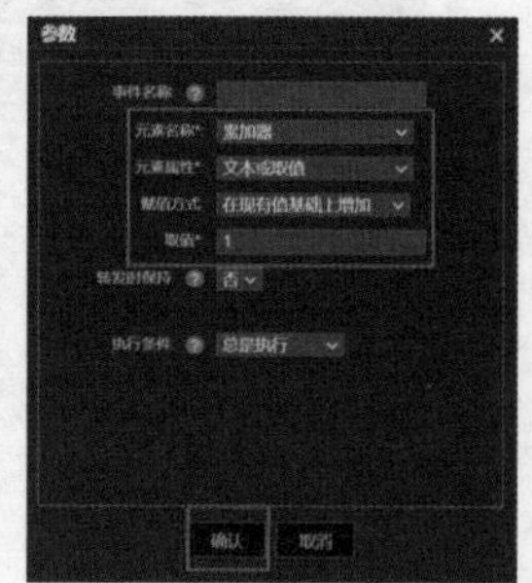

图 8-25

13. 改变弹幕元件透明度

01 双击“弹幕开关”元件进行编辑，在第 1 帧添加 3 个行为，按快捷键 X，打开“编辑行为”对话框，执行以下操作（见图 8-26）：

① 展开“动画播放控制”列表，选择“暂停”选项，将“触发条件”设置为“出现”；

② 展开“动画播放控制”列表，选择“下一帧”选项，将“触发条件”设置为“点击”；

③ 展开“属性控制”列表，选择“改变元素属性”选项，将“触发条件”设置为“点击”。

02 单击“改变元素属性”的“编辑”图标，打开“参数”对话框。设置“元素名称”为“弹幕”，“元素属性”为“透明度”，“取值方式”为“用设置的值替换现有值”，为“取值”输入 0，单击“确认”按钮，如图 8–27 所示。

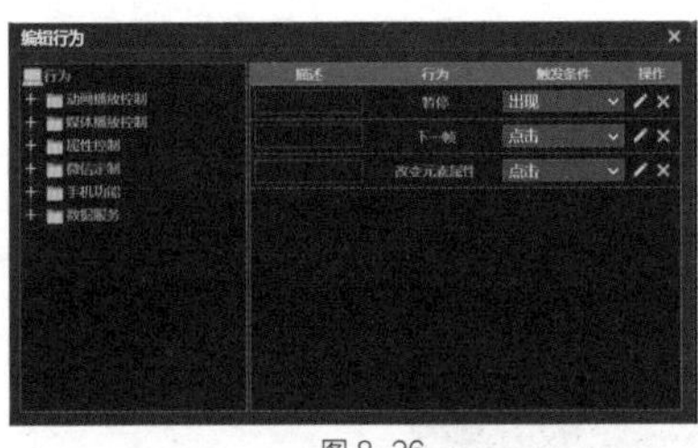

图 8–26

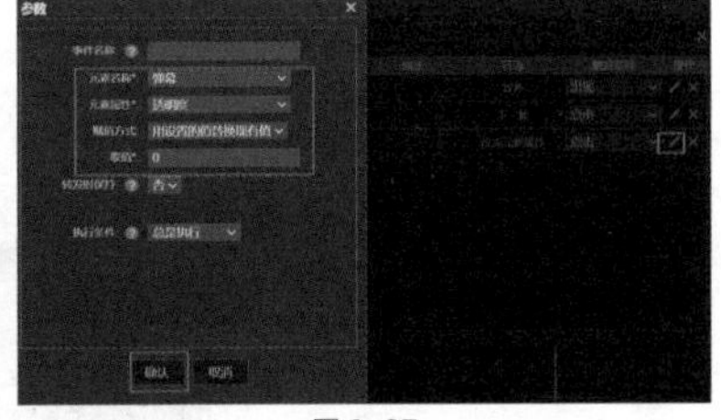

图 8–27

03 在第 2 帧添加 3 个行为，按快捷键 X，打开“编辑行为”对话框。执行以下操作（见图 8–28）：

① 展开“动画播放控制”列表，选择“暂停”选项，将“触发条件”设置为“出现”；

② 展开“动画播放控制”列表，选择“上一帧”选项，将“触发条件”设置为“点击”；

③ 展开“属性控制”列表，选择“改变元素属性”选项，将“触发条件”设置为“点击”。

04 单击“改变元素属性”的“编辑”图标，打开“参数”对话框。设置“元素名称”为“弹幕”，“元素属性”为“透明度”，“取值方式”为“用设置的值替换现有值”，为“取值”输入 100，单击“确认”按钮，如图 8–29 所示。

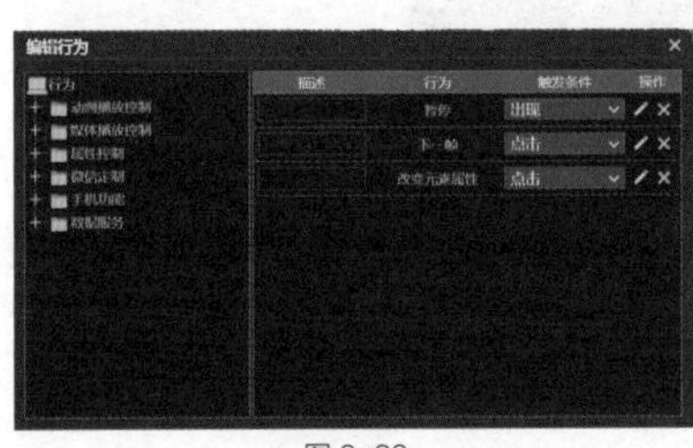

图 8–28

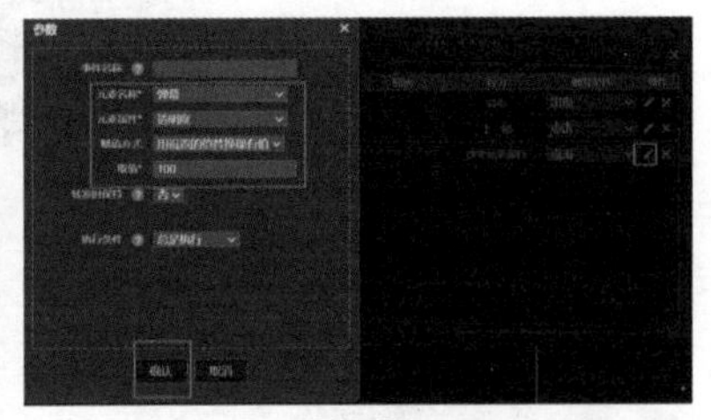

图 8–29

14. 保存预览效果

保存文件（Ctrl+S），单击“预览”按钮，输入弹幕内容，单击“提交”按钮，观看效果，如图 8–30 所示。

图 8–30

8.2 星语心愿

素材位置	素材文件 >CH08> 综合案例：星语心愿
视频位置	视频文件 >CH08> 综合案例：星语心愿
技术掌握	掌握角度关联定时器的运用

8.2.1 案例效果

本案例通过制作星语心愿贺卡，引导读者掌握角度关联定时器的运用方法，案例效果如图 8-31 所示。

图 8-31

8.2.2 制作步骤

1. 添加素材、制作标题和按钮

01 新建一个默认“宽度”320 像素、“高度”626 像素的“竖屏”文件，单击“确认”按钮，如图 8-32 所示。

02 设置文件名为“【综合案例】星语心愿”，将图层 0 命名为“背景”，然后新建 4 个图层，分别命名为“月亮”“人物”“标题”“按钮”。打开素材库（快捷键 S），分别把背景、月亮和人物图片添加到相应的图层，然后选择“文字”工具（快捷键 T）和“矩形”工具（快捷键 R），在标题和按钮图层制作标题和按钮，如图 8-33 所示。

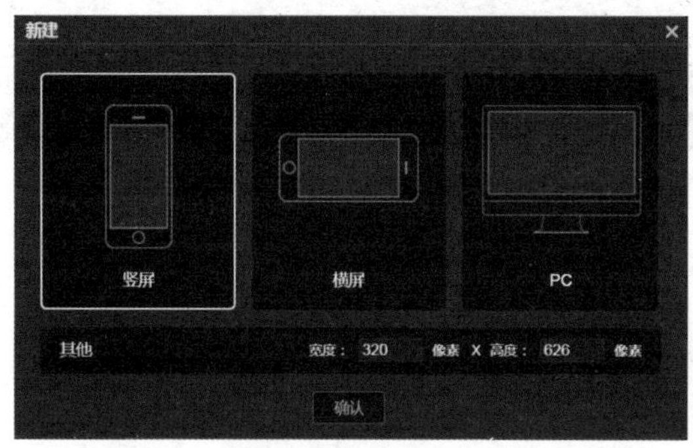

图 8-32

图 8-33

2. 制作心意清单背景

01 新建一个图层，单击鼠标右键，选择“添加行为”菜单选项，如图 8-34 所示。打开“编辑行为”对话框，展开“动画播放控制”列表，选择“暂停”选项，将“触发条件”设置为“进入帧”。

02 在最上面的图层上方新建一个图层，命名为“已选心愿背景”。在该图层第 3 帧按快捷键 F6 插入关键帧，选中“人物”“月亮”“背景”“暂停”图层的第 3 帧，按快捷键 F5 插入帧，将这几个图层的帧补齐，如图 8-35 所示。

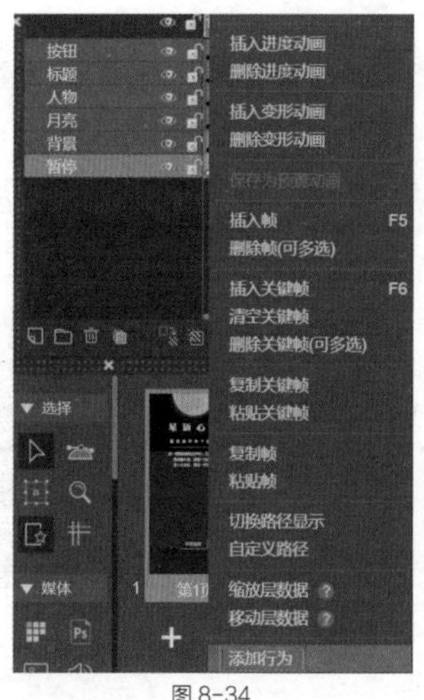

图 8-34

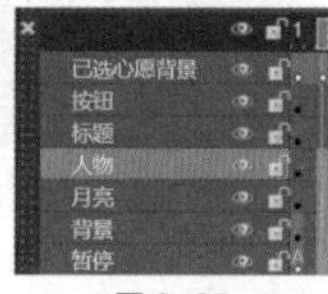

图 8-35

03 在“已选心愿背景”图层的第 3 帧，选择“圆角矩形”工具（快捷键 O），绘制一个圆角矩形，在“属性”面板设置“宽”为 216 像素，“高”为 102 像素，将“填充色”设置为透明，将“边框色”设置为白色，大小为 1，将“边框类型”设置为“点线”。选择“文字”工具（快捷键 T），建立一个文本框，输入“心愿清单”。将制作好的两个元素放入舞台居中位置，如图 8-36 所示。

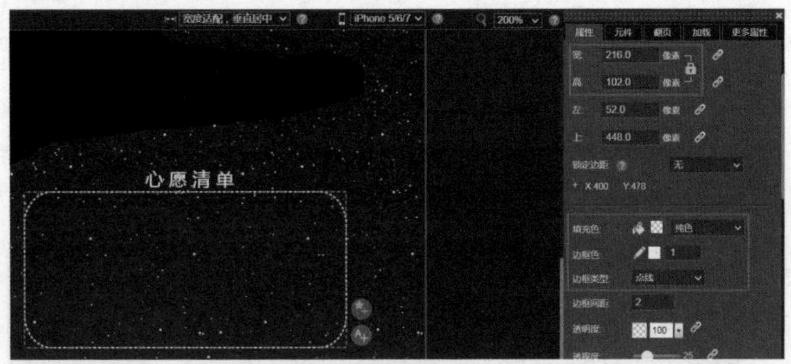

图 8-36

3. 制作心意清单元件

01 打开素材库（快捷键 S），添加素材，在舞台外调整大小，如图 8-37 所示。将舞台的“填充色”修改为黑色。

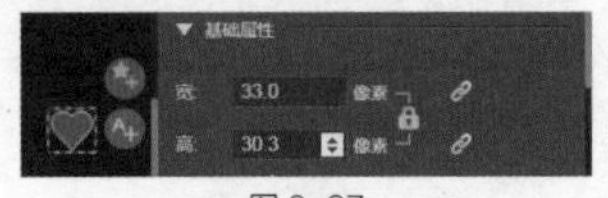

图 8-37

02 将刚才添加的素材选中，单击鼠标右键，选择“转换为元件”菜单选项，双击进行编辑。将图层 0 命名为“心”，在第 2 帧按快捷键 F5 插入帧，再按快捷键 F6 将其转为关键帧；新建一个图层，命名为“文字”，如图 8-38 所示。

图 8-38

03 选择“文字”工具(快捷键 T)，建立一个文本框，输入内容“升职加薪”，将文本“大小”设为 10，调整文本框的大小和位置，如图 8-39 所示。

图 8-39

04 选取文字，按快捷键 X，打开“编辑行为”对话框。展开“动画播放控制”列表，选择“暂停”选项，将“触发条件”设置为“出现”，如图 8-40 所示。

05 选择第 1 帧“心”，在“属性”面板中，展开“滤镜”的下拉菜单，选择“做旧”选项，单击“滤镜”旁边的 + 图标，如图 8-41 所示。

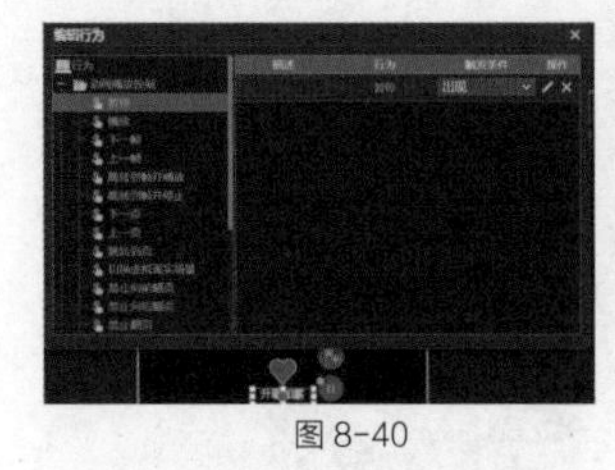

图 8-40

图 8-41

06 在元件库里将刚才制作的元件命名为“结果 1”，单击 9 次“复制元件”按钮，复制 9 个相同的元件，修改元件名称，如图 8-42 所示。分别双击进行编辑，修改文本内容为“一路躺赢”“我做老板”“业绩飙升”“主角光环”“奖金翻倍”“有颜任性”“幸福有爱”“光吃不胖”“身体健康”。

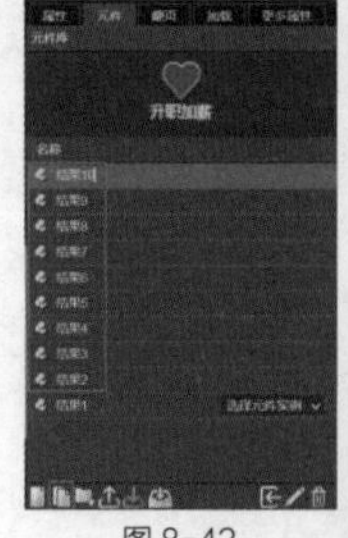

图 8-42

4. 整理心意清单

01 分别单击元件的“添加到绘画板”按钮，将它们添加到舞台，如图 8-43 所示。锁定宽高比，将“高”设置为 43。

02 将元件排列好位置，如图 8-44 所示。依次命名为“图标 1”“图标 2”“图标 3”“图标 4”“图标 5”“图标 6”“图标 7”“图标 8”“图标 9”“图标 10”。

03 新建一个图层，命名为“控制”，在该图层第 3 帧新建一个文本，命名为“数量”，内容修改为 0，如图 8-45 所示。

图 8-43

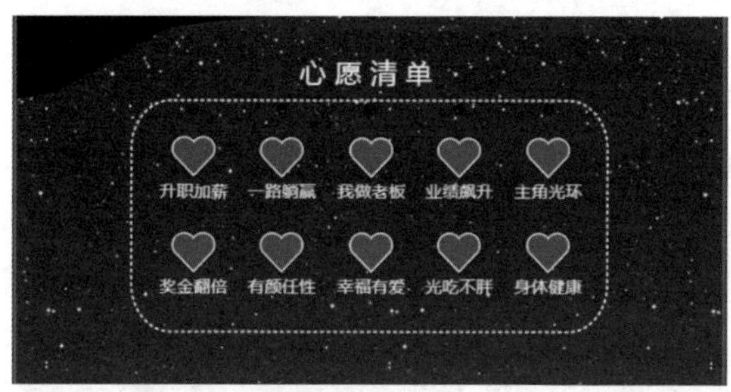

图 8-44

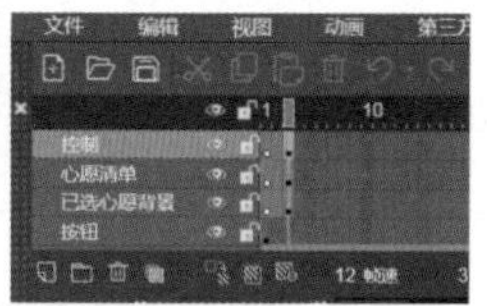

图 8-45

5. 制作选择心愿元件

01 在“按钮”图层选择第 1 帧的元素添加行为，按快捷键 X，打开“编辑行为”对话框，展开“动画播放控制”列表，选择“下一帧”选项；在该图层的第 2 帧按快捷键 F5 插入帧，再按快捷键 F6 将其转为关键帧，如图 8-46 所示。然后将文字修改为“完成选择”。

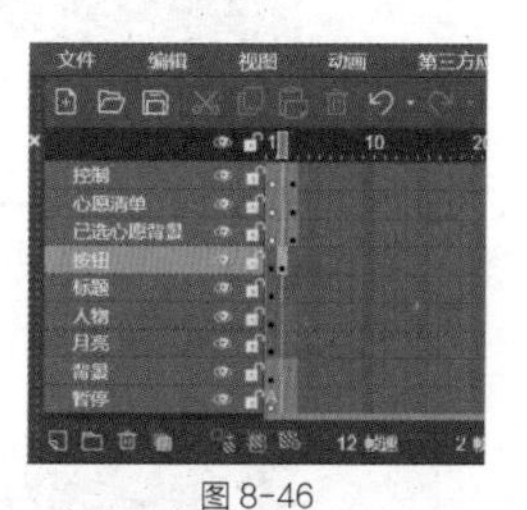

图 8-46

02 在“人物”图层上面新建一个图层，命名为“圆”，将舞台缩放比例调整为 50%，在该图层第 2 帧选择“椭圆”工具（快捷键 E），按住 Shift 键，绘制一个圆形，将“填充色”设置为透明，“边框色”设置为白色，宽度为 1，如图 8-47 所示。

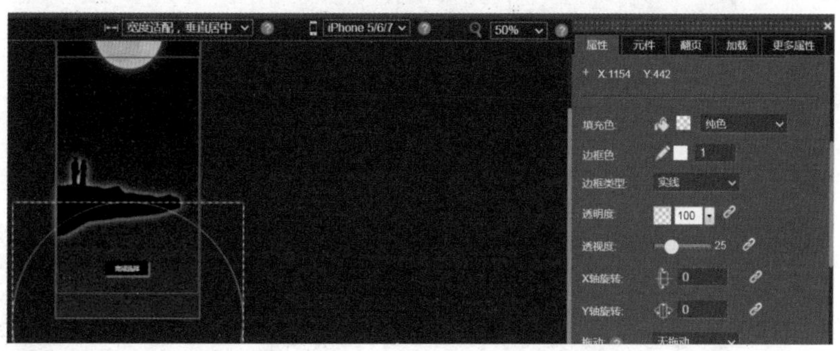

图 8-47

03 选择“文字”工具（快捷键 T），在该帧舞台外建立一个文本框，将字体“大小”设置为 10，水平居中，将“垂直对齐”设置为“垂直居中”，如图 8-48 所示。

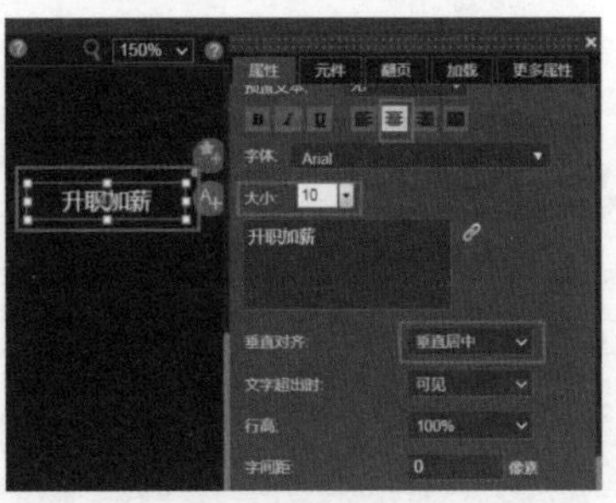

图 8-48

04 将文本框选中，单击鼠标右键，选择“转换为元件”菜单选项，双击该元件进行编辑。把图层 0 命名为“文字”，新建一个图层，命名为“圆”，选择“椭圆”工具（快捷键 E），按住 Shift 键，绘制一个圆形，效果如图 8-49 所示。

05 将该帧往后拖动，形成第 2 帧，修改圆形“填充色”为红色，按快捷键 Ctrl+C 复制，按快捷键 Ctrl+Shift+V 原地粘贴，将复制的圆形“填充色”设置为透明，“边框色”设置为白色，大小为 1，将“边框类型”设置为“点线”，效果如图 8-50 所示。

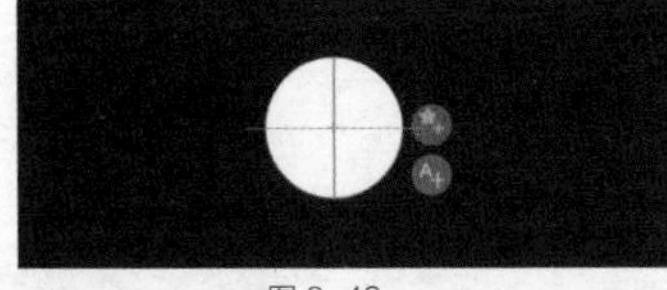

图 8-49

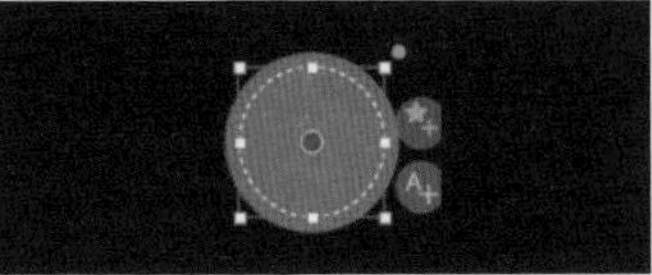

图 8-50

06 将该帧的两个圆形选中，单击鼠标右键，选择“组”菜单中的“组合”选项（快捷键 Ctrl+G），在“属性”面板中，单击“滤镜”的下拉菜单，选择“阴影”选项，单击“滤镜”旁边的 + 图标，如图 8-51 所示。

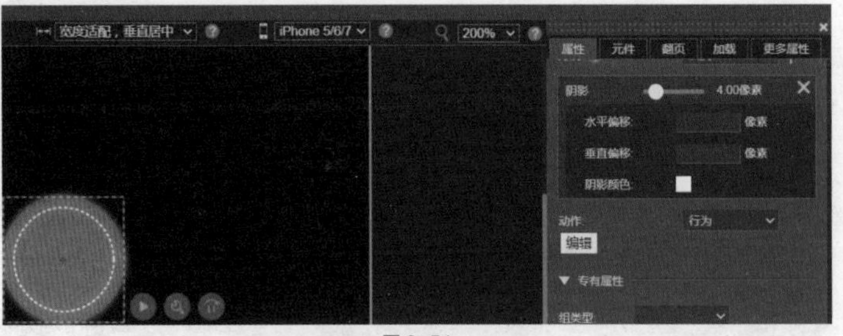

图 8-51

07 在第 6 帧按快捷键 F5 插入帧，然后单击鼠标右键，选择“插入关键帧动画”菜单选项，如图 8-52 所示。

08 在第 4 帧按快捷键 F6 插入关键帧，如图 8-53 所示。

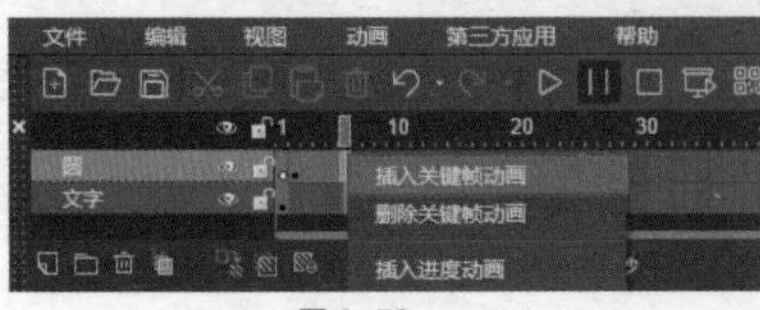

图 8-52

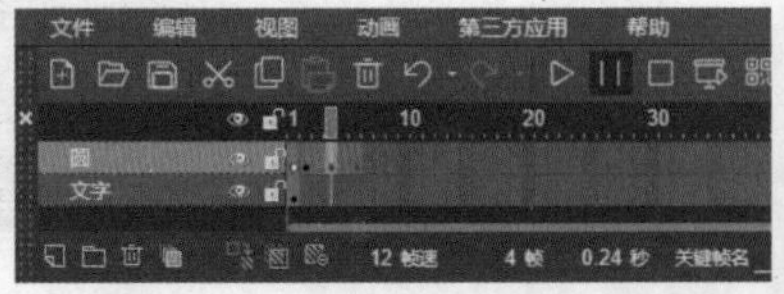

图 8-53

⑨ 选中第 2 帧的圆，选择“变形”工具（快捷键 Q），将圆缩小，将其“透明度”设置为 0，选中第 2 帧，按快捷键 Ctrl+C 复制帧，在第 6 帧按快捷键 Ctrl+V 粘贴，效果如图 8-54 所示。

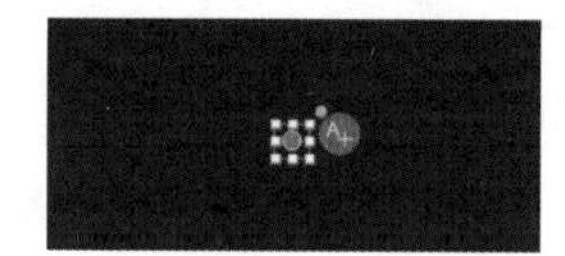

图 8-54

⑩ 在“文字”图层的上面新建一个图层，命名为“暂停”，在第 4 帧和第 5 帧分别按快捷键 F6 插入空白关键帧，如图 8-55 所示。

图 8-55

⑪ 在第 4 帧选择“矩形”工具（快捷键 R），绘制一个小矩形，将“透明度”设置为 0。为其添加行为，按快捷键 X，打开“编辑行为”对话框。展开“动画播放控制”列表，选择“暂停”选项，将“触发条件”设置为“出现”，效果如图 8-56 所示。

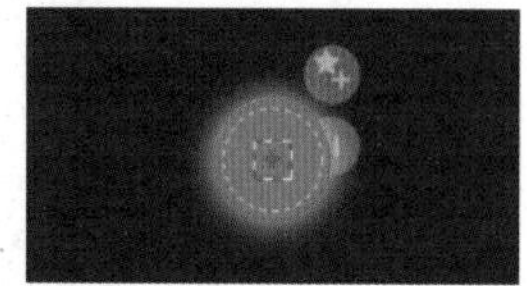

图 8-56

⑫ 选择“文字”图层的第 1 帧添加行为，按快捷键 X，打开“编辑行为”对话框。执行如下操作（见图 8-57）：

① 展开“动画播放控制”列表，选择“暂停”选项，将“触发条件”设置为“出现”；

② 展开“动画播放控制”列表，选择“播放”选项，将“触发条件”设置为“点击”；

③ 展开“属性控制”列表，选择“改变元素属性”选项，将“触发条件”设置为“点击”；

④ 展开“动画播放控制”列表，选择“跳转到帧并停止”选项，将“触发条件”设置为“点击”。

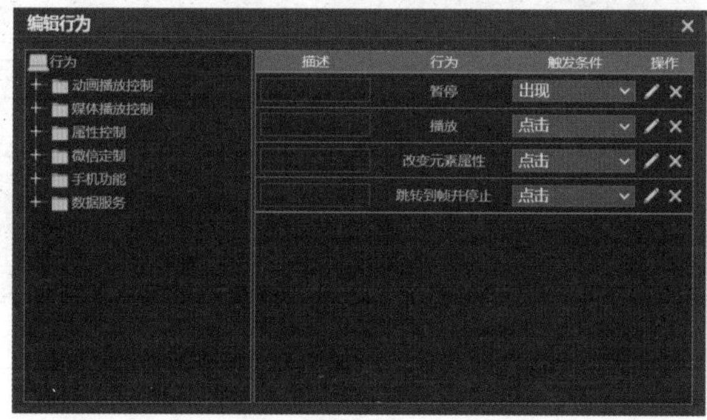

图 8-57

⑬ 单击“改变元素属性”的“编辑”图标，打开“参数”对话框。设置“元素名称”为“数量”，“元素属性”为“文本或取值”，“取值方式”为“在现有值基础上增加”，为“取值”输入 1，单击“确认”按钮，如图 8-58 所示。

⑭ 单击“跳转到帧并停止”的“编辑”图标，打开“参数”对话框。为“帧号”输入 2，设置“作用对象”为“图标 1”，单击“确认”按钮，如图 8-59 所示。

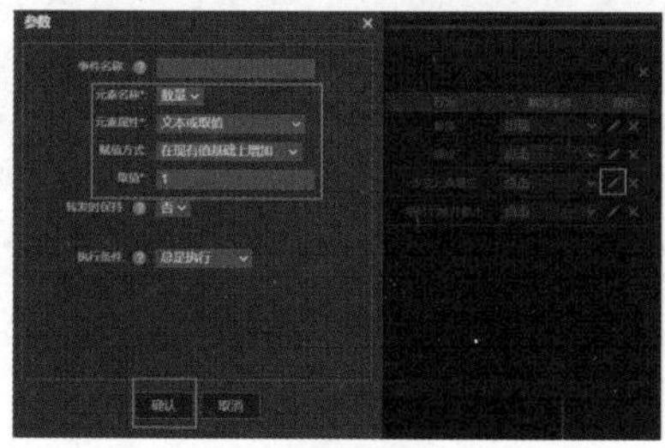
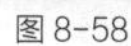

图 8-58

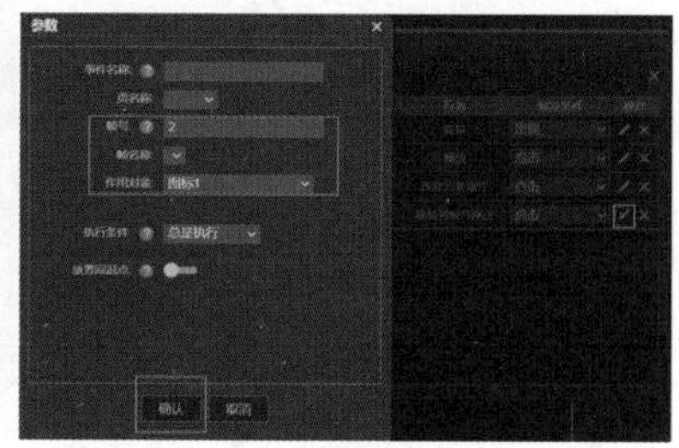

图 8-59

⑮ 选择“圆”图层的第 2 帧添加行为，按快捷键 X，打开“编辑行为”对话框。执行以下操作（见图 8-60）：

① 展开“动画播放控制”列表，选择“播放”选项，将“触发条件”设置为“点击”；

② 展开“属性控制”列表，选择“改变元素属性”选项，将“触发条件”设置为“点击”；

③ 展开“动画播放控制”列表，选择“跳转到帧并停止”选项，将“触发条件”设置为“点击”。

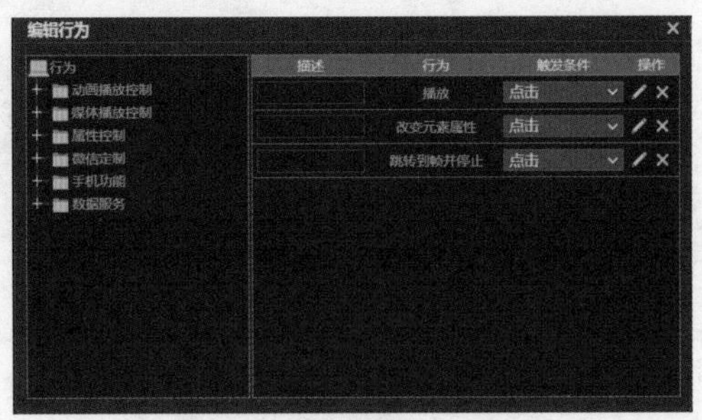

图 8-60

⑯ 单击“改变元素属性”的“编辑”图标，打开“参数”对话框。设置“元素名称”为“数量”，“元素属性”为“文本或取值”，“取值方式”为“在现有值基础上增加”，为“取值”输入 -1，单击“确认”按钮，如图 8-61 所示。

⑰ 单击“跳转到帧并停止”的“编辑”图标，打开“参数”对话框。为“帧号”输入 1，设置“作用对象”为“图标 1”，单击“确认”按钮，如图 8-62 所示。

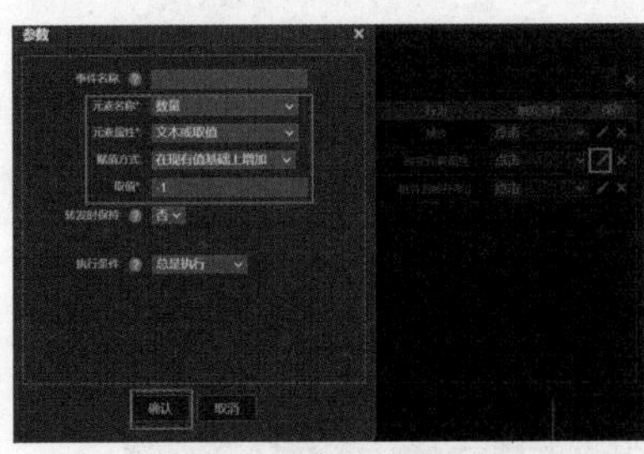

图 8-61

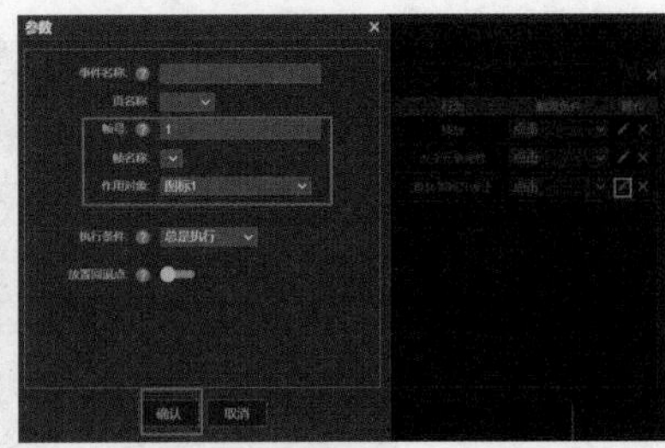

图 8-62

⑱ 在元件库将刚才建立的元件命名为“愿望 1”，如图 8-63 所示。

⑲ 选中“愿望 1”，单击“复制元件”按钮，复制 9 个相同的元件，并修改元件名称；分别双击进行编辑，修改文本内容为“一路躺赢”“我做老板”“业绩飙升”“主角光环”“奖金翻倍”“有颜任性”“幸福有爱”“光吃不胖”“身体健康”；将“文字”图层的“跳转到帧并停止”的“作用对象”分别修改为“图标 1”“图标 2”“图标 3”“图标 4”“图标 5”“图标 6”“图标 7”“图标 8”“图标 9”“图标 10”；将“圆”图层的“跳转到帧并停止”的“作用对象”分别修改为“图标 1”“图标 2”“图标 3”“图标 4”“图标 5”“图标 6”“图标 7”“图标 8”“图标 9”“图标 10”，如图 8-64 所示。

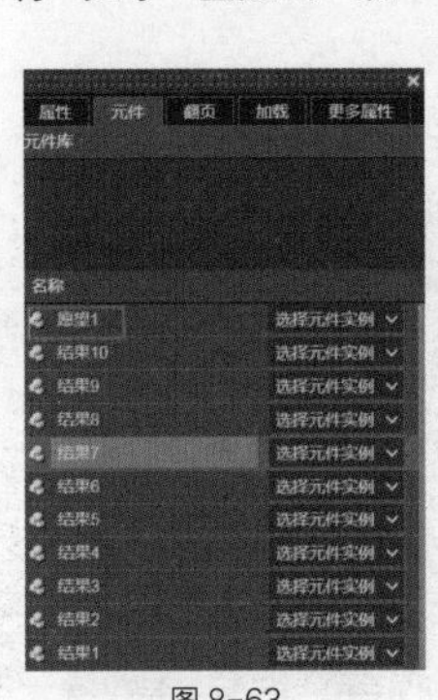

图 8-63

图 8-64

6. 控制选择心愿转动

01 在“标题”图层下面新建一个图层，命名为“圆”，选中“圆”的 3 个帧，按快捷键 F6 将其转为关键帧；然后在第 2 帧选择“椭圆”工具（快捷键 E），绘制一个圆，将“填充色”设置为透明，“边框色”设置为白色，大小设置为 1；将刚才制作的元件按照一定角度放置在大圆内，然后全部选中，单击鼠标右键，选择“组”菜单中的“组合”选项（快捷键 Ctrl+G），将组命名为“大圆”，如图 8-65 所示。

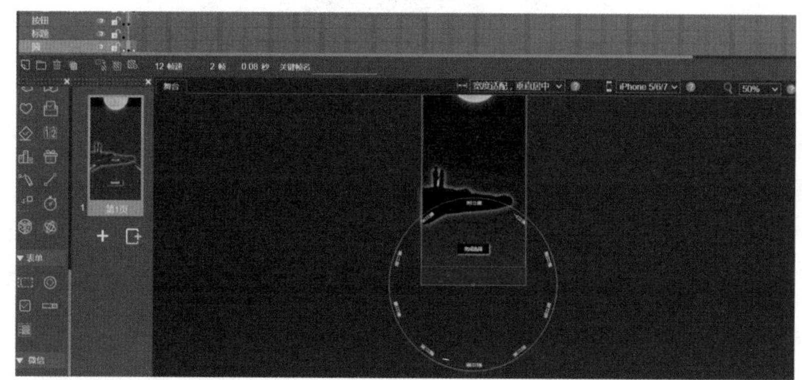

图 8-65

02 在“控件”工具组选择“定时器”工具，在舞台外放置一个定时器，如图 8-66 所示。设置“精度”为“毫秒”，设置“是否循环”为“循环”，如图 8-67 所示。

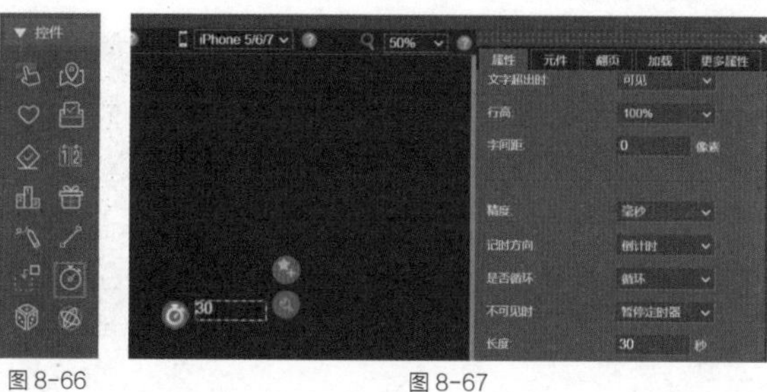

图 8-66　　图 8-67

03 为定时器添加行为，按快捷键 X，打开“编辑行为”对话框。展开“属性控制”列表，选择“改变元素属性”选项，将“触发条件”设置为“属性改变”，单击“编辑”图标，打开“参数”对话框。设置“元素名称”为“大圆”，“元素属性”为“旋转角度 Z”，“取值方式”为“在现有值基础上增加”，为“取值”输入 -0.1，单击“确认”按钮，如图 8-68 所示。

04 选中“大圆”，在“属性”面板中，设置“拖动”的第 2 项为“旋转”，如图 8-69 所示。

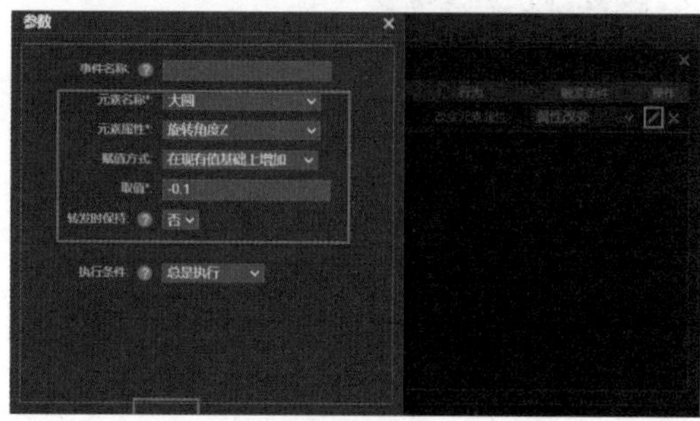

图 8-68

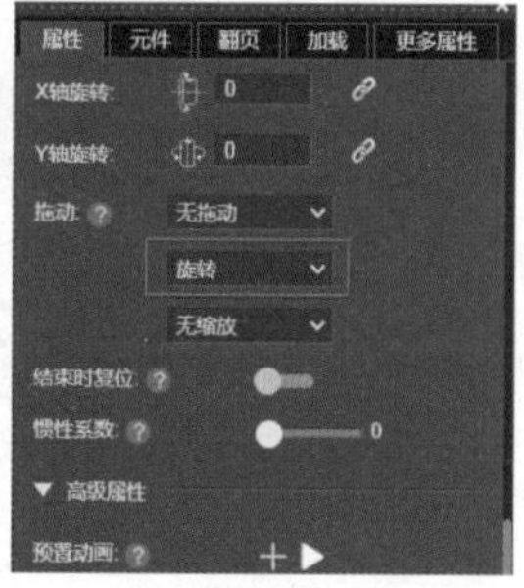

图 8-69

7. 制作结果显示

01 在“标题”图层的第 3 帧按快捷键 F5 插入帧，再按快捷键 F6 将其转为关键帧，如图 8–70 所示。

图 8–70

02 在“标题”图层的第 3 帧，将原来的矩形删除，选择“矩形”工具（快捷键 R），重新绘制一个矩形，再在矩形左边绘制一个正方形，为正方形添加行为，按快捷键 X，打开“编辑行为”对话框。展开“微信定制”列表，选择“显示微信头像”选项，将“触发条件”设置为“出现”。

03 选择“文字”工具（快捷键 T），在旁边放置一个文本框，修改内容为“微信昵称”，为其添加行为，按快捷键 X，打开“编辑行为”对话框。展开“微信定制”列表，选择“显示微信昵称”选项，将“触发条件”设置为“出现”。

04 在右边选择“文字”工具（快捷键 T），放置一个文本框，命名为“统计”，修改内容为“已许愿 10 个”，添加行为，按快捷键 X，打开“编辑行为”对话框。展开“属性控制”列表，选择“改变元素属性”选项，将“触发条件”设置为“出现”，单击“编辑”图标，打开“参数”对话框。设置“元素名称”为“统计”，“元素属性”为“文本或取值”，为“取值”输入“已许愿 {{ 数量 }} 个”，单击“确认”按钮。

05 最后将发布的作品二维码缩小放置在最右边，如图 8–71 所示。

图 8–71

8. 预览作品

保存文件（Ctrl+S），用手机微信扫描预览二维码，单击“开始选择”按钮，观看许愿效果，如图 8–72 所示。

图 8–72

素材位置	素材文件 >CH08> 综合案例：拼图游戏
视频位置	视频文件 >CH08> 综合案例：拼图游戏
技术掌握	掌握拖放容器的运用

8.3 拼图游戏

8.3.1 案例效果

本案例通过制作拼图游戏，引导读者掌握拖放容器、改变元素属性等的操作方法，案例效果如图 8-73 所示。

图 8-73

8.3.2 制作步骤

1. 制作游戏开始画面

01 新建一个默认“宽度”320 像素、“高度”626 像素的“竖屏”文件，单击“确认”按钮，如图 8-74 所示。

02 将文件命名为“【综合案例】拼图游戏”，将图层 0 命名为“暂停”，在第 1 帧单击鼠标右键，选择“添加行为”菜单选项，打开“编辑行为”对话框。展开“动画播放控制”列表，选择“暂停”选项，将“触发条件”设置为“进入帧”，如图 8-75 所示。

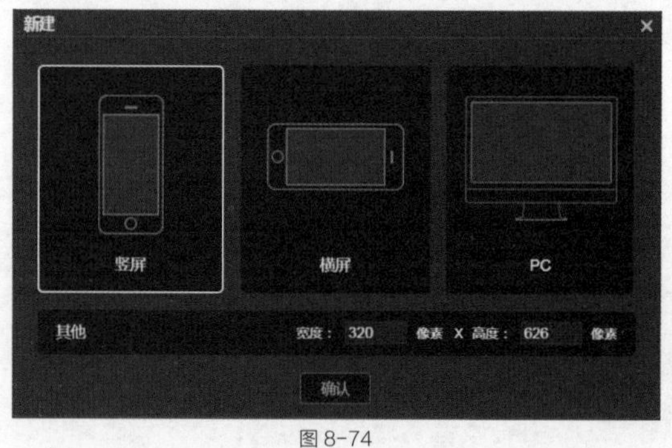

图 8-74

图 8-75

03 新建一个图层，命名为“提示”，将舞台“填充色”修改为黑色；选择“文字”工具（快捷键 T），放置一个文本框，修改内容为“完整图片”；再新建一个图层，命名为“图片”，打开素材库（快捷键 S），添加一张图片，效果如图 8-76 所示。

04 新建一个图层，命名为“按钮”，选择“矩形”工具（快捷键 R）和“文字”工具（快捷键 T），制作一个按钮。全选文字和矩形，单击鼠标右键，选择“组”菜单中的“组合”选项（快捷键 Ctrl+G），效果如图 8-77 所示。

图 8-76

图 8-77

2. 制作游戏主体

01 在“图片”图层第 2 帧按快捷键 F6 插入空白关键帧，打开素材库（快捷键 S），添加 6 张小图，设置“宽”“高”都为 87，按照图 8-78 所示进行排列，将从左到右、从上到下的顺序分别命名为 B、E、C、F、A、D。在“属性”面板中，将 6 张小图的“拖动”设置为“自由拖动”。

图 8-78

02 新建一个图层，命名为“背景块”，在该图层的第 2 帧按快捷键 F6 插入空白关键帧，在刚才添加的 6 张图片上面，选择“矩形”工具（快捷键 R），绘制一个“宽”为 320、“高”为 214 的矩形，如图 8-79 所示。

03 在“背景块”图层上面新建一个图层，命名为“拖入容器”，在第 2 帧按快捷键 F6 插入空白关键帧。单击“控件”工具组的“拖入容器”按钮，如图 8-80 所示。

图 8-79

04 在该帧舞台上拖曳放置 6 个“拖放容器”，将它们的“宽”“高”都设置为 90，排列好顺序，如图 8-81 所示。

图 8-80

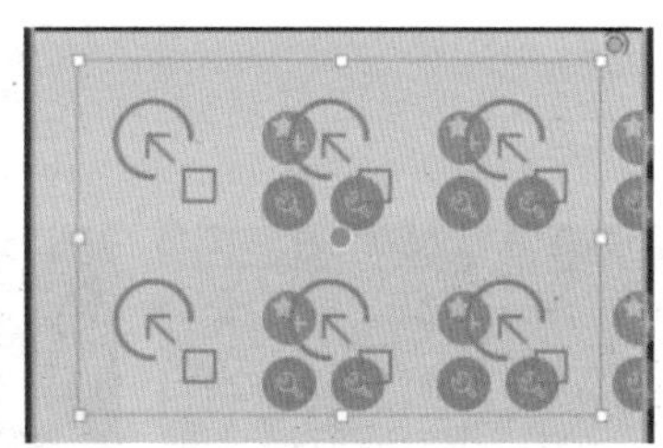

图 8-81

05 新建一个图层，命名为“计分”，在第 2 帧按快捷键 F6 插入空白关键帧，选择“文字”工具（快捷键 T），在舞台外绘制一个文本框，修改内容为 0，命名为“累加器”。为“累加器”添加行为，按快捷键 X，打开“编辑行为”对话框。展开“动画播放控件”列表，选择“下一帧”选项，将“触发条件”设置为“属性改变”，单击“编辑”图标，打开“参数”对话框。设置“执行条件”依次为“检查元素状态”“累加器”“文本或取值”“等于”和 6，单击“确认”按钮，如图 8-82 所示。

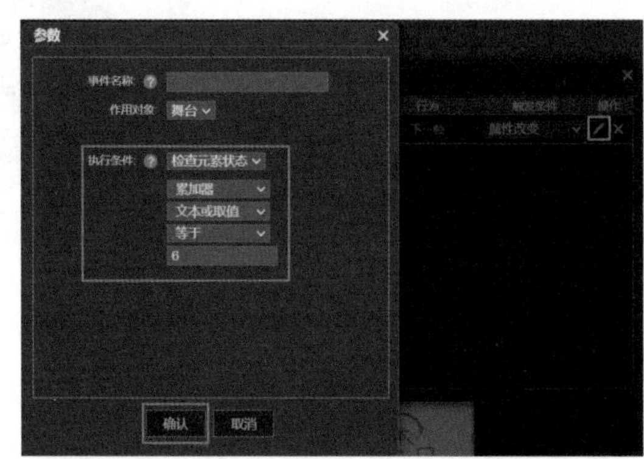

图 8-82

06 选取第 1 个“拖放容器”，添加行为，按快捷键 X，打开“编辑行为”对话框。展开“属性控制”列表，选择 2 次“改变元素属性”选项，执行以下操作（见图 8-83）：

① 将第 1 个“改变元素属性”的“触发条件”设置为“拖动物体放下”；

② 将第 2 个“改变元素属性”的“触发条件”设置为“拖动物体离开”。

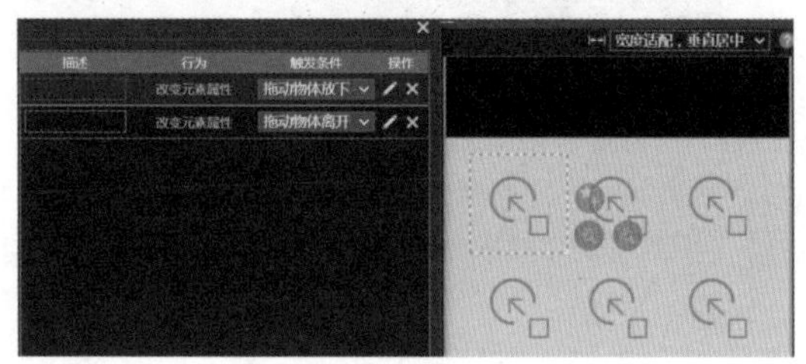

图 8-83

07 单击第 1 个“改变元素属性”的“编辑”图标，打开“参数”对话框。设置“元素名称”为“累加器”，“元素属性”为“文本或取值”，“取值方式”为“在现有值基础上增加”，为“取值”输入 1，设置“拖动物体名称”为 A，单击“确认”按钮，如图 8-84 所示。

08 单击第 2 个“改变元素属性”的“编辑”图标，打开“参数”对话框。设置“元素名称”为“累加器”，“元素属性”为“文本或取值”，“取值方式”为“在现有值基础上增加”，为“取值”输入 -1，设置“拖动物体名称”为 A，单击“确认”按钮，如图 8-85 所示。

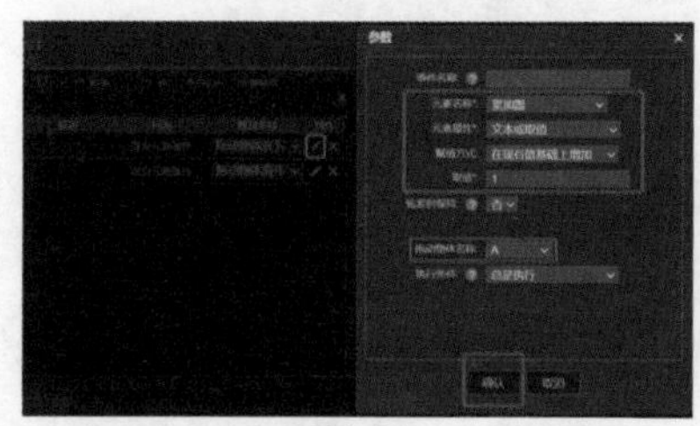

图 8-84

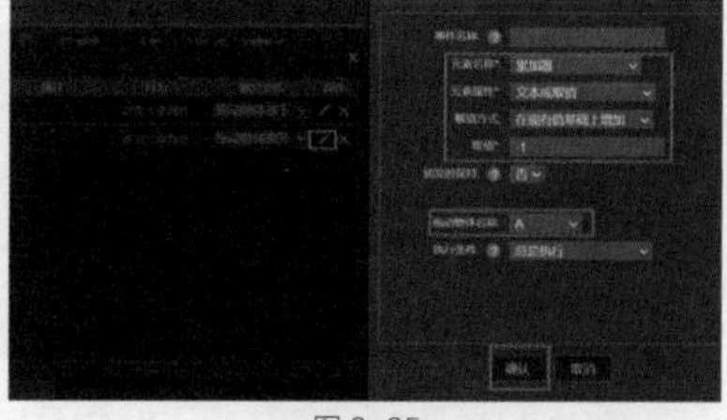

图 8-85

09 在“属性”面板中，将选项全部打开，展开“允许物体”的下拉菜单中，选择 A，单击 + 图标，打开“期望物体”开关，如图 8-86 所示。

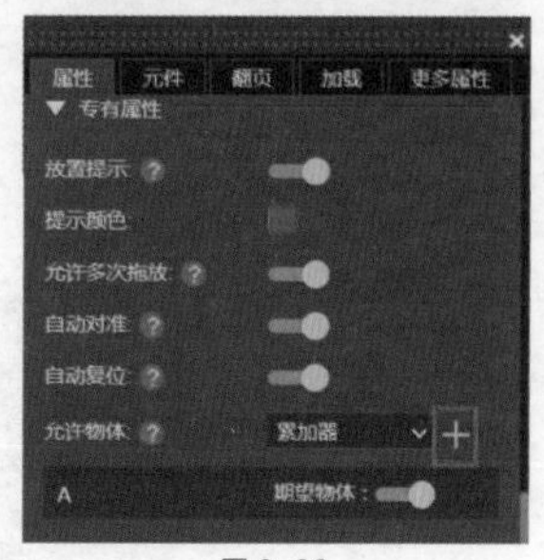

图 8-86

10 选取第 2 个“拖放容器”，添加行为，按快捷键 X，打开“编辑行为”对话框。展开“属性控制”列表，选择 2 次“改变元素属性”选项，执行以下操作（见图 8-87）：

① 将第 1 个“改变元素属性”的“触发条件”设置为“拖动物体放下”；

② 将第 2 个“改变元素属性”的“触发条件”设置为“拖动物体离开”。

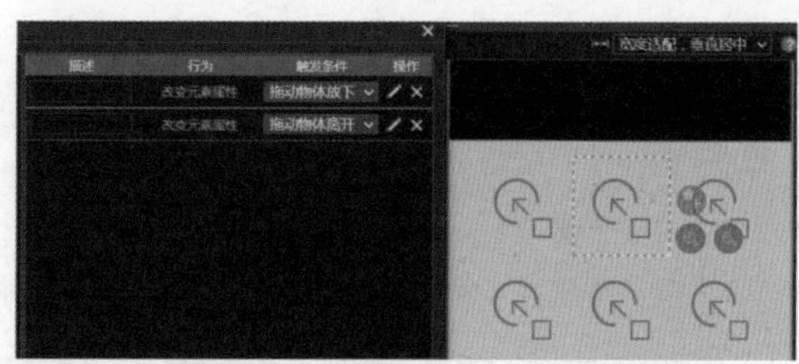

图 8-87

11 单击第 1 个“改变元素属性”的“编辑”图标，打开“参数”对话框。设置“元素名称”为“累加器”，“元素属性”为“文本或取值”，“取值方式”为“在现有值基础上增加”，为“取值”输入 1，将“拖动物体名称”设置为 B，单击“确认”按钮，如图 8-88 所示。

12 单击第 2 个“改变元素属性”的“编辑”图标，打开“参数”对话框。设置“元素名称”为“累加器”，“元素属性”为“文本或取值”，“取值方式”为“在现有值基础上增加”，为“取值”输入 -1，将“拖动物体名称”设置为 B，单击“确认”按钮，如图 8-89 所示。

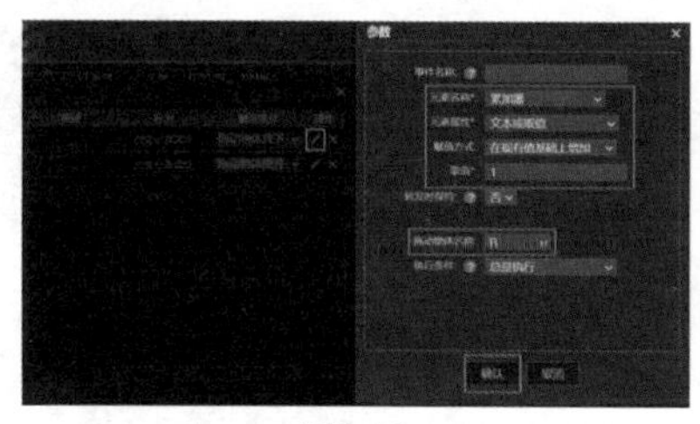
图 8-88

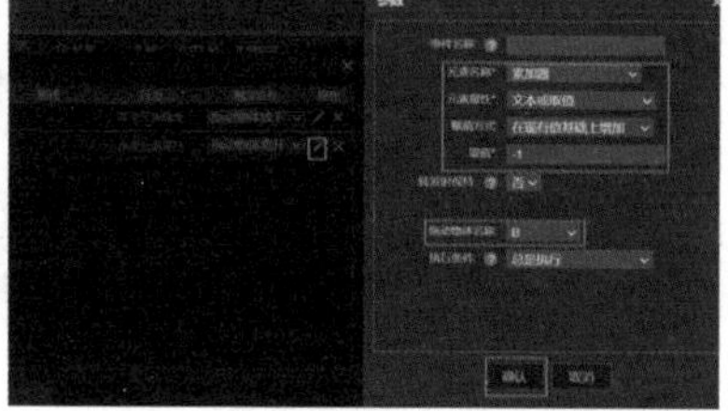
图 8-89

⑬ 在“属性”面板中，将选项全部打开，从“允许物体”的下拉菜单中，选择 B，单击 + 图标，打开“期望物体”开关，如图 8-90 所示。

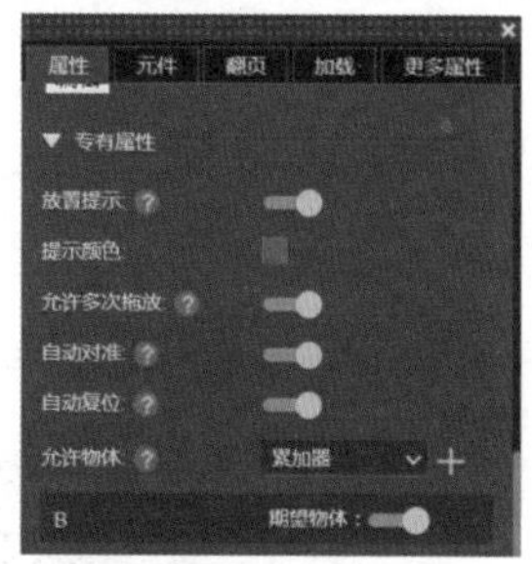

图 8-90

⑭ 选取第 3 个“拖放容器”，添加行为，按快捷键 X，打开“编辑行为”对话框。展开“属性控制”列表，选择 2 次“改变元素属性”选项，执行以下操作（见图 8-91）：

① 将第 1 个“改变元素属性”的“触发条件”设置为“拖动物体放下”；

② 将第 2 个“改变元素属性”的“触发条件”设置为“拖动物体离开”。

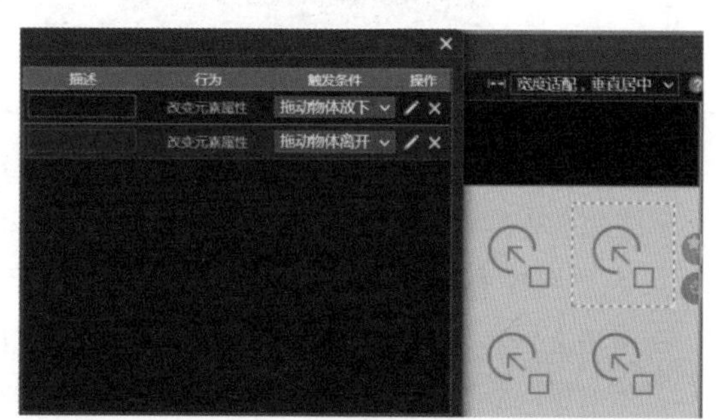

图 8-91

⑮ 单击第 1 个“改变元素属性”的“编辑”图标，打开“参数”对话框。设置“元素名称”为“累加器”，“元素属性”为“文本或取值”，“取值方式”为“在现有值基础上增加”，为“取值”输入 1，将“拖动物体名称”设置为 C，单击“确认”按钮，如图 8-92 所示。

⑯ 单击第 2 个“改变元素属性”的“编辑”图标，打开“参数”对话框。设置“元素名称”为“累加器”，“元素属性”为“文本或取值”，“取值方式”为“在现有值基础上增加”，为“取值”输入 –1，将“拖动物体名称”设置为 C，单击“确认”按钮，如图 8-93 所示。

图 8-92

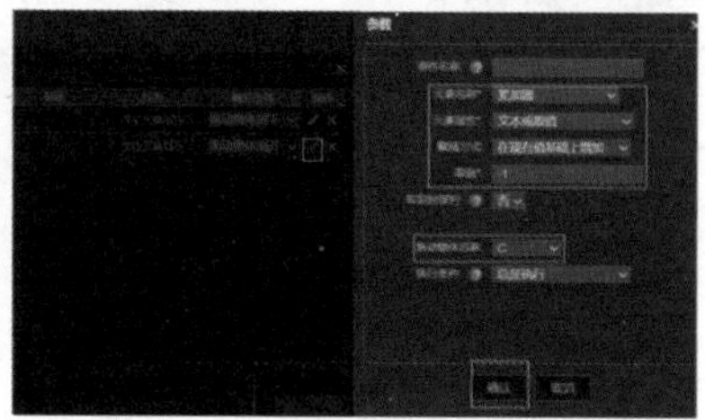
图 8-93

⑰ 在“属性”面板中，将选项全部打开，从“允许物体”的下拉菜单中，选择 C，单击 + 图标，打开“期望物体”开关，如图 8-94 所示。

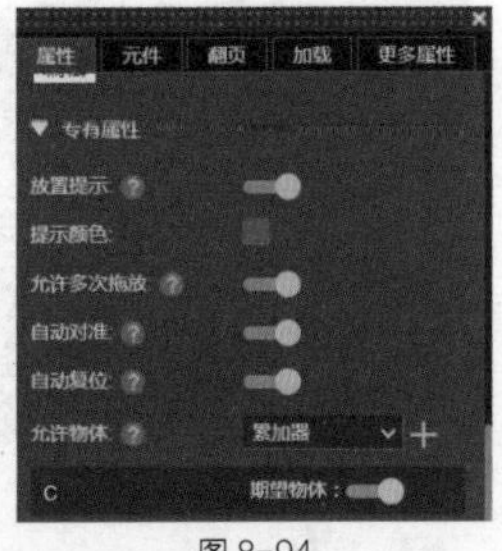

图 8-94

⑱ 选取第 4 个“拖放容器”，添加行为，按快捷键 X，打开“编辑行为”对话框。展开“属性控制”列表，选择 2 次“改变元素属性”选项，执行以下操作（见图 8-95）：

① 将第 1 个“改变元素属性”的“触发条件”设置为“拖动物体放下”；

② 将第 2 个“改变元素属性”的“触发条件”设置为“拖动物体离开”。

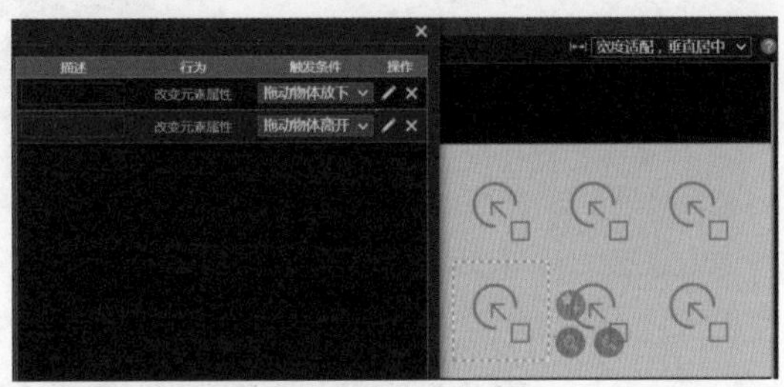

图 8-95

⑲ 单击第 1 个“改变元素属性”的“编辑”图标，打开“参数”对话框。设置“元素名称”为“累加器”，“元素属性”为“文本或取值”，“取值方式”为“在现有值基础上增加”，为“取值”输入 1，将“拖动物体名称”设置为 D，单击“确认”按钮，如图 8-96 所示。

⑳ 单击第 2 个“改变元素属性”的“编辑”图标，打开“参数”对话框。设置“元素名称”为“累加器”，“元素属性”为“文本或取值”，“取值方式”为“在现有值基础上增加”，为“取值”输入 −1，将“拖动物体名称”设置为 D，单击“确认”按钮，如图 8-97 所示。

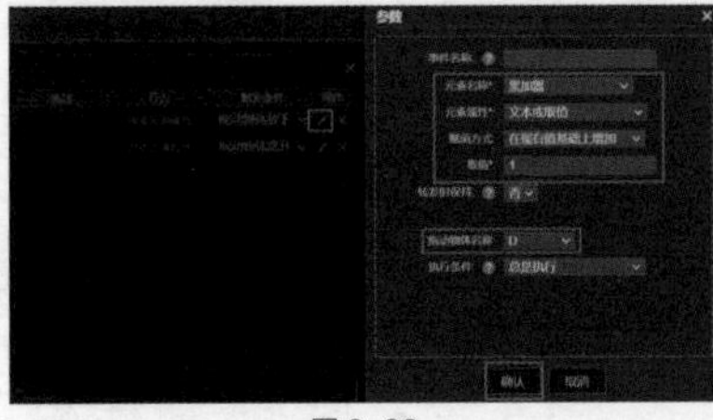

图 8-96

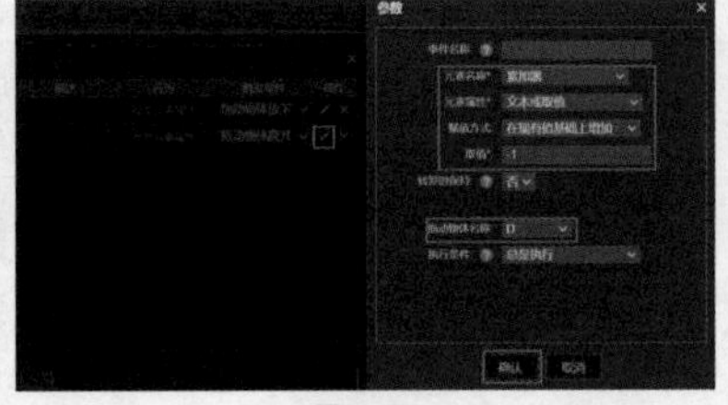

图 8-97

㉑ 在“属性”面板中，将选项全部打开，从“允许物体”的下拉菜单中，选择 D，单击 + 图标，打开“期望物体”开关，如图 8-98 所示。

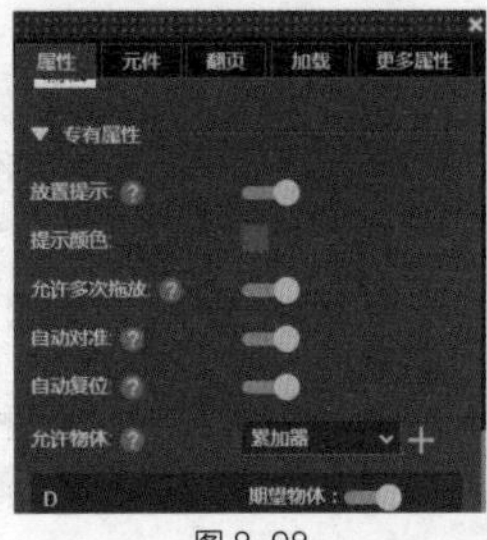

图 8-98

㉒ 选取第 5 个“拖放容器”，添加行为，按快捷键 X，打开“编辑行为”对话框。展开“属性控制”列表，选择 2 次“改变元素属性”选项，执行以下操作（见图 8–99）：

① 将第 1 个“改变元素属性”的“触发条件”设置为“拖动物体放下”；

② 将第 2 个“改变元素属性”的“触发条件”设置为“拖动物体离开”。

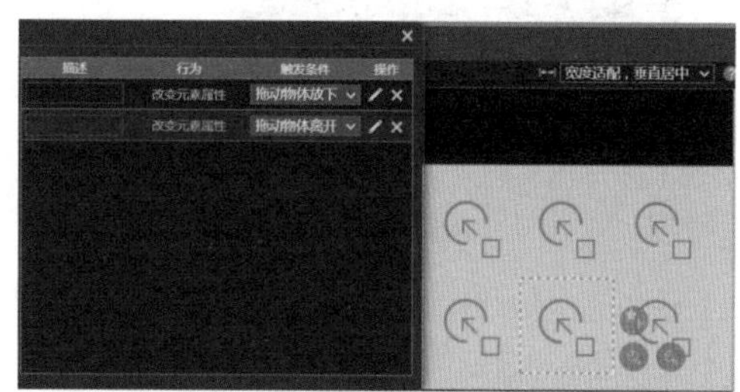

图 8–99

㉓ 单击第 1 个“改变元素属性”的“编辑”图标，打开“参数”对话框。设置“元素名称”为“累加器”，“元素属性”为“文本或取值”，“取值方式”为“在现有值基础上增加”，为“取值”输入 1，将“拖动物体名称”设置为 E，单击“确认”按钮，如图 8–100 所示。

㉔ 单击第 2 个“改变元素属性”的“编辑”图标，打开“参数”对话框。设置“元素名称”为“累加器”，“元素属性”为“文本或取值”，“取值方式”为“在现有值基础上增加”，为“取值”输入 –1，将“拖动物体名称”设置为 E，单击“确认”按钮，如图 8–101 所示。

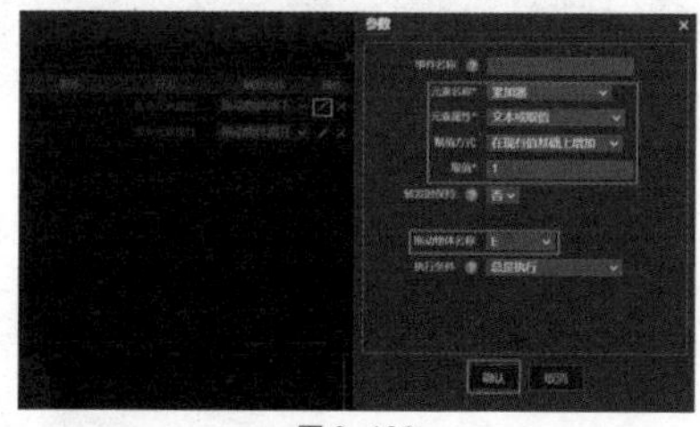

图 8–100

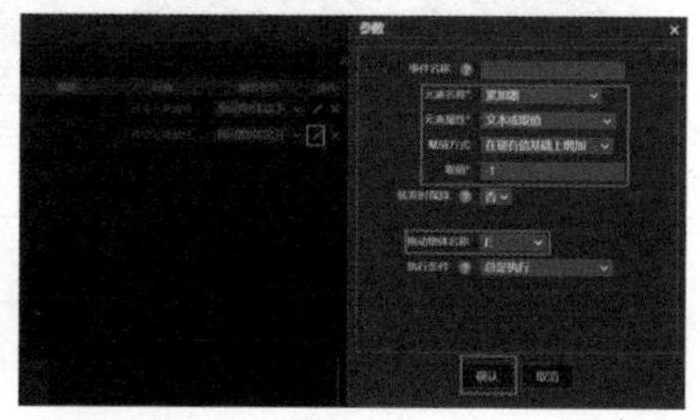

图 8–101

㉕ 在“属性”面板中，将选项全部打开，从“允许物体”的下拉菜单中，选择 E，单击 + 图标，打开“期望物体”开关，如图 8–102 所示。

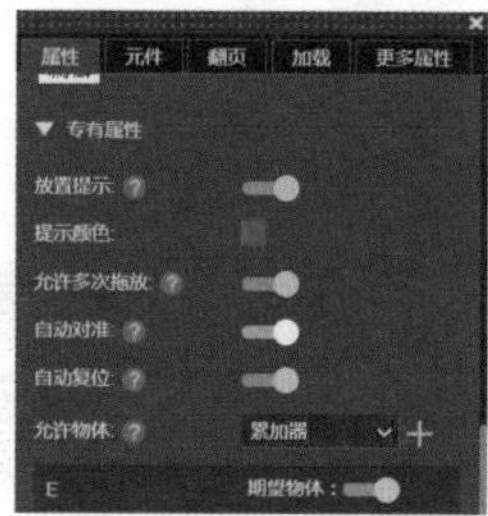

图 8–102

㉖ 选取第 6 个“拖放容器”，添加行为，按快捷键 X，打开“编辑行为”对话框。展开“属性控制”列表，选择 2 次“改变元素属性”选项，执行以下操作（见图 8–103）：

① 将第 1 个“改变元素属性”的“触发条件”设置为“拖动物体放下”；

② 将第 2 个“改变元素属性”的“触发条件”设置为“拖动物体离开”。

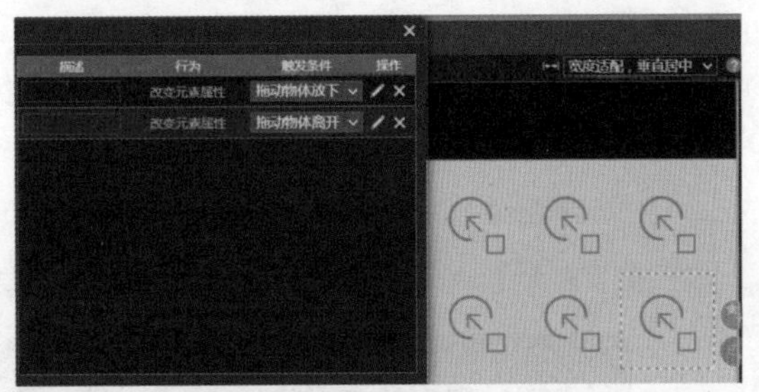
图 8-103

27 单击第 1 个“改变元素属性”的“编辑”图标，打开“参数”对话框。设置“元素名称”为“累加器”，“元素属性”为“文本或取值”，“取值方式”为“在现有值基础上增加”，为“取值”输入 1，将“拖动物体名称”设置为 F，单击“确认”按钮，如图 8-104 所示。

28 单击第 2 个“改变元素属性”的“编辑”图标，打开“参数”对话框。设置“元素名称”为“累加器”，“元素属性”为“文本或取值”，“取值方式”为“在现有值基础上增加”，为“取值”输入 -1，将“拖动物体名称”设置为 F，单击“确认”按钮，如图 8-105 所示。

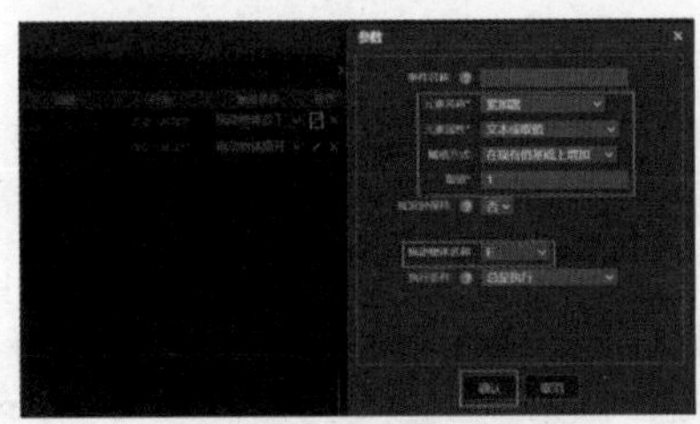
图 8-104

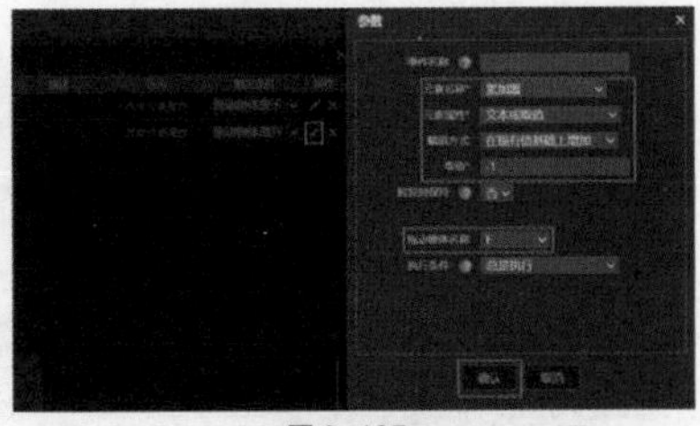
图 8-105

29 在“属性”面板中，将选项全部打开，从“允许物体”的下拉菜单中，选择 F，单击 + 图标，打开“期望物体”开关，如图 8-106 所示。

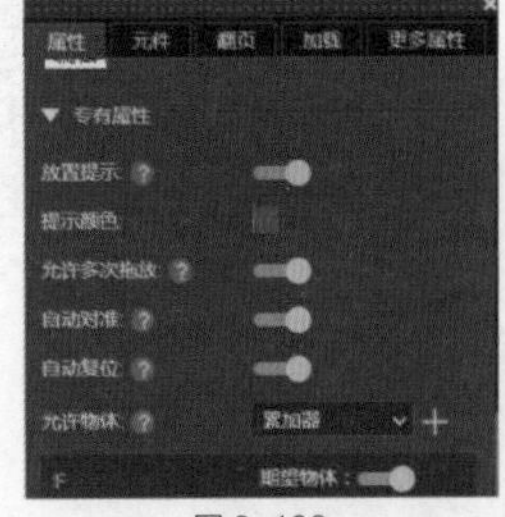
图 8-106

3. 制作倒计时

01 在“拖动容器”图层的上面新建一个图层，命名为“倒计时”。选择“文字”工具（快捷键 T），建立一个文本框，修改内容为“还剩　秒”，注意把定时器的位置预留出来，如图 8-107 所示。

02 选择“控件”工具组的“定时器”工具，如图 8-108 所示。在文本框的“剩”和“秒”之间放置定时器。

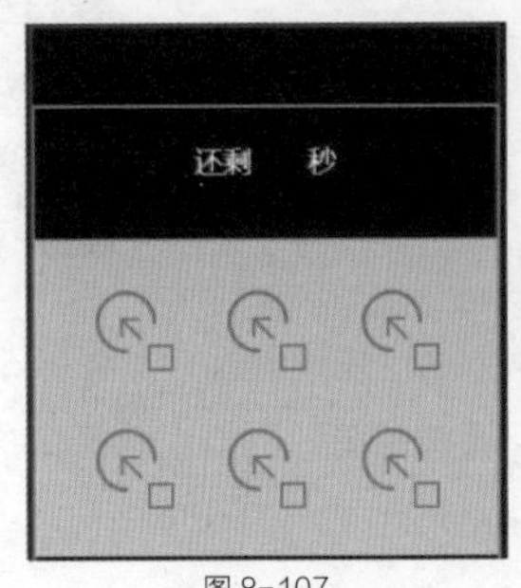

图 8-107

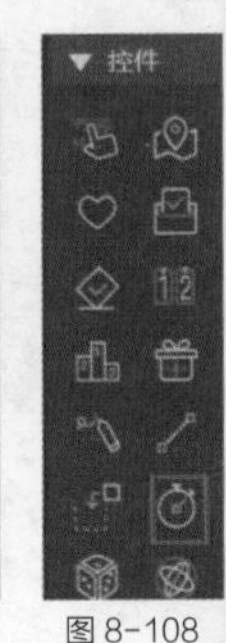

图 8-108

03 在“属性”面板中，将“长度”修改为 40 秒，如图 8-109 所示。

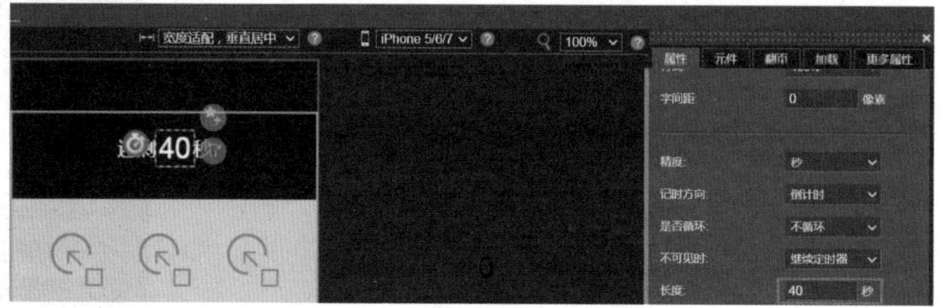

图 8-109

04 为定时器添加行为，按快捷键 X，打开“编辑行为”对话框。展开“动画播放控件”列表，选择“跳转到帧并停止”选项，将“触发条件”设置为“定时器时间到”，单击“编辑”图标，设置“帧号”为 4，单击“确认”按钮，如图 8-110 所示。

05 在“背景块”图层上面新建一个图层，命名为“衬底”。选择“矩形”工具（快捷键 R），绘制 6 个矩形，将它们的“填充色”设置为白色，“宽”“高”都设置为 90，与“拖入容器”的元素对齐，效果如图 8-111 所示。

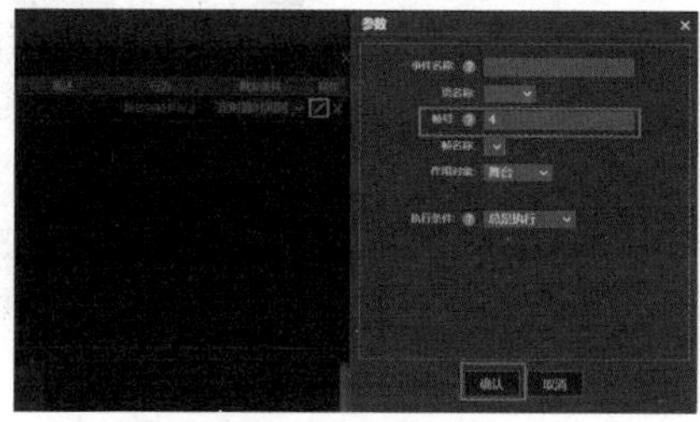

图 8-110

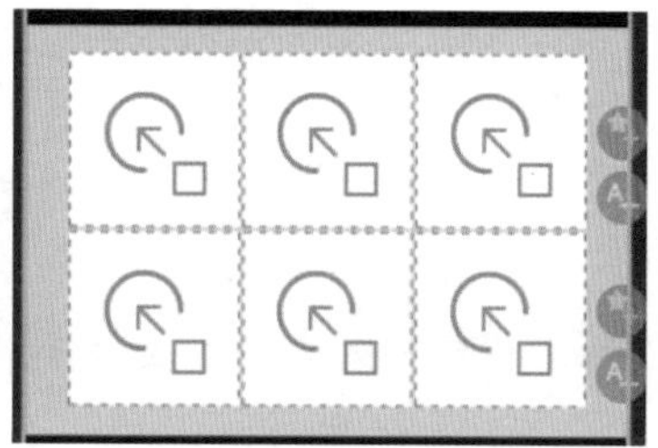

图 8-111

4. 制作显示结果

01 新建一个图层，命名为“结果”，在第 3 帧和第 4 帧按快捷键 F6 插入空白关键帧，在“暂停”图层的第 4 帧按快捷键 F5 插入帧，如图 8-112 所示。

图 8-112

02 在“结果”图层的第 3 帧，选择“文字”工具（快捷键 T），建立一个文本框，修改内容为“拼图成功”，如图 8-113 所示。

03 在“结果”图层的第 3 帧，选择“文字”工具（快捷键 T），再建立一个文本框，修改内容为“拼图失败”，如图 8-114 所示。

04 将“图片”图层拖曳至“拖放容器”图层的上方，如图 8-115 所示。

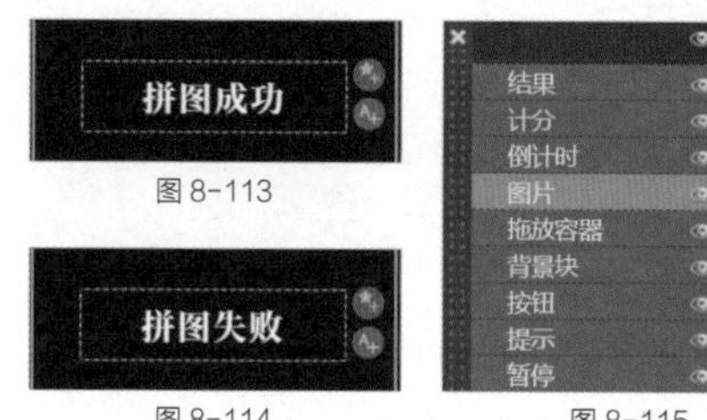

图 8-113

图 8-114

图 8-115

5. 预览作品

保存文件（Ctrl+S），使用手机扫描预览二维码，单击“开始拼图”按钮，试玩拼图游戏，如图 8-116 所示。

图 8-116

8.4 课后习题：邀请函

素材位置	素材文件 >CH08> 课后习题：邀请函
视频位置	视频文件 >CH08> 课后习题：邀请函
技术掌握	掌握表单、电话一键拨号等功能的运用

本案例通过制作邀请函，引导读者掌握表单、电话一键拨号等运用方法，案例效果如图 8-117 所示。

图 8-117

制作思路

01 制作邀请函首页，如图 8-118 所示。

02 制作邀请函表单，如图 8-119 所示。

03 制作邀请函联系方式，如图 8-120 所示。

图 8-118

图 8-119

图 8-120